微纳加工技术与应用案例

Micro-Nanofabrication Technologies and Application Cases

谢会开　许　冰　尹红星　主编

北京理工大学出版社
BEIJING INSTITUTE OF TECHNOLOGY PRESS

内 容 简 介

本书是在北京理工大学"微纳加工技术与应用"研究生创新课程的课件基础上总结凝练而成。作者在撰写的过程中注重理论与实践的结合,内容覆盖微纳加工技术与应用综述、紫外曝光技术、电子束曝光技术、反应离子刻蚀技术、电子封装技术等微纳加工技术,以及扫描电子显微镜、椭圆偏振仪等表征技术。本书既注重基础知识又兼顾微纳米加工技术的典型应用,重点结合了机械与车辆学院、光电学院、机电学院、物理学院、材料学院、集成电路与电子学院等多个学院处在科研一线老师提供的 11 个应用案例。

本书可以为高等院校初步涉足这一领域的本科生、研究生,或是具有一定工作经验的专业技术人员及科技工作者提供参考。

版权专有 侵权必究

图书在版编目(CIP)数据

微纳加工技术与应用案例 / 谢会开,许冰,尹红星主编. -- 北京:北京理工大学出版社,2025.1.
ISBN 978-7-5763-4727-2
Ⅰ. TG66
中国国家版本馆 CIP 数据核字第 20251Z3G05 号

责任编辑: 李颖颖	**文案编辑:** 宋 肖
责任校对: 刘亚男	**责任印制:** 李志强

出版发行 / 北京理工大学出版社有限责任公司
社　　址 / 北京市丰台区四合庄路 6 号
邮　　编 / 100070
电　　话 / (010)68944439(学术售后服务热线)
网　　址 / http://www.bitpress.com.cn

版 印 次 / 2025 年 1 月第 1 版第 1 次印刷
印　　刷 / 廊坊市印艺阁数字科技有限公司
开　　本 / 787 mm × 1092 mm　1/16
印　　张 / 16.5
彩　　插 / 3
字　　数 / 388 千字
定　　价 / 68.00 元

图书出现印装质量问题,请拨打售后服务热线,负责调换

前言

2020年12月30日，国务院学位委员会、教育部发布《关于设置"交叉学科"门类、"集成电路科学与工程"和"国家安全学"一级学科的通知》，从国家层面强调，要加强"集成电路科学与工程"和"国家安全学"学科建设，做好人才培养工作。随着科研硬件条件的日新月异，越来越多的大学与科研机构建立起了微米纳米加工实验平台，这使越来越多的科研人员和研究生在科研工作中有机会接触到各种大型先进微纳加工设备。

目前，高等院校和科研院所的学生在使用大型仪器设备时普遍存在以下三个问题，这严重制约了其在研究中创新性地解决科学与技术问题的效率。第一个问题，学生对仪器设备的工作原理没有深入理解，对它们可以解决哪类问题认识不清，甚至存在错误。第二个问题，学生缺乏相关仪器设备的使用经验，动手操作能力严重不足，发挥不出仪器设备应有的用途，还会因操作不当造成仪器设备损坏。第三个问题，学生不了解也不关心仪器设备技术的新进展，在研究中不能用新方法和新技术创新性地解决问题。

为了解决学生在微纳加工领域对设备原理了解不深、使用经验不足的问题，北京理工大学微纳加工中心探索开设了"微纳加工技术与应用"研究生创新课程。该课程通过小规模教学试验，将线上教学、课堂教学、案例示范教学和实践教学进行结合，学生可以根据专业和兴趣选择一个案例分组开题和答辩，为学生提供多场景、全方位、理论和实践结合、案例示范相伴的教学新模式。该课程于2022年首次在北京理工大学开课，目前已完成了两届教学，选课学生普遍反应收获很大。因此，为了推广该课程的教学实践并进一步加强教学效果，编者根据该课程教学经验编写了本书，本书内容覆盖微纳加工技术与应用综述、微纳加工关键工艺、微纳加工技术与应用创新案例等主要内容。

本书第Ⅰ篇微纳加工技术与应用综述由集成电路与电子学院的谢会开编写；第Ⅱ篇微纳加工关键工艺由分析测试中心的尹红星编写；第Ⅲ篇团队创新案例来自机械与车辆学院、光电学院、机电学院、物理学院、材料学院、集成电路与电子学院等多个学院处在科研一线老师提供的应用案例。

当前，微纳加工技术发展迅速，应用领域不断深化和拓展，受编者水平所限，书中难免存在错误和不足之处，恳请广大读者批评指正。

目 录 CONTENTS

第Ⅰ篇 微纳加工技术与应用综述

第1章 微纳加工技术概述 ····· 003
- 引言 ····· 003
- 1.1 微纳加工技术发展历程 ····· 004
- 1.2 微纳加工技术简介 ····· 005
  - 1.2.1 表面微加工工艺 ····· 006
  - 1.2.2 体硅工艺 ····· 006
  - 1.2.3 纳米压印技术 ····· 007
  - 1.2.4 立体光刻技术 ····· 008
  - 1.2.5 电子束曝光技术 ····· 009
  - 1.2.6 超快激光微纳加工技术 ····· 010
  - 1.2.7 3D集成加工技术 ····· 011
- 1.3 微纳加工技术应用简介 ····· 012
  - 1.3.1 基于纳米压印的微光学器件制备技术 ····· 012
  - 1.3.2 基于纳米压印的超构表面制备技术 ····· 012
  - 1.3.3 立体光刻技术应用 ····· 015
  - 1.3.4 电子束曝光技术应用 ····· 016
  - 1.3.5 超快激光微纳加工技术应用 ····· 017
  - 1.3.6 3D集成技术应用 ····· 018
- 1.4 小结 ····· 019
- 参考文献 ····· 020

第Ⅱ篇 微纳加工关键工艺

第2章 紫外曝光技术 ····· 027
- 2.1 微纳技术及微纳加工技术简介 ····· 027
  - 2.1.1 紫外曝光技术及其他光学曝光技术简介 ····· 028

2.1.2 微纳加工技术发展趋势及前景 028
2.2 平面工艺及紫外曝光技术 028
2.2.1 平面工艺原理 028
2.2.2 紫外曝光原理 029
2.3 实验流程及原理 033
2.3.1 紫外曝光制作微纳米图形流程 033
2.3.2 掩模版及其设计制造 033
2.3.3 光致抗蚀剂及其原理 034
2.3.4 紫外曝光及其原理 037
2.3.5 前烘与后烘 038
2.3.6 显影与定影 039
参考文献 040

第3章 电子束曝光技术 041

3.1 概述 041
3.2 电子束曝光技术 041
3.2.1 电子束抗蚀剂 041
3.2.2 电子束曝光系统 044
3.3 实验仪器 048
3.4 实验过程 051
3.5 实验操作 052
3.5.1 实验目的 052
3.5.2 实验原理 052
3.5.3 实验基本要求 052
3.5.4 实验仪器和材料 052
3.5.5 实验学时与实验内容 052
3.5.6 实验步骤 053
3.5.7 实验结果与数据处理 054
3.5.8 实验注意事项 055

第4章 反应离子刻蚀技术 056

4.1 概述 056
4.1.1 不同刻蚀技术介绍 056
4.1.2 反应离子刻蚀技术的特点和基本原理 059
4.2 实验仪器及操作流程 061
4.2.1 反应离子刻蚀仪介绍 061
4.2.2 样品制备流程及注意事项 062
4.2.3 反应离子刻蚀操作流程 063
4.3 反应离子刻蚀参数的影响 064
4.3.1 影响刻蚀的主要参数介绍 064

  4.3.2 刻蚀参数的影响 ·· 065
 参考文献 ··· 071

第 5 章 电子封装技术 ··· 072
 5.1 概述 ·· 072
  5.1.1 低温焊料互连 ·· 072
  5.1.2 表面活化键合 ·· 073
  5.1.3 纳米颗粒烧结法 ··· 074
  5.1.4 TLP 互连 ··· 075
 5.2 低温异质集成技术：创新案例 ··· 076
  5.2.1 超薄银铟 TLP 技术 ·· 076
  5.2.2 纳米氧化银原位自还原键合技术 ·· 077

第 6 章 扫描电子显微镜 ·· 079
 6.1 光学显微镜的局限性 ·· 079
 6.2 电子在磁场中的运动和磁透镜 ·· 080
 6.3 电磁透镜的缺陷 ·· 081
  6.3.1 球差 ·· 081
  6.3.2 色差 ·· 082
  6.3.3 像散 ·· 082
 6.4 电子与固体试样的交互作用 ··· 082
 6.5 实验操作 ··· 084
  6.5.1 实验目的 ·· 084
  6.5.2 实验原理 ·· 084
  6.5.3 实验基本要求 ·· 084
  6.5.4 实验仪器和材料 ··· 084
  6.5.5 实验学时与实验内容 ·· 084
  6.5.6 实验步骤 ·· 084
  6.5.7 实验结果与数据处理 ·· 086
  6.5.8 实验注意事项 ·· 086
  6.5.9 其他说明 ·· 086

第 7 章 椭圆偏振仪 ·· 087
 7.1 测量薄膜参数的方法 ·· 087
 7.2 国内外椭偏法历史与现况 ·· 088
  7.2.1 理论前提 ·· 088
  7.2.2 国外发展历史 ·· 089
  7.2.3 国内发展历史 ·· 090
  7.2.4 现况 ·· 090
 7.3 椭偏仪的基本原理 ··· 091
  7.3.1 理论原理 ·· 091

7.3.2	实际测量	093
7.4	椭偏仪的不同类型	094
7.4.1	消光式椭偏仪	094
7.4.2	光度式椭偏仪	095
7.4.3	光谱椭偏仪	096
7.4.4	红外椭偏光谱仪	096
7.4.5	成像椭偏仪	097
7.4.6	穆勒矩阵椭偏仪	097
7.5	椭偏仪的应用	098
7.5.1	集成电路	098
7.5.2	生物学与医学	099
7.5.3	物理吸附和化学吸附	099
7.6	椭偏仪的发展方向	099
7.6.1	精确度	100
7.6.2	实时诊断和控制	100
7.6.3	复杂材料的测量	100
7.6.4	拓展能测量的材料	100
7.6.5	与其他探测仪器相结合	100
参考文献		101

第Ⅲ篇 团队创新案例

案例 1	超快激光微纳加工技术	105
案例 2	超表面全息	124
案例 3	面向生物医疗应用的薄膜微型 LED 器件	141
案例 4	微纳形变制造技术及纳米光机电系统应用	155
案例 5	人造电子皮肤	162
案例 6	SAW 传感器的制备及应用	170
案例 7	新型信息存储器件制备技术	192
案例 8	胶体量子点红外探测器及焦平面阵列	203
案例 9	微纳光刻在新型显示中的应用	211
案例 10	光操控技术	232
案例 11	柔性光电传感技术	248

第Ⅰ篇　微纳加工技术与应用综述

第 1 章
微纳加工技术概述

引　言

微纳技术通常指纳米/微米尺度下的材料生长、器件设计、软件设计、建模、器件制造、设备工艺、材料表征、器件测量、控制等技术。微纳技术以经典物理学、化学、量子力学、分子动力学等为理论基础；以全新的材料研究、观察、制备手段为出发点，如原位分子膜层的生长和控制；以全新大批量、可重复的加工制造进行大规模生产，如集成电路和微纳传感器的加工制造等。微纳技术是一项极具前途的军民两用技术，不仅是加速经济持续增长、改变人类生产和生活方式的推动力，也是关系现代战争胜负的重要因素。

微纳技术涉猎面很广，涉及很多学科和领域，主要涉及物质和系统在微米和纳米尺度下的理解、控制和应用。微纳技术在这一尺度范围内利用了独特的物理、化学和生物学特性，致力于创造新材料、新器件和新系统，以实现前所未有的性能和功能。微纳技术的研究与开展对世界经济、国计民生、国家的安全和发展具有重大意义。其涉及领域包括微纳尺度信息的产生与处理（如信息感知），微纳尺度物质特性的观察与研究，微纳尺度响应、传感机制与对象控制（如扫描隧道显微镜），微纳尺度加工、制造（如纳米机器人）等，还涉及物理、化学、光学、医学、生物医疗、生态环保等诸多领域[1]。

微纳光学是微纳尺度下的光学领域，该尺度已接近可见光波长的量级。因此，在微纳光学中，光的传播、干涉等呈现出新的现象，传统光学的理论方法已经不再适用，需要研究和开发新的理论和工具。微纳光学涵盖多个学科，是一个极具前沿性、知识密集且技术先进的学科分支。它不仅是一门技术，更是一门学科，已迅速受到学术界和工业界的关注和重视，在国际上掀起了微光学和纳光学研究的热潮。

微纳尺度下研究光与物质相互作用的规律可以促进微纳光学的发展，从而进一步推进新型光电器件的进步。一般的微纳结构的尺寸小于或等于外部激发源的特征尺寸，目前，已经有很多研究者对各种各样亚波长尺度的微纳光学结构进行了设计与研究，包括光子晶体结构、光学纳米天线、人工超材料、表面等离激元共振结构等。这些人工设计的微纳结构可以自由调控振幅、相位、偏振等信息，进而有效地调控光与物质的相互作用，产生巨大的局域场增强、负折射、隐身、完美透镜等奇异现象。光子集成电路利用微纳尺度的波导和光学元件，可实现在芯片上集成多种光学功能，如调制、耦合、分波等，并将其用于光通信、光计算等领域。光学纳米操控是指利用光场对微纳尺度的粒子进行操控，实现光学捕获、操纵和激光钳技术[2]。

生物细胞的典型尺寸在 1~10 μm 之间,而生物大分子的厚度通常处于纳米级,长度则在微米级。微加工技术制造的器件尺寸也在这个尺度范围内,因此非常适合用于操作生物细胞和生物大分子。在生物领域,微纳技术有着广泛应用,可以用来研究生物体的结构、功能和相互作用,同时也可以应用于医学诊断、药物传递、组织工程等方面。临床分析化验和基因分析遗传诊断所需的各种微泵、微阀、微镊子、微沟槽、微器皿和微流量计等装置也可以利用微纳技术来制造。

随着许多生化分析仪器和生物传感器微型化、集成化的投入使用(如集成酶反应器、集成光化学酶传感器、微酶固定柱、微乙醇胆碱传感器、集成葡萄糖传感器、微谷氨酸传感器、微蛋白质传感器、微果糖传感器和集成尿液分析系统等),临床化验分析将发生革命性变化。由于这些仪器和系统是由微电子技术和微加工技术制造的,它们的价格便宜、体积小,因此化验分析所需样品质量小、费用低、制造时间短,并且不受场所限制,不限于大医院的化验室,可为危急病人赢得宝贵的抢救时间[3]。

最近几年发展起来的介入治疗技术已逐渐在医疗领域占有越来越重要的地位,与其他治疗技术相比,它具有疗效好、可减少病人痛苦等优点。然而,现有的介入治疗仪器价格昂贵、体积庞大,且治疗时仪器需要进入体内,而进行判断和操作的医生却在体外,因此很难保证操作的准确性,特别是针对心脏、脑部、肝脏、肾脏等重要器官的治疗存在一定的风险。微机电系统(micro electromechanical system,MEMS)技术具有微型化(可以进入细小器官和组织)和智能化(能够自动进行精确、微小的操作)的特点,可以显著提高介入治疗的精度,降低风险。

近年来,随着科学技术在信息、生物等领域的不断发展和进步,对微纳新型先进功能材料的研究引起了广泛关注。在材料合成和表征方面,涌现出许多新的思路、概念和方法。目前,材料制备和表征的研究已经从微米尺度拓展到纳米甚至原子尺度,功能材料展现出许多出色的性能,显示出在信息、生物等领域迅速扩展和应用的趋势。因此,微纳新型先进功能材料也成为微纳系统研究的一个重要方向。

目前,微纳新型先进功能材料研究的范围广泛,涵盖了磁性材料、超导材料、半导体材料、铁电材料、红外材料、聚合物材料、光波导材料、封装材料、功能薄膜材料、信号处理材料、纳米材料等众多类型。虽然这些材料各具特色,但它们在许多交叉学科中都有所涉及,成为许多新的研究方向的起点。例如,在微纳系统领域,聚合物材料引起了广泛关注,除了作为常见的绝缘材料和光刻胶材料,高性能聚合物材料还在 MEMS 结构材料的研究中得到了应用[4]。

1.1 微纳加工技术发展历程

20 世纪 60 年代以来,集成电路(integrated circuit,IC)技术极大地改变了这个世界及人们的日常生活,并有力地促进了计算机、移动通信、无人机、精准医疗等一大批新技术的飞速发展。集成电路技术的革新具有强大而广泛的推动力。从 20 世纪 80 年代开始,伴随着集成电路技术引领的小体积、低成本、高性能、多功能化的发展趋势,形成了一个全新的技术领域——微纳机电系统(micro/nano-electro mechanical system,MEMS/NEMS),简称微纳系统,即微米和纳米尺度的器件或系统。相比于常规的宏观系统而言,它们既有相同点,又有不同点。从相同点来说,与常规宏观系统一样,微纳系统作为单一系统也具备完善的结构与功能，可谓"麻雀虽小，五脏俱全"；但同时它又有不同于常规宏观系统的特点。由于微纳系统的尺寸很小，因此其功耗更低、反应更快。相对于常规宏观系统，其易于提升整体性能，且可采用类似于集成电路工艺的微细加工技术进行全系统整体制造，而不像常规宏观系统那样需要制造出单一器件再进行组装。这样的加工方法不但降低了成本，还提高了可靠性，是传统机械加工技术的巨大进步[5]。

在 MEMS 领域发展的早期，微马达诞生并成为众所周知的 MEMS 器件。尽管当时的 MEMS 微马达的性能并没有预期得那么理想，但是它极大地激发了众多研究人员投身于 MEMS 领域的热情。MEMS 在欧洲称为微系统技术（microsystem technology），而在日本称为微机械（micromachine）。虽然叫法不同，但各国 MEMS 技术同样涉及工程、科学及医学等多个领域，涵盖微电子、电气、机械、化学、物理、生物、医学、化学、航空等多个学科，充分发挥了连接集成电路技术与各种微传感器、微执行器制造的杠杆作用。随着成本降低，MEMS 器件已经渗透到包括笔记本电脑、手机在内的多种消费类电子领域，汽车智能驾驶领域及工业智能制造领域。得益于体积小的特点，MEMS 传感器相较于传统传感器具有便携、高速、高分辨率等众多优势，由于可批量制造，因此 MEMS 传感器的成本可以大幅降低。此外，大部分 MEMS 加工工艺与集成电路兼容，因此 MEMS 可与集成电路集成，称为互补金属氧化物半导体器件（complementary metal oxide semiconductor，CMOS）MEMS，其可用于直接生产单芯片"智能"传感器或者"智能"微系统。

一般而言，MEMS 具有以下特点[5]。

（1）MEMS 具有微小的尺寸。MEMS 一般为微米级至毫米级的大小，这是 MEMS 最显著的特点，也是其他特点和各种应用的基础。

（2）MEMS 是具有特定功能的系统，可在同一块芯片上集成传感器、执行器和控制电路等，节约了成本，提高了效率。

（3）大部分 MEMS 器件采用硅基微加工工艺制作，主要步骤为薄膜沉积、光刻、刻蚀，与集成电路工艺集成，可通过完善标准工艺来达到批量生产和加工的目的。

由于 MEMS 器件加工工艺具有多样性，几乎是一种器件一个工艺，因此，MEMS 产业在早期基本上均为集成设备制造商（integrated device manufacturer，IDM）模式。几个较大的 MEMS 生产商如亚德诺半导体（ADI）、博世（Bosch）、意法半导体（ST）、飞思卡尔（Freescale）及德州仪器（TI）等，均拥有自己独特的 MEMS 生产线。在集成电路的加工过程中，人们逐渐发现 IDM 模式成本高，而且不利于技术的革新[6]。产业界意识到这一问题后，一直在努力推动建立 MEMS 代工厂。目前，MEMS 的代工产线还不算成熟，但一大批 MEMS 代工厂，如 Dalsa 半导体、Micralyne、Silex Microsystems、Asia Pacific Microsystems、IMT、Tronics Microsystems、MEMSCAP 及 X-FAB 等，已经有能力提供较可靠的 MEMS 加工服务。此外，CMOS 代工厂巨头台湾积体电路制造股份有限公司（Taiwan Semiconductor Manufacturing Company，TSMC）（以下简称台积电）也已经开始了 MEMS 代工业务。

1.2　微纳加工技术简介

微纳加工技术从集成电路工艺发展而来，但同时，由于很多情况下需要加工可动的微结构，因此微纳加工也形成了自身独特的加工技术。核心的微纳加工技术包括表面微加工工艺、体硅工艺、纳米压印（nanoimprint lithography，NIL）技术、立体光刻技术（stereo lithography technology）、电子束曝光（electron bean lithography，EBL）技术和超快激光微纳加工技术等[7]。

1.2.1 表面微加工工艺

使用表面微加工工艺可以在硅基片表面制作微结构。在微米尺度下，制作悬空支撑的微结构是非常困难的。因此，表面微加工工艺提出了基于"牺牲层"工艺的概念。如图1-1（a）所示，该工艺通过在衬底上逐层沉积不同材料制作MEMS结构，类似于集成电路工艺。但其与集成电路工艺最大的不同就在于表面微工艺会选择性地去除某些材料层以形成MEMS悬空结构，如图1-1（b）所示。被选择性去除的层称为"牺牲层"，而这种工艺步骤称为"释放"。很多材料都可以作为"牺牲层"，包括介电材料、金属和聚合物等，只要该材料相对于结构层材料具有足够高的刻蚀选择比即可。常见的"牺牲层"材料有二氧化硅、铝、多孔硅及光刻胶等[8-9]。图1-1（c）展示的扫描电子显微镜（scanning electron microscope，SEM）照片为美国圣地亚国家实验室使用表面微加工工艺制作的微齿轮。

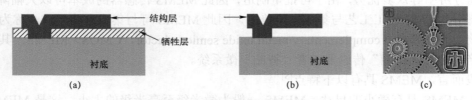

图1-1 表面微加工技术

1.2.2 体硅工艺

体硅工艺泛指直接在硅衬底上去除部分硅以形成沟道、凹腔及通孔等的工艺。经典的体硅工艺利用KOH溶液对硅进行各向异性刻蚀。如图1-2（a）所示，硅（100）晶向的刻蚀速度比（111）晶向要高很多，以至于（111）晶面几乎未被刻蚀。刻蚀形成的斜坡角为54.7°，刚好适合制作MEMS喷墨头，也可用于制作光纤对准（alignment）的V形槽，如图1-2（b）所示。这种工艺步骤简单、成本低且产量高[9]。

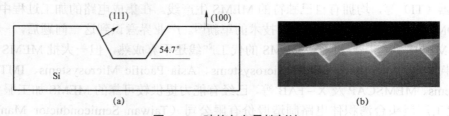

图1-2 硅的各向异性刻蚀

另外一种体硅工艺采用深反应离子刻蚀（deep reactive ion etching，DRIE），其由Bosch率先研发而成，如今已经成为MEMS加工的标准工艺之一。在高密度的电感耦合等离子体（inductively coupled plasma，ICP）的作用下，可以实现较高的刻蚀速率；通过交替进行刻蚀与钝化，可以实现高深宽比，如图1-3所示。体硅工艺中，刻蚀与钝化这两个步骤均在同一反应腔体里完成，通过切换SF_6与CHF_3两种反应气体的通入，可实现刻蚀与钝化的交替[10]。

由于这个过程不断重复循环,因此在刻蚀侧壁上会产生周期性的纹状凹坑,而通过使用氢气退火工艺可以实现侧壁的平滑。通常情况下 DRIE 的深宽比为 25:1,不过也有高达 100:1 的报道[11-12]。

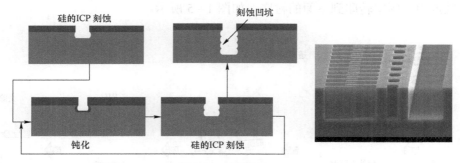

图 1-3　硅的 DRIE

硅片间的键合技术是另外一种比较流行的微纳加工技术,通常用于制作三维立体的单晶硅结构。硅片间的键合技术有很多种,通常使用的热键合技术产量较高,但是所需温度高达 1 000 ℃;而使用阳极键合技术可以将温度降至 450 ℃,但是偏置电压要高达几百伏;使用共金键合技术或树脂键合技术则可以进一步将温度降至 100～400 ℃[13-14]。

1.2.3　纳米压印技术

纳米压印技术是一种利用带有微纳结构图案的模板,将图案转移到相应衬底上制作出纳米级图案的微纳加工工艺技术[15],具有成本低、工期短、产量高、分辨率高等优点。现阶段相对成熟且常用的纳米压印技术主要有[16-17]纳米热压印(thermoplastic nanoimprint lithography,T-NIL)技术、紫外光固化压印(ultraviolet nanoimprint lithography,UV-NIL)技术和微接触印刷(microcontact printing,μCP)技术。

纳米热压印是将薄的抗蚀剂(聚合物)旋涂到样品衬底上,然后将具有预定义拓扑图案的模板与样品接触,并在一定压力下将它们压在一起;当抗蚀剂加热到玻璃化转变温度以上时,模板上的图案被压入软化的聚合物薄膜中;待冷却后,将模板与样品分离,图案抗蚀剂留在衬底上;最后使用图案转移过程反应离子刻蚀(reactiveion etching,RIE),将抗蚀剂中的图案转印到下面的衬底上。纳米热压印流程如图 1-4 所示。

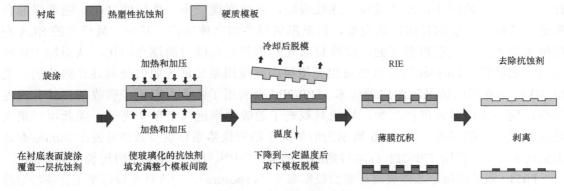

图 1-4　纳米热压印流程

紫外光固化压印在室温下进行，将可光固化的液体抗蚀剂旋涂于样品衬底，模板通常由透明材料制成，如石英或聚二甲基硅氧烷（polydimethylsiloxane，PDMS）。将模板和衬底压在一起后，抗蚀剂在紫外光下固化并变成固体。在模板分离之后，可以使用类似的图案转移过程将抗蚀剂中的图案转印到下面的衬底，如图1-5所示。

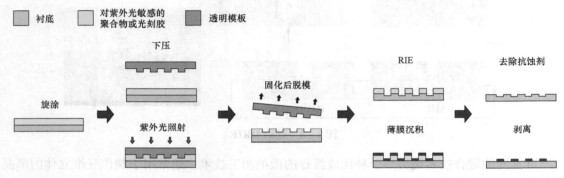

图1-5 紫外光固化压印流程

微接触印刷技术又称软压印技术，相较于纳米热压印技术和紫外光固化压印技术所采用的硬质模板，微接触印刷通常使用电子束或者光学光刻等手段在PDMS上制作图形，然后以图形化后的PDMS作为压印用的模板，再通过分子自组装原理进行压印。

1.2.4 立体光刻技术

立体光刻技术可以利用样品台的轴向移动在不同工作平面上光刻出若干个特定的平面结构，通过这些工作平面在轴向的堆积形成所需的立体结构。立体光刻技术基于液态光敏树脂的光聚合原理，即光敏树脂在一定波长（325 nm或355 nm）和强度（10~400 mW）的紫外光的照射下能迅速发生光聚合反应，分子量急剧增大，从而由液态转变成固态。常见的立体光刻技术有激光逐点扫描光固化（stereolithography，SLA）[18]、聚合物喷射光固化（PolyJet）[19]、双光子激光直写（two-photonpolymerization，TPP/2PP）[20]、面投影光固化（projection micro stereolithography，PμSL）[21]。

前三种立体光刻技术形式上大致相同，都是利用特定强度的激光聚焦照射光敏树脂，使其从一点开始固化，连点成线，连线成面，从而实现一个工作层的打印。随着样品台步进，其他工作层的打印以此类推，直至形成最终的立体结构。其中，最经典的SLA利用聚焦激光扫描光敏树脂表面，被聚焦激光扫描到的光敏树脂逐点固化，从而加工成所需的平面结构。PolyJet是逐点喷射出光敏树脂并使用聚焦激光照射使其逐点固化的，类似3D打印常用的熔融沉淀成形技术。TPP/2PP则利用了物质对双光子吸收的三阶非线性效应，随着光能量密度的增加，物质对双光子的吸收率远高于单个光子，因此可以极大地提高光固化的精度。图1-6所示为清华大学精密仪器系孙洪波教授发表在Nature杂志上的代表作——使用TPP/2PP打印得到的"纳米牛"[18]，图1-6中比例尺长度为2 μm。

PμSL则是在每个工作层进行整面投影曝光（exposure），一次性实现每个工作层特定结构的光固化[21]。PμSL 特定图形的产生依赖打印系统中数字微镜器件（digital micromirror device，DMD）芯片生成的数字动态掩模。将切片后的模型数据导入打印系统后，这些二维图像数据发送至 DMD 芯片，DMD 芯片根据图像数据控制芯片上各个微镜（即 DMD 上的每个像素点）的偏转。因此，光源发出的紫外光到达 DMD 后将重新整形生成与图像数据一致的光。最后，经调制后的光通过最终物镜投影至液态树脂材料表面，对特定区域进行选择性曝光从而生成特定结构。

图 1-6　TPP/2PP 打印得到的"纳米牛"

1.2.5　电子束曝光技术

电子束曝光技术是利用电子束的扫描将聚合物加工成精细掩模图形的工艺技术[22]。其与普通光学曝光技术相同，都是在聚合物（抗蚀剂或光刻胶）薄膜上制作掩模图形。只是电子束曝光技术中采用的电子束抗蚀剂对电子束比较敏感，受电子束辐照后，其物理和化学性能发生变化，在一定的显影（develop）剂中表现出良溶（正性电子束抗蚀剂）或非良溶（负性电子束抗蚀剂）特性，从而形成所需图形。与光学曝光技术不同，电子束曝光技术不需要掩模版，而是直接利用聚焦电子束在抗蚀剂上进行图形的曝光，因此，又称电子束直写技术。

电子束曝光系统由电子枪、电子光柱体、电子束发生器、真空系统及样品台控制系统组成。电子枪用于产生能被控制和聚焦的电子，发射的电子束在电子光柱体中完成聚焦和偏转，通过光阑成形，再经过电子透镜汇聚成束斑，经过偏转系统则可以在样品台上进行曝光。相对于光学曝光，电子束曝光具有非常高的分辨率，通常为 3~8 nm，可以在不同种类的材料上实现各种尺寸及数量的曝光[23-24]。当然，同光学曝光相比，电子束曝光速度较慢，相对于普通的光学曝光设备，电子束曝光设备也比较昂贵，使用和维护的费用较高。但由于电子束曝光技术具有超高分辨率，因此在下列 3 个主要应用方面表现出明显的优势：深亚微米器件和集成电路的制造，光学掩模版制备，纳米器件、量子效应及其他纳米尺度物理与化学现象的研究。电子束曝光技术工艺流程如图 1-7 所示。

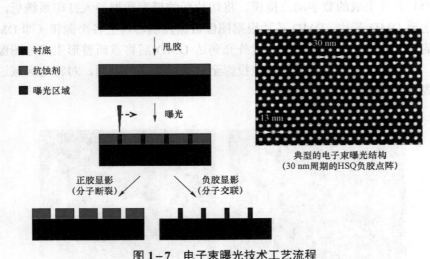

图1-7 电子束曝光技术工艺流程

1.2.6 超快激光微纳加工技术

超快激光作为无坚不摧的高质量加工光刀，可以实现形状（时空分布）、性质（波长、强度、偏振）的精准可控，可针对几乎任何固体材料实现热影响区、重铸层极小的高质量加工，实现跨尺度的三维复杂形状的加工，因此超快激光微纳加工技术备受关注。超快激光微纳加工技术分为增材制造和减材制造两种。

增材制造又称双光子聚合技术，如图1-8（a）所示。其利用高数值孔径的物镜将飞秒激光聚焦在光敏树脂中，诱导材料发生非线性吸收，即同时吸收两个光子达到激发态从而产生固化；同时材料固化也存在阈值效应，即当激光能量达到一定强度时才可以产生固化。因此非线性吸收和阈值效应的共同作用使双光子聚合技术可以用于加工亚衍射极限分辨率的真三维微纳结构。2001年，Kawata等人[25]利用该技术实现了"纳米牛"的加工，其仅为红细胞大小，该技术使微型血管机器人的加工成为可能。

减材制造中，光场整形主要通过被动和主动方式实现。当飞秒激光辐照在材料表面时，激发表面等离子体激元，在表面粗糙度的辅助下，其与飞秒激光相互干涉使光场被动整形，形成周期性结构，从而产生选择性结构烧蚀，最终形成亚波长的周期性光栅结构，如图1-8（b）所示[26]。此种减材制造方法通过控制激光的偏振方向来实现不同形状、方向的周期性光栅结构，但是其无法突破衍射极限，且周期与波长相关。另一种减材制造方法利用空间光调制器对激光能量的空间分布进行整形，从而实现微纳结构的一步成形［见图1-8（c）］。这种方法极大地提升了飞秒激光加工的效率并扩大了其应用范围[27]，同时，将两束激光分裂后直接辐照还能够加工出超衍射极限的针尖结构，实现对大分子、病毒的拉曼峰检测，如图1-8（d）所示[28]。

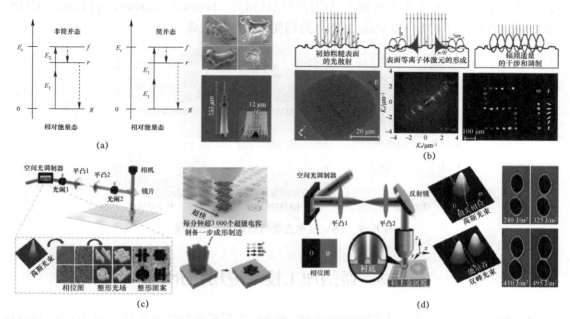

图 1-8 超快激光微纳加工技术

(a) 双光子聚合技术；(b) 周期性光栅结构加工；(c) 空间整形一步成形加工；(d) 空间整形超衍射极限加工

1.2.7 3D 集成加工技术

硅通孔（through silicon via，TSV）技术，即一种利用垂直 TSV 来完成芯片间 3D 集成互连的微纳加工工艺方法[29]。TSV 技术将多个硅片堆叠在一起，利用深层刻蚀技术制成深孔穿透硅片，并在通孔中填充铜、钨、多晶硅等导电材料，实现上下芯片之间的垂直电连接。TSV 技术主要微纳加工工艺步骤如图 1-9 所示。第一步需要完成 TSV 刻蚀，可利用两种常见的刻蚀方法，即湿法刻蚀和干法刻蚀。干法刻蚀主要应用于工业领域，指以 Bosch 刻蚀工艺为代表的 DRIE[30-31]。其他种类的干法刻蚀技术还包括等离子体刻蚀、离子溅射刻蚀、反应性气体刻蚀等。可以利用 Bosch 的 DRIE 技术将 TSV 制作在硅基晶圆衬底上，从而形成一个高深宽比的通孔结构。TSV 技术加工工艺的第二步为介质层沉积。介质层的主要功能是防止金属结构和硅衬底之间的短路，导致 TSV 的性能异常，进而降低整个芯片的可靠性。TSV 中常用的介质层材料是二氧化硅、氮化硅或高分子聚合物。TSV 技术加工工艺的第三步为扩散阻挡层沉积。扩散阻挡层的作用是防止 TSV 填充金属扩散到芯片中，同时可以增加金属导电通道材料与介质层的附着力，从而提高 TSV 工艺结构的可靠性。阻挡层的厚度一般为 100 nm 左右，如果该层太厚，便会增加 TSV 通路的整体电阻，进而降低 3D 集成互连的可靠性。通常，磁控溅射法和金属有机化合物化学气相沉积（metal-organic chemical vapor deposition，MOCVD）工艺方法可以用来制备扩散阻挡层。TSV 的电学信号传导主要是通过在通孔中填充导电材料来实现的，其制备工艺最主要的一步便是填充导电材料。由于铜具有优良的导电性和散热能力，因此化学沉积铜已是目前最常见的导电材料填充工艺[32-33]。电化学沉积铜的导电通道一般直径约为 10 μm，深度约为 100 μm，其深宽比可达 10 以上。最终，在 400 ℃

下退火 30 min 后，TSV 上多余的铜可以用化学机械抛光（chemical mechanical polishing，CMP）方法去除，这样用于芯片 3D 集成的 TSV 结构便成功制作完成。

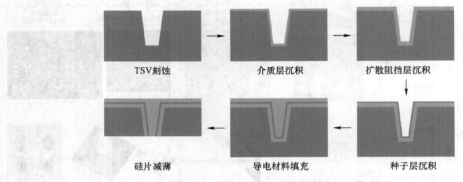

图 1-9　TSV 技术主要微纳加工工艺步骤

1.3　微纳加工技术应用简介

MEMS 已经广泛应用于人们的日常生活。例如，汽车安全气囊嵌入的 ADI 公司的 MEMS 加速度计，电子稳定系统（electronic stability program，ESP）使用的 Bosch 公司的 MEMS 陀螺仪及胎压监测使用的 Freescale 公司的 MEMS 压力传感器等；便携式投影仪使用了 TI 公司的 DMD，打印机使用了惠普（Hewlett-Packard，HP）公司的 MEMS 喷墨头；另外，智能手机搭载的可能就是意法半导体（ST Microelectronics）公司或应美盛（InvenSense）公司的陀螺仪和加速度计。这些仅仅是 MEMS 应用的几个典型的例子而已。事实上，2020 年在全世界范围内，MEMS 市场份额已经超过 200 亿美元，预计到 2025 年，全球 MEMS 市场份额将超过 300 亿美元。

1.3.1　基于纳米压印的微光学器件制备技术

纳米压印是一种经济高效、高通量的技术，用于复制纳米级结构，这种技术不需要先进光刻设备的昂贵光源。纳米压印克服了传统光刻中光衍射或光束散射的限制，适合以高分辨率复制纳米级结构。滚筒式纳米压印（roller-type nanoimprint lithography，R-NIL）是最常见的纳米压印技术，有利于大规模、连续、高效的工业生产[34]。滚筒式纳米压印机如图 1-10（a）所示，可以利用纳米压印技术制备微纳光学元件，如微透镜阵列、光学衍射元件、光栅结构等[35]。图 1-10（b）为纳米压印制备的 2 in*光栅，图 1-10（c）为该光栅在电子显微镜下的形貌图，图 1-10（d）为纳米压印制备的衍射光学元件的电镜图。

1.3.2　基于纳米压印的超构表面制备技术

图 1-11（a）和图 1-11（b）所示为利用热固化纳米压印技术制备的超构表面[36-37]。图 1-11（a）所示是一种光增强超构表面，利用纳米压印技术在钙钛矿材料上进行压印，这

---

* 1 in = 2.54 cm。

种光增强膜可以将光增强至原来的 70 倍。图 1-11（b）所示是在压印之后旋涂（spin coat）胶体形态的金属纳米晶体，然后用剥离工艺去除多余材料，制备出具有波片功能的等离子体超构表面。图 1-11（c）、图 1-11（d）所示是采用紫外光固化纳米压印技术制备的超构表面。图 1-11（c）显示了用于红外光二氧化碳传感的热发射器超构表面，可以节省 31%的电量。图 1-11（d）显示了一种具有高度不对称透射率的超构表面，从可见光到红外光，其都能保持高度的不对称透射特性，应用范围广泛。

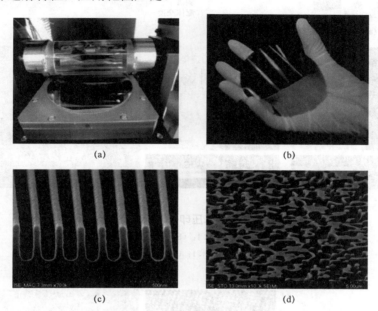

图 1-10　纳米压印制备技术

（a）滚筒式纳米压印机；（b）2 in 光栅；（c）光栅在电子显微镜下的形貌图；（d）纳米压印制备的衍射光学元件的电镜图

基于纳米压印技术的发展，人们对大面积连续制备超表面进行了积极的研究[17]。具有纳米凸块的等离激元超表面主要使用纳米压印技术制成，如图 1-12（a）所示[39]。首先，通过热压印聚碳酸酯衬底上的周期性纳米图案阵列。然后，通过氧等离子体刻蚀改变纳米结构，沉积厚度约 50 nm 的金薄膜，制备出均匀的大面积超表面。纳米压印还可以用于制备具有大面积超表面的玻璃，如图 1-12（b）、图 1-12（c）所示。首先，在聚合物衬底上制备 PDMS 掩模；然后通过热蒸发或其他方法在衬底上沉积硫族化合物玻璃膜；最后在不同时间和温度下进行退火。这种方法既简单又可扩展，在具有均匀纳米结构的 20 cm×11 cm 片上进行压印，实现了最先进的全介电超表面。

通过调节纳米压印胶的性能，可以改变超表面的性能。例如，将 TiO_2 纳米颗粒用于压印树脂，利用嵌入 TiO_2 纳米颗粒的紫外线固化聚合物树脂制造了分辨率低于 100 nm 的介电超表面，如图 1-12（d）所示[40]。该压印树脂的折射率受到 TiO_2 纳米颗粒浓度的影响，允许使用纳米压印技术直接制备柔性超表面，无须增加沉积或刻蚀等二次工艺。作为后续研究，通过添加 TiO_2 纳米颗粒，不仅可以调整折射率，同时还可以调整纳米图案的尺寸，如图 1-12（e）所示[41]。旋涂并压印了 TiO_2 质量比为 0%~100%的 6 种纳米颗粒复合材料（nanopartide cluster，NPC），同时利用柯西色散模型改变折射率，得到了在 532 nm 目标波长下聚焦效率为 33%的超透镜。

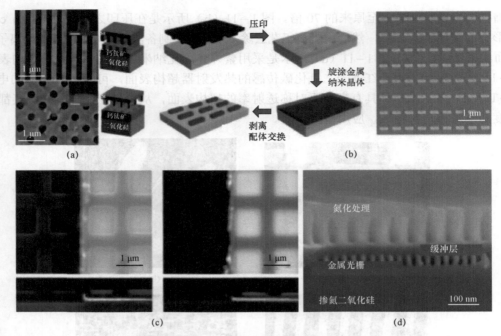

图 1-11 基于纳米压印技术制备的超构表面
(a) 基于热固化纳米压印技术 1；(b) 基于热固化纳米压印技术 2；
(c) 基于紫外光固化纳米压印技术 1；(d) 基于紫外光固化纳米压印技术 2

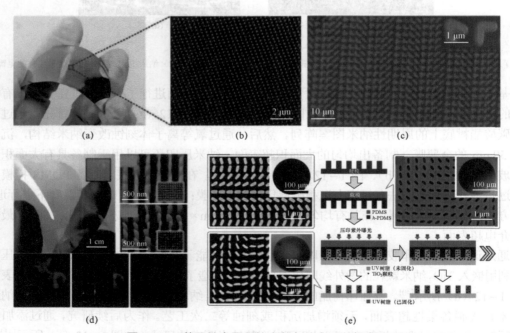

图 1-12 基于纳米压印技术制备的大面积超表面
(a) 大面积等离激元超表面；(b)，(c) 纳米压印制备具有大面积超表面的玻璃；
(d) 掺杂 TiO_2 纳米颗粒的紫外线固化聚合物树脂压印的超表面及全息重建效果；(e) 改变 TiO_2 纳米颗粒掺杂比的压印效果

1.3.3 立体光刻技术应用

表1-1所示为4种立体光刻技术的参数对比,可以根据打印需求灵活选择相应的立体光刻技术。对于尺寸较大的打印件,可以选择精度较低但是打印速度较快的 PolyJet[7];对于在追求打印速度的同时要求高精度的打印件,可以选择 PμSL[9];而最经典的 SLA[6]则有了相应的更高精度的替代制造方法,如 TPP/2PP[8]。

表1-1 4种立体光刻技术的参数对比

制造技术	最高 XY 分辨率	最大成形尺寸	制造速度	特点总结
SLA	约 10 μm	厘米级	较慢	精度一般、速度慢
PolyJet	600 dpi	≥厘米级	快	精度低、速度快
TPP/2PP	50 nm	≤毫米级	极慢	精度极高、速度极慢、整体尺寸小
PμSL	2 μm	厘米级	快	精度高、速度快

随着 MEMS 技术的发展,人们越来越追求微结构的精细程度。利用 TPP/2PP 打印精度高的优势,研究人员制造了三维光子晶体,这些不同折射率的介质周期性地排列成人工微结构,并表现出很多奇异的光学性质,可以作为新型光学器件应用于传感探测领域。利用 TPP/2PP 制造的人工光子晶体如图1-13所示[42]。

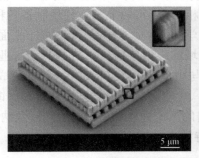 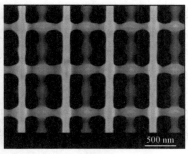

图1-13 利用 TPP/2PP 制造的人工光子晶体

利用 TPP/2PP 可在光纤顶端不到 200 μm 的范围内加工成像效果良好的透镜组,这是目前世界上最小的内窥镜,图1-14所示为利用 TPP/2PP 在光纤顶端加工的内窥镜[43]。内窥镜技术为工业检测和医学诊断领域提供了极为强力的手段。例如胃镜的使用,医生将一束光导纤维通过食道插入胃部,则可以观察胃部图像,从而直观判断出胃壁的状态,为检测黏膜损伤、内溃疡、胃出血等症状提供直接证据。

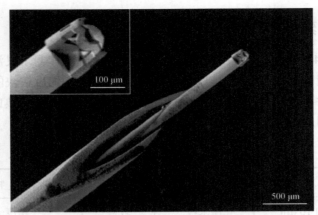

图 1-14 利用 TPP/2PP 在光纤顶端加工的内窥镜

1.3.4 电子束曝光技术应用

电子束曝光技术拥有极高的分辨率，相比于传统光刻受衍射极限的限制，电子束的波长为 0.007~0.01 nm，束斑尺寸在 1~10 nm 之间，加工最小尺寸可至 3 nm。同时，它采用全数字化加工，不需要掩模版，是高端光刻/纳米压印模板生产的手段。电子束曝光设备比 CMOS 工艺采用的光刻机价格便宜许多，且操作维护简单，在器件原型研发与测试、缩短研发周期、小批量、定制化、高附加值产品制造中具有显著优势，在科学研究、信息产业、生物医疗、航空航天等领域微型化、轻量化、高性能元器件、零部件及系统的制造方面有着巨大需求。例如，超导量子计算芯片的核心约瑟夫森结即由电子束曝光技术制备[44-47]。

电子束曝光技术分辨率高、自由度大的特点使其在科研领域应用非常广泛。如图 1-15 所示，研究人员通过将电子束曝光与其他工艺相结合，可以非常方便地制备各种微纳结构（如超材料、超构表面、等离激元结构等）、集成光学器件（如光子晶体、光栅、平面光学器件等）、纳米光机电器件等。电子束曝光技术在产业领域的应用包括：① 在掩模版行业用于制备集成电路高精度掩模版；② 电子及光电芯片打样与小批量生产（R&D），包括集成电路、光探测器、防伪芯片、Ⅲ-Ⅴ族芯片、集成光子芯片；③ 在光栅行业，包括分布式反馈激光器（DFB laster）、偏振光栅、压缩光栅、激光耦合光栅的生产；④ 在二元光学、微纳光学及超表面行业，如微透镜、全息器件的制备[48]；⑤ 特种光/电元器件定制。

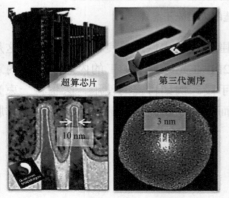
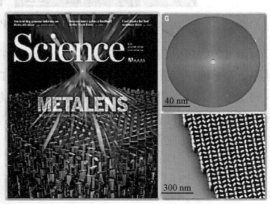

图 1-15 电子束曝光技术的典型应用

近来有团队发展了原子层纳米组装（atomic layer assembly，ALA）加工方法，通过构建电子束曝光剂量与纳米结构线宽、高度的关系，可获得高度和梯度可调的纳米柱、纳米管及纳米锥等多种三维纳米结构，展示出了强大的三维灰度纳米加工能力；同时能够实现任意图形纳米介质结构的高深宽比、高精度、大面积的构建，为多路复用、高效率光学超表面的设计与加工提供了一条全新的途径[49]，如图1-16所示。

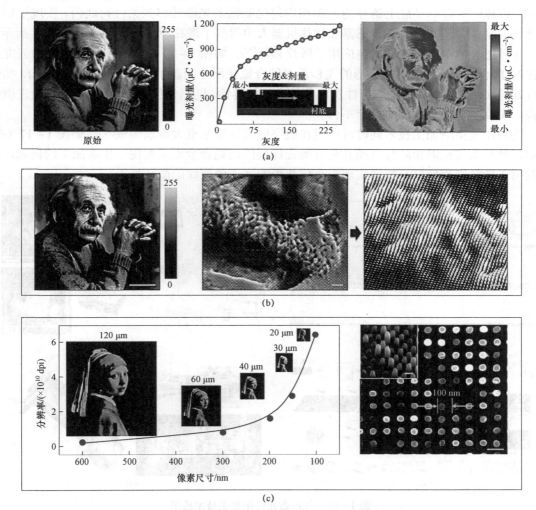

图1-16 通过灰度纳米组装制造高度可调的渐变纳米结构阵列实现超真实成像[9]

（a）爱因斯坦灰度相片原图，纳米柱显示灰度随曝光剂量的变化与设计版图的剂量分布；（b）基于GANF实现的爱因斯坦灰度图像与细节放大扫描电子显微镜图，具有256个灰阶；（c）选取戴珍珠耳环的少女的图像，保持像素不变，图像分辨率随尺寸随像素尺寸的变化，最高分辨率达到6.4×10^10 dpi，以及100 nm像素细节的俯视图与倾角视图

注：比例尺为（b）30 μm、3 μm、1 μm，（c）100 nm。

1.3.5 超快激光微纳加工技术应用

飞秒激光微纳加工具有灵活可控、对环境没有苛刻要求的特点，近年来得到了蓬勃发展，其在国防装备、新能源、航空航天等国家重大需求领域和生物医学、信息电子等关键民用产业中的应用也进一步拓展。2020 年,利用飞秒激光双光子聚合技术实现了可编程的人工肌肉骨骼系统,用于开发 3D 微型机器人,如图 1-17(a)所示[50]。其利用不同材料对溶液 pH 值的响应差异实现了纳米级的驱动和操纵,从而完成智能微抓手对目标的捕获和释放,这为多种材料组成的 3D 智能微型机器人的直接打印提供了通用方案。

光场整形产生的亚波长周期性结构常用来进行表面结构色的研究,2022 年 Liu 等人利用 PDMS 倒模[51],将单晶硅上诱导的大面积均匀化亚微米光栅转移到柔性衬底内,实现了应变传感器的制备,使其在光学传感器和软体机器人中得到了潜在应用,如图 1-17(b)所示。

飞秒激光的微纳加工技术也应用于医疗领域[52],如图 1-17(c)所示,2020 年马云龙等人在 NiTi 合金上,利用时间整形的飞秒激光结合氟化反应制备了多功能三维微纳结构,实现了良好的血液相容性、零细胞毒性及出色的生物相容性。随后他们在 2022 年进一步改进微纳结构,实现了多模态骨肉瘤治疗平台。

飞秒激光微纳加工技术同时可应用在航空航天等国家重大需求领域[53],如图 1-17(d)所示,针对大飞机涡轮叶片气膜孔具有陶瓷涂层的高温合金无法实现一步法加工的问题,提出利用飞秒激光旋切打孔技术实现极小化热影响区、微裂纹的微孔加工。

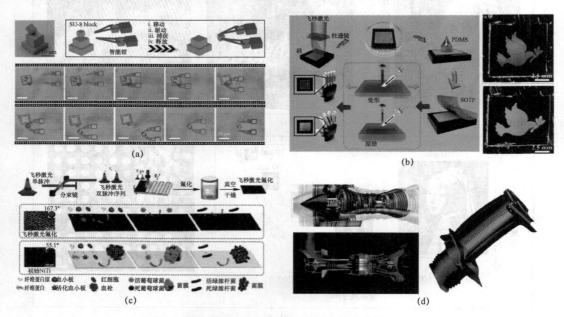

图 1-17 飞秒激光微纳加工技术应用
(a)飞秒激光双光子聚合技术的使用;(b)柔性光栅制备;(c)医疗领域应用;(d)涡轮叶片气膜孔加工

1.3.6 3D 集成技术应用

近年来,由于现场可编程门阵列(FPGA)等先进集成电路芯片对超高密度输入输出(I/O)端口及超细间距集成互连的要求,即使是 12 层堆叠的多层有机衬底也不足以支持芯片高密度封装的需求。因此,需要制作一个基于 TSV 技术的硅基转接板(interposer),用于芯片的高密度 3D 集成。例如,基于 TSV 3D 集成技术,Xilinx 公司与 TSMC 联合研发出了经典的 FPGA 高密度封装模块(chip-on-wafer-on-substrate,CoWoS)结构[54]。其中,用于 3D 集成互连的 TSV，直径为 10 μm，高度为 100 μm，该模块还包含 4 个顶部重布线层（RDL），3 个大马士革铜层和 1 个铝层。FPGA 芯片之间存在着 10 000 个以上最小间距为 0.4 μm 的横向电学导通互连，主要由硅基转接板中的 RDL 承载。RDL 和电学介质层的最小厚度小于 1 μm。图 1-18 显示了基于 TSV 技术的高密度 3D 集成封装结构，可以看出在无源硅基转接板的顶部有一个大而厚的芯片，在其底部有一个小而薄的芯片。两个芯片的 3D 集成由高密度 TSV 结构与互连焊点结构共同实现[38,55-58]。图 1-18 中还放大了顶部芯片和硅基转接板之间的微凸点互连界面。3D 集成高密度互连由多种尺寸互连焊点共同完成，包括微凸点、芯片 C4 焊点及球栅阵列（BGA）焊球。每个 FPGA 芯片中都包含超过 50 000 个微凸点，所有芯片和硅基转接板之间的微凸点的直径均为 25 μm，其互连间距为 45 μm。芯片 C4 焊点的直径为 150 μm，间距为 250 μm。球栅阵列焊球的直径为 600 μm，间距为 1 000 μm。从图 1-18 中可以发现，硅基转接板上的金属化层是铜层和镍层，原本组成微凸点的锡基焊料已经与金属化层发生扩散相变反应，进而转变为脆性的 Cu_6Sn_5 金属间化合物（intermetallic compound，IMC）。这是由于高密度封装中的微凸点尺寸减小，表面扩散机制加剧而引发尺寸效应。IMC 的力学与电学性能较差，容易引起芯片互连界面的脆性断裂失效，或者引起在热、电、力耦合作用下的电迁移失效。因此，在可靠性要求较高的应用领域，需要研究开发更为先进的微凸点固态互连技术，从而消除脆性 IMC 对芯片互连界面可靠性的不利影响。

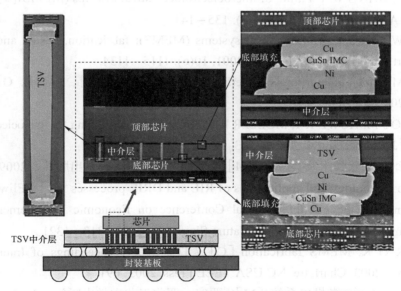

图 1-18　基于 TSV 技术的高密度 3D 集成封装结构[43]

1.4　小　结

本章首先概述了微纳加工技术在信息、生物医疗、科学研究、航空航天等领域的重要性；然后对微纳加工技术进行介绍，包括表面微加工工艺、体硅工艺、纳米压印技术、立体光刻技术、电子束曝光技术、超快激光微纳加工技术及 3D 集成加工技术。基于这些微纳加工技术，微纳技术已广泛应用于众多领域。在医疗领域，有利用 TPP/2PP 加工而成的世界上最小的内窥镜；在航空航天领域，利用飞秒激光旋切打孔技术解决了大飞机涡轮的加工难题；在高带宽信息领域，超高密度输入输出端口等发展瓶颈被 3D 集成技术突破；在大规模纳米结构制造方面，纳米压印的发展使大面积连续制备超表面的成本大幅降低。微纳加工技术始终致力于创造新材料、新工艺、新器件和新系统，将对人类发展产生深远影响。

参 考 文 献

[1] ZHU J X, LIU X M, SHI Q F, et al. Development trends and perspectives of future sensors and MEMS/NEMS [J]. Micromachines, 2019, 11(1): 7.

[2] WANG Y, YANG J, WANG Z W, et al. The development and progression of micro-nano optics [J]. Frontiers In Chemistry, 2022(10):1–17.

[3] KHOSHNOUD F, DE SILVA C W. Recent advances in MEMS sensor technology-biomedical applications [J]. IEEE Instrumentation & Measurement Magazine, 2012, 15(1): 8-14.

[4] 姚军，汪为民. 微纳系统技术与应用 [M]. 北京：科学出版社，2011.

[5] BAO M H, WANG W Y. Future of microelectromechanical systems (MEMS)[J]. Sensors and Actuators A: Physical, 1996, 56 (1–2): 135–141.

[6] JUDY J W. Microelectromechanical systems (MEMS): fabrication, design and applications [J]. Smart Materials and Structures, 2001, 10(6): 1115–1134.

[7] QIN Y. Micromanufacturing engineering and technology [M]. 2nd ed. Oxford:William Andrew, 2015.

[8] BUSTILLO J M, HOWE R T, MULLER R S. Surface micromachining for microelectromechanical systems [J]. Proceedings of the IEEE, 1998, 86(8): 1552–1574.

[9] 崔铮. 微纳米加工技术及其应用 [M]. 2版. 北京：高等教育出版社，2009.

[10] LI J. The technology and applications of RIE and DRIE processes [C] //Eliwise Academy. Proceedings of the 6th International Conference on Economic Management and Green Development. Singapore: Springer Nature Singapore, 2022:1313–1321.

[11] FEDDER G K. MEMS fabrication [C] // ITC 2003. Proceedings of International Test Conference 2003. Charlotte, NC USA: IEEE Press, 2003: 691.

[12] 苑伟政，乔大勇. 微机电系统 [M]. 西安：西北工业大学出版社，2011.

[13] LIN L. MEMS post-packaging by localized heating and bonding [J]. IEEE Transactions on advanced packaging, 2000, 23(4): 608–616.

[14] ALEXE M, GÖSELE U. Wafer bonding: applications and technology [M]. Berlin:Springer, 2004.

[15] 刘鑫，张满，庞辉，等. 基于纳米压印的大角度衍射光学元件批量化制备方法 [J]. 光子学报，2016，45（6）：102–105.

[16] VIGNESWARAN N, SAMSURI F, RANGANATHAN B, et al. Recent advances in nano patterning and nano imprint lithography for biological applications [J]. Procedia Engineering, 2014(97): 1387-1398.

[17] OH D K, LEE T, KO B, et al. Nanoimprint lithography for high-throughput fabrication of metasurfaces [J]. Frontiers of Optoelectronics, 2021, 14(2): 229-251.

[18] HULL C W. Apparatus for production of three-dimensional objects by stereolithography: US4575330 [P]. 1986-03-11.

[19] KUMAR A, GHAFOOR H. Rapid prototyping: A future in orthodontics [J]. Journal of Orthodontic Research, 2016, 4(1):1-7.

[20] KAWATA S, SUN H B, TANAKA T, et al. Finer features for functional microdevices [J]. Nature, 2001, 412(6848):697-698.

[21] PARK I B, HA Y M, LEE S H. Still motion process for improving the accuracy of latticed microstructures in projection microstereolithography[J]. Sensors and Actuators, A. Physical, 2011, 167(1):117-129.

[22] 王振宇，成立，祝俊，等. 电子束曝光技术及其应用综述 [J]. 半导体技术，2006, 031（006）：418-428.

[23] 梁惠康，段辉高. 电子束光刻设备发展现状及展望 [J]. 科技导报，2022, 40 (11): 33-44.

[24] 于明岩. 微纳系统电子束光刻关键技术及相关机理研究 [D]. 哈尔滨：哈尔滨理工大学，2015.

[25] ZHOU X Q, HOU Y H, LIN J Q. A review on the processing accuracy of two-photon polymerization [J]. AIP Advances, 2015, 5(3): 030701.1-030701.22.

[26] BONSE J, GRAEF S. Maxwell meets Marangoni: a review of theories on laser-induced periodic surface structures [J]. Laser & Photonics Reviews, 2020, 14(10): 2000215.1-2000215.25.

[27] YUAN Y J, JIANG L, LI X, et al. Laser photonic-reduction stamping for graphene-based micro-supercapacitors ultrafast fabrication [J]. Nature communications, 2020, 11(1): 6185.

[28] JIANG L, WANG A D, LI B, et al. Electrons dynamics control by shaping femtosecond laser pulses in micro/nanofabrication: modeling, method, measurement and application [J]. Light Science & Applications, 2018, 7(2): 17134.

[29] LAU J H S, CHAN Y S, LEE S W R. Thermal-enhanced and cost-Effective 3D IC Integration With TSV (through-silicon via) interposers for high-performance applications[J] Proceeding.IMECE, 2010(4): 137-144.

[30] ZHANG X, CHAI T C, LAU J H, et al. Development of through silicon via (TSV) interposer technology for large die (21×21mm) fine-pitch cu/low-k FCBGA package [C] //59th IEEE ECTC Conference. San Diego, CA USA:IEEE Press, 2009: 305-312.

[31] CHAI T C, ZHANG X, LAU J H, et al. Development of large die fine-pitch cu/low-k FCBGA package with through silicon via (TSV) interposer [J]. IEEE Transactions on Components, Packaging and Manufacturing Technology, 2011, 1(5): 660−672.

[32] BANIJAMALI B, RAMALINGAM S, NAGARAJAN K, et al. Advanced reliability study of TSV interposers and interconnects for the 28nm technology FPGA [C] //61st IEEE ECTC Conference. Orlando, Florida:IEEE Press. 2011: 285−290.

[33] LAU J H. TSV manufacturing yield and hidden costs for 3D IC integration [C] //2010 Proceedings 60th Electronic Components and Technology Conference (ECTC). Las Vegas, NV USA: IEEE Press, 2010: 1031−1042.

[34] PENG Z T, ZHANG Y, CHOI C L R, et al. Continuous roller nanoimprinting: Next generation lithography [J], Nanoscale, 2023,15(27): 11403−11421.

[35] LAN H B. Large-area nanoimprint lithography and applications [M] //THIRUMALAI J. Micro/nanolithography: A heuristic aspect on the enduring technology. London: IntechOpen, 2018.

[36] 董渊, 钟其泽, 郑勇剑, 等. 晶圆级超构表面平面光学研究进展（特邀）[J]. 光子学报, 2021, 50（10）: 129−144.

[37] 胡跃强, 李鑫, 王旭东, 等. 光学超构表面的微纳加工技术研究进展 [J]. 红外与激光工程, 2020, 49（9）: 88−106.

[38] CHIEN H C, LAU J H, CHAO Y L, et al. Thermal evaluation and analyses of 3D IC integration SiP with TSVs for network system applications [C] //2012 IEEE 62nd Electronic Components and Technology Conference. San Diego, California USA: IEEE Press, 2012: 1866−1873.

[39] ZHU J F, WANG Z Y, LIN S W, et al. Low-cost flexible plasmonic nanobump metasurfaces for label-free sensing of serum tumor marker [J]. Biosensors & Bioelectronics: The International Journal for the Professional Involved with Research, Technology and Applications of Biosensors and Related Devices, 2020, 150: 111905.

[40] KIM K, YOON G, BAEK S, et al. Facile nanocasting of dielectric metasurfaces with sub−100 nm resolution [J]. ACS Applied Materials & Interfaces, 2019, 11(29): 26109−26115.

[41] YOON G, KIM K, HUH D, et al. Single-step manufacturing of hierarchical dielectric metalens in the visible [J]. Nature Communications, 2020, 11(1): 2268.

[42] WONG S, DEUBEL M, PÉREZ-WILLARD F, et al. Direct laser writing of three-dimensional photonic crystals with a complete photonic bandgap in chalcogenide glasses [J/OL]. Advanced Materials, 2006, 18(3): 265−269. http://dx.doi.org/10.1002/adma.200501973.

[43] GISSIBL T, THIELE S, HERKOMMER A, et al. Two-photon direct laser writing of

ultracompact multi-lens objectives [J]. Nature photonics, 2016,10(8): 554-560.

[44] 张琨, 林罡, 刘刚, 等. 电子束光刻技术的原理及其在微纳加工与纳米器件制备中的应用 [J]. 电子显微学报, 2006, 025 (002): 97-103.

[45] 陈宝钦, 赵珉, 吴璇, 等. 电子束光刻在纳米加工及器件制备中的应用 [J]. 微纳电子技术, 2008, 45 (12): 683-688.

[46] 张建宏, 刘明. 电子束曝光技术的应用 [J]. 世界产品与技术, 2002 (04): 30-31.

[47] 杜云峰, 姜交来, 廖俊生. 超材料的应用及制备技术研究进展 [J]. 材料导报, 2016, 30 (09): 115-121.

[48] 李昕, 徐正琨, 杨静育, 等. 基于超表面的相位成像技术进展（特邀）[J]. 激光与光电子学进展, 2024, 61 (2): 264-280.

[49] GENG G Z, PAN R H, LI C S, et al. Height-gradiently-tunable nanostructure arrays by grayscale assembly nanofabrication for ultra-realistic imaging [J/OL]. Laser & Photonics Reviews, 2023, 17(9): 2300073.1-202300073.10. https://doi.org/10.1002/lpor.202300073.

[50] MA Z C, ZHANG Y L, HAN B, et al. Femtosecond laser programmed artificial musculoskeletal systems [J]. Nature communications, 2020, 11(1): 4536.

[51] LIU Y, LI X W, HUANG J, et al. High-uniformity submicron gratings with tunable periods fabricated through femtosecond laser-assisted molding technology for deformation detection [J]. ACS applied materials & interfaces, 2022, 14(14): 16911-16919.

[52] MA Y L, JIANG L, HU J, et al. Multifunctional 3D micro-nanostructures fabricated through temporally shaped femtosecond laser processing for preventing thrombosis and bacterial infection [J]. ACS applied materials & interfaces, 2020(15): 17155-17166.

[53] YU Y Q, ZHOU L C, CAI Z B, et al. DD6 single-crystal superalloy with thermal barrier coating in femtosecond laser percussion drilling [J]. Optics & Laser Technology, 2021, 133(1): 106555.

[54] LAU J H. Heterogeneous integrations [M]. Singapore: Springer, 2019.

[55] LI L, SU P, XUE J, et al. Addressing bandwidth challenges in next generation high performance network systems with 3D IC integration [C] //IEEE 62nd Electronic Components and Technology Conference. San Diego, California USA: IEEE Press, 2012: 1040-1046.

[56] LAU J, TZENG P J, ZHAN C J, et al. Large size silicon interposer and 3D IC integration for system-in-packaging (SiP) [C] //International Microelectronics Assembly and Packaging Society.Proceedings of the 45th International Symposium on Microelectronics. San Diego,CA USA:International symposium on microelectronics, 2012: 001209-001214.

[57] WU S T, LAU J H, CHIEN H C, et al. Thermal stress and creep strain analyses of a 3D IC

integration SiP with passive interposer for network system application [C] //International Microelectronics Assembly and Packaging Society. Proceedings of 45th International Symposium on Microelectronics. San Diego, CA USA:International symposium on microelectronics, 2012: 001038-001045.

[58] CHIEN H C, LAU J H, CHAO T, et al. Thermal management of moore's law chips on both sides of an interposer for 3d ic integration sip [J]. IEEE ICEP Proceedings, 2012: 38-44.

第Ⅱ篇　微纳加工关键工艺

第 2 章
紫外曝光技术

2.1 微纳技术及微纳加工技术简介

1947 年 12 月，美国贝尔实验室的科学家们成功地发明并制造了世界上第一支晶体管。自此，一场由晶体管引发的微电子技术革命正式拉开序幕，随后集成电路技术、微系统技术应运而生。集成电路技术是把电路所需要的晶体管、电阻和电容等元器件采用一定的技术工艺制作在一块小的硅片、陶瓷或玻璃制的衬底上，再用一定的技术工艺进行互相连接，然后组合封装在一个管壳内，使原先所需的较大电路的体积大幅缩小，引出的线和焊接点的数量也大幅减少的技术[1]。微系统技术则是以集成电路技术为起点，从集成电路技术派生出的高精度批量加工制造技术，主要包括微流体、微电子机械、微光学系统等。如果按照微型化的尺度来衡量这两项技术，那么它们还处于微米尺度。但是随着科学进步，人们已经从理论推导和大量实验观察中发现：当把很多材料加工成纳米尺度（通常在 100 nm 以下）的形状时，其会表现出与大块该种材料截然不同的性质。这些特别的性质向人们展现了令人兴奋的应用前景，因此，21 世纪以来，由半导体电子技术引起的技术革命把人们带入了一个全新的时代，这就是纳米技术时代。

不论是集成电路技术、微系统技术还是纳米技术，它们都有共同的特征，即功能结构的尺寸都在微米尺度或纳米尺度。而且，大多数纳米尺度的技术是由微米尺度的技术发展而来的，因此微米技术和纳米技术通常是分不开的，统称微纳技术。

微米技术和纳米技术主要以结构的尺度进行区分，通常以 100 nm 为分界线，尺度在 100 nm 以上称为微米技术，尺度在 100 nm 以下称为纳米技术。微纳技术依赖于拥有微纳米尺度的功能结构和器件，而先进的微纳加工技术可以获得拥有微纳米尺度的功能结构与器件。微纳米尺度的功能结构不仅能节省许多原材料和能源，还能使具有多功能的高度集成技术的生产成本大幅降低。在过去的几十年中，微纳加工技术大幅推进了集成电路技术的发展，使其集成度按照每 1.5 年翻 1 倍的速度提高[2]。截至 2015 年，人们已实现在方寸大小的芯片上集成数亿只晶体管，最小电路尺寸为 22 nm 和 12 nm 的芯片已分别实现大批量生产和试生产。微纳加工技术是人们走进和了解微观世界的重要桥梁和工具，所以研究微纳加工技术对今后高科技及尖端科技的进一步发展具有非凡的意义。

在诸多微纳加工技术中，以传统紫外曝光技术为代表的光学曝光技术在其中占据十分重要的位置。

2.1.1 紫外曝光技术及其他光学曝光技术简介

紫外曝光技术是以紫外光（波长通常为 200～400 nm）或者远紫外光来实现曝光的工艺。除紫外曝光技术外，还有许多其他的曝光技术，如电子束曝光技术、离子束曝光技术、X 射线曝光技术等。这些曝光技术各有利弊[3]，一般的紫外曝光的分辨率只能在 0.5～1 μm 之间，但操作简单、方便，成本较低，适用于大批量生产，尤其适用于大批量生产 MEMS 及微机械系统。电子束曝光技术的主要特点是分辨率极高，其极限分辨率可以达到 3～8 nm，制作的特征尺寸可以达到 5 nm，在掩模制造领域应用非常广泛；但其生产率很低，还会产生较为严重的邻近效应。离子束曝光相比于电子束曝光技术几乎不存在邻近效应，但存在对准技术有难度的问题，使其无法在掩模加工制造领域像电子束曝光技术一样广泛应用。X 射线曝光技术由于 X 射线波长短，因此衍射效应不明显，导致光刻分辨率很高，而且 X 射线穿透性极佳，不易受环境的影响，但成本很高，不适用于大批量加工制造。

在实际科研生产生活中，针对某种特殊应用需求而选用曝光技术时应参照一些原则进行。例如，考虑批量加工的要求，即低成本和较高的生产率，则往往不使用最尖端的技术[4]。紫外曝光技术采用的是平行式的加工方式，电子束曝光技术及离子束曝光技术采用的是顺序式的加工方式。考虑到大规模集成电路投资成本巨大，使用紫外曝光技术的平行式加工方式可以将每个集成芯片实际的平均成本降低，而另两种加工技术的成本相比紫外曝光技术更高，因此，尽管传统紫外曝光技术不具有最高的分辨率，但大规模集成电路生产制造时仍然始终坚持使用传统紫外曝光技术。

2.1.2 微纳加工技术发展趋势及前景

现代科技生产对微细化的要求越来越高，这就意味着对微纳加工技术的要求越来越高，所以微纳加工技术的趋势是越来越高度集成化、微细化。未来会制造出最小电路尺寸 10 nm 以下的芯片，更加微细的系统、电机甚至是齿轮。微纳加工技术目前已经成为高精尖科技的中流砥柱，以后也必将会对社会科技发展进步产生重要的推进作用。

2.2 平面工艺及紫外曝光技术

2.2.1 平面工艺原理

微纳加工工艺多种多样，但主要可以分为 3 类：平面工艺、探针工艺和模型工艺。紫外曝光技术所采用的工艺主要是平面工艺[5]。平面工艺依赖于光刻工艺，其流程示意如图 2-1 所示。首先将一层感光物质感光；然后通过显影和定影工序使得感光层受到辐射的部分或未受到辐射的部分残留在衬底上面，残留的部分就是预先设计好的图案；接着由于材料的沉积或者腐蚀，将感光层上面已经曝光完毕的图案转移到衬底材料的表面；最后通过连续多层曝光、刻蚀和沉积，使具有复杂结构的微纳结构可以逐步地从衬底材料表面上构筑起来。其实，广义上的光刻技术不仅是紫外光刻，还可以是电子束、离子束和 X 射线光刻等。

平面工艺发源于 20 世纪 60 年代的集成电路技术。集成电路的技术工艺主要可以分为以下 4 个方面。

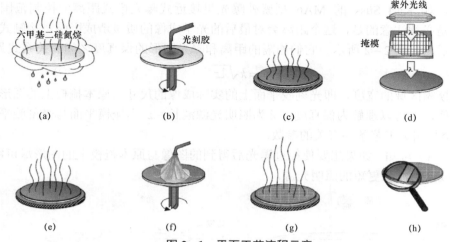

图 2-1 平面工艺流程示意

(a) 涂覆黏附剂；(b) 涂胶；(c) 前烘；(d) 对准及曝光；(e) 曝光后烘；(f) 显影；(g) 坚膜；(h) 检测

（1）薄膜沉积。薄膜包括各种各样的氧化薄膜、金属薄膜和多晶硅薄膜等。金属连线、绝缘层和隔离层等都是先对薄膜进行沉积，然后对薄膜进行图形加工制造。

（2）制图。制图是指在衬底的材料或沉积薄膜上形成所需要的各种电路图形。其工艺有两种，分别为光刻工艺和刻蚀工艺（etch technology）。

（3）掺杂。晶体管的载流子区域通过各种掺杂形成，包括离子注入掺杂工艺和热扩散掺杂技术。

（4）热处理。热处理工艺能够在离子注入后，对离子轰击所造成的晶格错位进行恢复。同时，稳固的导电层也可以通过热处理形成。

平面制图技术是制造获得超大规模集成电路中最核心的工艺技术。集成电路的发展史同时也是平面制图技术逐渐发展的历史。

2.2.2 紫外曝光原理

紫外曝光的原理实际上与照相的原理类似，只不过是用半导体硅片替代了照相的底片，且用光刻胶替代了感光涂层。一个比较复杂的三维集成电路结构图形可以借由设计分解成许多层的二维结构图形，其中每一层平面的二维结构图形都构成一个掩模图形。光学掩模是镀了金属铬的玻璃板或石英板。通过掩模制造工艺可以将二维结构图刻在掩模上，从而将掩模分为透光部分和不透光部分。紫外曝光的目标就是要将掩模上的图形成像到光刻胶上。经过紫外曝光显影及定影之后，光刻胶上就记录了掩模上的图形，然后将光刻胶上记录下来的图形再转移到衬底的材料上。

1. 对准式曝光原理

紫外曝光可以分为对准式曝光和投影式曝光[6]。早期集成电路的制造大都采用对准式曝光，这种曝光工艺能够较为真实地再现掩模上面的图形，但是这种方法必须保证掩模表面与光刻胶的表面完全接触。对准式曝光分为接触式曝光和接近式曝光。接触式曝光又可以分为硬接触曝光和软接触曝光，这里的硬接触实际上是通过施加压力的方法来实现掩模表面与涂胶的硅片表面完全接触。通过调节所使用的压力大小也同样可以实现软接触。接近式曝光可以通过将涂胶的硅片与掩模表面保持一定的距离来实现，可以将这个距离控制在几微米到几十微米不等，如 Karl Süss 的 MA6 型紫外曝光机接近式曝光模式距离的控制范围为 1～999 μm。但是必须注意的是，这个距离会对最后的光学成像的质量造成影响，接触式曝光和接近式曝光示意如图 2-2 所示。它们相隔的距离和曝光图形的保真度之间的关系式为

$$w = k\sqrt{\lambda z} \qquad (2-1)$$

式中，w 为模糊区域的宽度，即光刻胶平面上的实际成像的尺寸与原本掩模上的图形设计尺寸之间的差值，也可以理解为保真度；λ 为照明光源波长；z 为掩模平面与光刻胶平面的距离；k 为一个与相关工艺条件有关的参数。

由式（2-1）可知，如果想要使经过曝光后得到的图像与原本掩模上的图形尽可能一样，只能减小 z 或使用波长更短的照明光源。

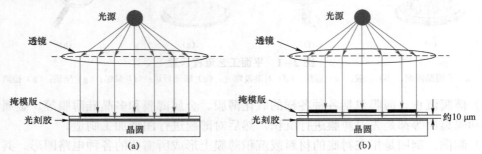

图 2-2 接触式曝光和接近式曝光示意
(a) 接触式曝光；(b) 接近式曝光

图 2-3 所示为计算机模拟的在接近式曝光中不同条件下的硅片与掩模间距 g 对光强分布的影响。可以看出，g 的存在对成像的失真度有较大的影响。

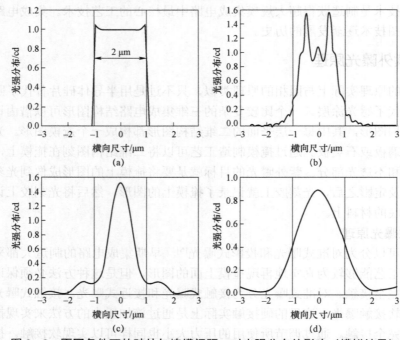

图 2-3 不同条件下的硅片与掩模间距 g 对光强分布的影响（模拟结果）
(a) $g=0$ μm；(b) $g=1$ μm；(c) $g=5$ μm；(d) $g=10$ μm

2. 投影式曝光原理

投影式曝光分为两种形式，分别是 1:1 投影和缩小投影[7]。前者通过一套光学成像系统把掩模的图形投射到硅片上，成像的质量完全由光学成像系统决定，而不再是由掩模版与硅片间的距离决定，从而克服了接近式曝光的缺陷。但是 1:1 投影要求掩模图形与硅片上的比例大小相同，随着图形尺寸越来越小，掩模版的制作越来越困难。而通过缩小投影，如使用 4:1 缩小，掩模的图形可以是硅片上的 4 倍大小，这样掩模版制作起来就比 1:1 投影容易多了。

投影式曝光可以简单理解为用透镜把狭缝的衍射光成像到硅片上。光通过狭缝后，具有相同速度的子波互相干涉在像平面上形成干涉条纹，其相对狭缝的夹角可表示为

$$\sin\varphi = m\frac{\lambda}{a}, m = 1, 2, 3, \cdots \quad (2-2)$$

式中，λ 为光波长；a 为缝隙宽度；m 为条纹数。

显然，衍射光发散角与光波长成正比，和缝隙宽度成反比，波长越大或缝隙越小，发散角越大。

另外，把衍射光成像到像平面的透镜的孔径是有限的，透镜的孔径可表示为

$$NA = n\sin\theta \quad (2-3)$$

式中，NA 为数值孔径；θ 为会聚角。θ 还和光传播空间所在的介质的折射率 n 有关。透镜的数值孔径和透镜的几何直径、与像平面的距离有关，几何直径越大，与像平面的距离越近，数值孔径越大。

令式（2-2）中的 a 等于光学掩模最小分辨图形的线宽（分辨率）R，同时令可被透镜接收并成像的衍射光受限于入射角，即数值孔径 NA，则投影式曝光的分辨率可以表示为

$$R = k_1 \frac{\lambda}{NA} \quad (2-4)$$

式中，k_1 为一个独立于光学成像、与曝光工艺有关的因子。

式（2-4）是投影式曝光的最基本公式，从光学成像的角度分析，减小光波长和增大透镜数值孔径都可以提高分辨率。图 2-4 所示为一条 0.35 μm 的线在不同光波长和数值孔径下在成像表面的光强分布。

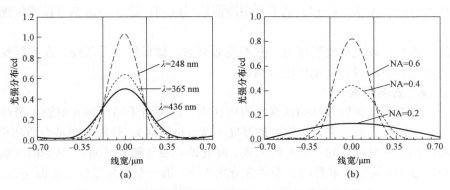

图 2-4 光波长和数值孔径对 0.35 μm 线曝光的光强分布
（a）光波长对分辨率的影响；（b）透镜数值孔径对分辨率的影响

由此可见，减小光波长、增大数值孔径的确是提高分辨率的有效方法。

3. 紫外曝光工艺流程

把之前设计好的掩模图形制作在硅片上需要一系列复杂的工艺流程，大致可以分为以下步骤[8]。

（1）硅片表面处理。首先用一些常规的化学表面清理方法去除硅片表面的各种污迹，然后将硅片在 150~200 ℃的烘箱中烤 15~30 min，从而保证硅片表面保持干燥。因为在干燥的表面上光刻胶具有更好的黏附力。

（2）涂胶。把硅片放在离心机转盘中心，然后将光刻胶滴在硅片中央，可以通过离心机的高速旋转使光刻胶均匀地涂抹在整个硅片上。涂胶的厚度可以通过调节离心机的转速来控制。

（3）前烘。这个步骤是将光刻胶中的有机溶剂进行蒸发，从而使硅片上的光刻胶干燥固化。不同的光刻胶有不同的前烘时间，需根据实际使用的光刻胶来决定。

（4）曝光。涂完光刻胶且经过前烘工序的硅片就可以放入紫外曝光机中进行曝光。首先把硅片与要转移的掩模图形对准，然后选取适当的曝光剂量。曝光的过程完全由紫外曝光机完成。

（5）后烘。光照射到光刻胶与硅片表面的分界处会产生一部分反射，反射光和入射光会叠加形成驻波。后烘步骤可以在一定程度上消除这种驻波，但是有一些光刻胶如 S1813 等则不需要这道工序。

（6）显影。显影通常采用浸没法，这种方法不需要任何特殊设备，操作最简单，直接将曝光过的硅片放入显影液中一段时间，再放入定影液中一段时间，最后清除残留的液体即可。

（7）去残胶。经过显影之后，一层非常薄的胶质层往往还会残留在硅片表面，这层残留的胶大约只有几十埃*的厚度。虽然它们很薄，但是会对后面的图形转移步骤造成影响，因此，需要将这层残留的胶清除，做法一般是将硅片放入等离子体中刻蚀约 0.5 min。注意并不是在所有情况下都需要去除残胶。

（8）图形转移。这一步骤是进行紫外曝光的最终目的，即将提前设计好的掩模图形转移到硅片表面。实际上光刻胶本身也只是起到类似掩模的作用，它使得只有显影后在硅片上暴露的部分才能进行下一步的加工。

（9）去胶。图形转移完成后，已不再需要光刻胶，因此需要将其清除。一般的方法是将硅片先后放入丙酮、无水乙醇和去离子水中浸泡适当时间，这 3 种溶剂可以溶解绝大部分光刻胶。

需要注意的是，以上这些工序有一些不是必须的，如后烘、去残胶，在实际操作中应该根据不同的条件和情况对以上工序进行调整。

4. 紫外曝光影响因素

使用不同种类的光刻胶最终的成像会有所区别，即使对于同一种光刻胶，最终紫外曝光成像结果的影响因素也有许多，如涂胶的厚度（离心机转速）、硅片表面是否清洁平整、前烘和后烘的温度高低和时间长短、曝光的方式、曝光的剂量（曝光时间）、显影时间的长短、显影液浓度与温度等。其中最重要的 3 个条件分别如下。第一个条件是硅片表面是否干净整洁。

---

* 埃的符号为 Å，1 Å = 1.0 × 10^{-10} m。

尘土污垢的存在会使光刻胶无法很好地黏附在硅片表面，从而对最终结果产生较大影响。第二个条件是离心机转速，它决定了涂胶的厚度，并且还会影响涂胶表面是否均匀等。例如，低转速下，硅片表面的胶比高转速下厚，均匀度低，硅片四角会有肉眼可见的隆起，这些也同样会引起曝光结果分辨率低及图形变形、错位、失真等。第三个条件是曝光剂量。曝光剂量过小或过大都会影响最终成像的清晰度、图形是否变形等。这一部分是本章实验设计中主要涉及的部分。

2.3　实验流程及原理

2.3.1　紫外曝光制作微纳米图形流程

利用紫外曝光机得到微纳米光刻胶图形的流程属于整个光学曝光工序流程的一部分。光学曝光的整个工序流程包括基片表面处理、涂覆（spin）光刻胶、前烘、曝光、后烘、显影、清除残胶、坚膜（hard bake）、图形转移、去胶等多个步骤。在本实验中，为了快速探寻出胶体微纳米图形受哪些步骤影响，只取前 6 个步骤，即到显影为止。这是因为显影后就可以得到实验所需的微纳米图形，其后面步骤为无关参量。

2.3.2　掩模版及其设计制造

掩模版即在紫外曝光过程中用于遮盖部分紫外光线的掩护层，在微纳米图形的制造中充当模板的作用，其掩模原理如图 2-5 所示。掩模版本身的制作也依赖于微纳加工技术，其图形决定了光学曝光并显影后胶体呈现的效果。掩模版的设计需要考虑如下 3 个重要因素。

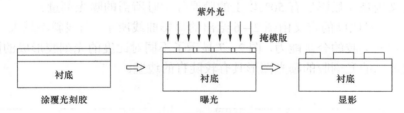

图 2-5　掩模版的掩模原理

（1）要明确掩模版图形的大小。

2.2 节中提到，在接触式曝光中，掩模版图形和成像图形的比例为 1:1，而在投影式曝光中，掩模版图形和成像图形的比例就可以不再是 1:1 了。一般大规模集成电路的设计制造采用缩小投影曝光，两者之间的比例多为 5:1。因此，对于不同的应用场景，应该明确掩模版图形的大小，这样才能得到所需成像的图形。

（2）要做好对准标记（alignment marks）。

大规模集成电路芯片往往不是一层微纳结构，复杂芯片可达几十至几百层。层与层之间的对接是一项十分精确的工艺，因此，在每一层结构上做好对准标记十分必要。

（3）要考虑最小实现尺寸。

受限于某些物理学原理，不同的光刻工艺对掩模版最小尺寸的要求也不同。在设计掩模版图形时要充分考虑这些限制，否则无法实现图形成像。例如，如果一个掩模版单个图形之间间隔太小，则很容易受光线的菲涅尔效应影响，使图形结构发生变化。掩模版的图形设计需要用到专业的绘图软件，如 L-Edit 和 CAD 软件等。

掩模版本身的制造也需要通过微纳米技术实现，同样包括曝光、显影和刻蚀等工艺。由于掩模版需要再次运用到微纳加工技术中，所以对其图形精确度也有一定要求。根据 2.1 节中列举的光学曝光技术和电子束曝光技术的优缺点可知，电子束曝光技术的精度远远高于光学曝光技术的精度，虽然其成本较高，但是掩模版本身不需要大量生产，且可以反复使用，所以掩模版的制造需要使用电子束曝光技术。

2.3.3 光致抗蚀剂及其原理

光致抗蚀剂又称光刻胶，一般是具有化学感光性的高分子聚合物材料。光刻胶不仅仅对光线的辐射有化学敏感性，部分光刻胶对于某些射线，如 X 射线、电子束、离子束等也具有敏感性，又称抗蚀剂。对光线敏感的光刻胶一般对黄色光源不敏感，所以曝光环节应该在黄光环境下进行。

光刻胶按照图案的极性可划分成两类：正胶和负胶。正胶是通过光敏化学反应使其长链分子断裂成为短链分子，负胶是通过光的照射而使其短链分子结合成长链分子[9]。短链分子的部分在显影时会被显影液溶解，因此，正胶曝光的部分将被清除，而负胶曝光的部分则会被保留下来。每一种光刻胶都有自己的特性，且都经过特殊加工设计合成以满足某种特殊需求，所以在实际操作中应该根据需要来选择合适的光刻胶。

针对光刻胶的质量有一系列的评价指标，其中一些最重要的指标分述如下。

（1）灵敏度。灵敏度是一个衡量曝光速度的指标。光刻胶的灵敏度越高，其所需的曝光剂量就越少。正胶对灵敏度的定义为，光刻胶通过显影完全被清除所需的曝光剂量，而负胶对灵敏度的定义则是在显影后有 50% 以上的胶厚保留时所需的曝光剂量。

（2）对比度。对比度的定义由图 2-6 给出的显影曲线所示，曲线斜率越大，对比度越高。对比度直接影响光刻胶的分辨能力，图 2-7 显示了不同对比度的光刻胶形成的图形剖面。可以看出，对比度高的光刻胶的曝光图形具有较陡直的边壁。

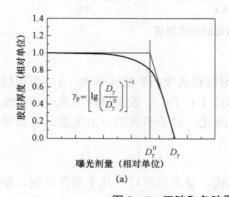 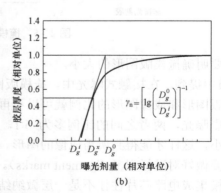

(a)　　　　　　　　　　　　　　　(b)

图 2-6　正胶和负胶灵敏度及对比度的定义

(a) 正胶显影曲线；(b) 负胶显影曲线

注：D_γ^0 为阈值剂量；D_γ 为灵敏度；γ_p 为对比度；D_g^0 为阈值剂量；D_g^x 为灵敏度；γ_n 为对比度。

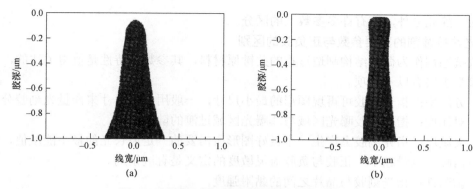

图 2-7　不同对比度的光刻胶形成的图形剖面
(a) 低对比度光刻胶形成的图形剖面；(b) 高对比度光刻胶形成的图形剖面

（3）分辨率。光刻胶的分辨率是一个综合指标，影响因素有 3 个：第一个是曝光系统的分辨率；第二个是光刻胶的相对分子质量、分子平均分布、对比度、胶厚；最后一个是显影条件和前烘、后烘温度。

（4）曝光宽容度。曝光宽容度为偏离标准线宽±10%的曝光剂量范围。当偏离最佳曝光剂量时，若所得图形线宽变化较小，则有较大的曝光宽容度。理论上讲，曝光剂量应该为定值，但实际上，紫外曝光机光源能量可能会受外界其他因素影响而导致照射不均匀。

1. 光致抗蚀剂分类

光致抗蚀剂有多种分类方式，例如，根据曝光光源和辐射的不同可分为紫外光刻胶（包括紫外正性光刻胶和紫外负性光刻胶，其中紫外正性光刻胶又分为 g 线正胶和 i 线正胶）、深紫外光刻胶（248 nm 光刻胶）、极深紫外光刻胶、电子束光刻胶、粒子束光刻胶和 X 射线光刻胶等。

而光致抗蚀剂最基本的分类方式是根据其曝光后的特性分为正胶和负胶。经过曝光后，光刻胶从大分子聚合物转换成小分子化学物质，使其容易溶解在显影液里的光刻胶称为正胶；而在曝光之后，曝光区域发生交联反应，使该区域难溶于显影液的光刻胶称为负胶。图 2-8 所示为正胶与负胶受光照显影后的区别。

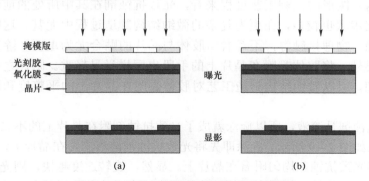

图 2-8　正胶与负胶受光照显影后的区别
(a) 正胶；(b) 负胶

可以看出，正胶和负胶在曝光之后，经过显影液溶解，所余下的胶体区域刚好相反，所以在利用正胶和负胶进行微纳结构的制造时，必须考虑正胶和负胶的这一特性，采用相匹配的掩模版。除此之外，还有许多参数上的区分。

2. 光致抗蚀剂的重要参数与正负胶的区别

光致抗蚀剂作为微纳结构制造过程的关键原材料，其参数和特性是值得关注的，其中最重要的参数主要有以下几项。

（1）分辨率：指光刻胶可再现图形的最小尺寸，一般用关键尺寸来衡量光刻胶分辨率。

（2）对比度：指光刻胶曝光区域与非曝光区域过渡的陡峭程度。

（3）灵敏度：指光刻胶上产生一个良好图形所需要的一定波长光的最小能量值，灵敏度越高则所需曝光剂量越小。正胶与负胶对灵敏度的定义是有区别的。

（4）黏附性：指光刻胶与晶片之间的黏附强度。

（5）抗蚀性：光刻胶在后续工艺中必须保持自身的黏附力，并且能起到保护衬底晶片的作用，这种能力称为抗蚀性。

正胶与负胶的区别不仅在于曝光显影后余下的区域不同，对于上述提到的参数也有很大区别，有些参数的基本定义都不同。正胶与负胶的主要区别见表2-1。

表2-1 正胶与负胶的主要区别

类型	项目	主要区别
正胶	优点	分辨率高、对比度好
	缺点	黏附性差、抗刻蚀能力差、成本高
	灵敏度	通过显影完全被清除所需要的曝光剂量
负胶	优点	良好的黏附能力和抗刻蚀能力，感光速度快
	缺点	显影时发生变形和膨胀，导致其分辨率低
	灵敏度	显影后有50%以上的胶原保留时所需的曝光剂量

3. 光致抗蚀剂旋涂

从整个微纳米图形的光刻工艺过程来看，光致抗蚀剂在其中所处的地位十分重要，且需要经历的工艺步骤也较多，在更为复杂的微纳结构制造过程中尤甚。这些制造过程包括高温、化学腐蚀、物理接触等，不难看出胶体与晶片的贴合尤为重要。除了黏附性和抗蚀性等参数很重要外，将胶体黏附在晶片上的手段也同样举足轻重。除此之外，由于微纳结构的特点是精细，所以微纳结构制造工艺对胶体黏附在晶片上的平整度和均匀度也有很高的要求。

由于光致抗蚀剂是溶液，所以旋涂就成了光致抗蚀剂附在晶片上的不二之选。用于光刻胶旋涂的旋涂机如图2-9所示。旋涂即先将光致抗蚀剂溶液滴覆在晶片上，再通过均匀、高速旋转的形式将光致抗蚀剂均匀附着在晶片上。显然，旋转速度越快，则光致抗蚀剂溶液受到的离心作用越大，旋转完毕后余下的胶体就越少，也意味着胶层越薄。旋涂时的转速和胶层厚度可用简单公式表示为

$$T = KP^2/\sqrt{S} \qquad (2-5)$$

式中，T 为胶层厚度；P 为光致抗蚀剂溶液中的固体百分比含量；S 为转速；K 为常数。

若需要精确测定胶层厚度，则可以用椭偏仪或台阶测试仪进行精确测厚。图 2-10 所示为旋涂过程原理。

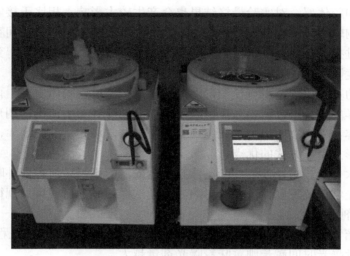

图 2-9 用于光刻胶旋涂的旋涂机（右图）

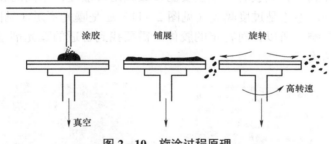

图 2-10 旋涂过程原理

2.3.4 紫外曝光及其原理

如果把该实验中整个纳米图形的制造过程看作相机生成一张相片，则紫外曝光过程毫无疑问就是按下快门的那一刻。紫外曝光利用汞灯作为光源，在掩模版的遮盖下，汞灯发出的紫外光使曝光区域胶体产生相应的化学反应，最终在显影、定影之后得到特定的微纳结构。

1. 曝光方式

确定曝光的光源后，确定曝光方式也非常重要。因为不同曝光方式各有优缺点，其能决定成像图形的多项参数，如成像图形与掩模版图形大小、成像图形分辨率等。根据曝光工艺中掩模与衬底的接触情况可以将紫外曝光分为阴影式曝光（shadow printing）和投影式曝光（projection printing），下面对两种曝光方式进行分类说明。

阴影式曝光是指掩模版对衬底和胶层覆盖后形成阴影部分，紫外光只能照射到透光部分，而阴影部分被掩模版形成的阴影保护，从而将胶面区分为受光区和阴影区；光线照射到受光区，则胶体发生化学反应，显影后即可得到设计好的微纳米图形。在阴影式曝光中，掩模版与衬底直接接触的曝光方式称为接触式曝光，而掩模版与衬底有一个非常小的间隙（几微米）

的曝光方式称为接近式曝光。接触式曝光的优点是得到的图形分辨率较高，边缘锐度高，不受光衍射影响，也不会产生菲涅尔效应引起的胶体显影后高度不均匀等问题。但其缺点也较为明显，接触式曝光对环境和实验仪器的洁净度要求较高，若在接触时不慎落入杂质，则可能严重损坏衬底和胶体层，对实验最终结果也会产生较大影响。相比于接触式曝光，接近式曝光受灰尘的影响较小，实验条件相对宽松，但是由于掩模版与衬底之间存在空隙，因此会导致紫外光在经过掩模版之后产生衍射，影响目标胶体区域，使曝光所得到的图形分辨率降低，导致边缘锐度降低。

投影式曝光的基本原理是将掩模图形通过透镜投影到衬底胶体层上，再对衬底胶体层进行曝光。通过这样的方式可以获得与掩模版图形相同的或者缩小比例的图形。投影式曝光解决了接触式曝光容易受到杂质影响的问题，且能获得与它相接近的分辨率，可以说投影式曝光综合了两种阴影式曝光方式的优点。

紫外曝光技术成本相对较低，实验条件易于达成，但不管是何种紫外曝光的方式，都无法克服光刻胶和光学系统等硬件条件的影响，也无法摆脱光衍射等自然规律的限制。

2. 紫外曝光剂量

曝光剂量是光学曝光技术的一项重要参数，曝光剂量大小就是指曝光程度的高低。显然，光源能量越高或者曝光时间越长则意味着曝光剂量越大。

在 2.3.3 节中提到，光刻胶有一个重要的参数就是灵敏度，不同的胶体对紫外光曝光能量的吸收能力也不同。不论是过度曝光（见图 2-11）还是曝光不足（见图 2-12）都会对图形成像造成一定的影响。所以针对特定的胶体，需要找到合适的曝光剂量，最终才能得到一个较为完美的微纳结构。

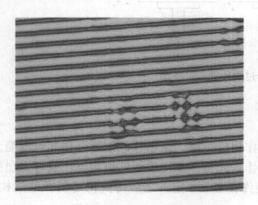

图 2-11　曝光时间太长，胶体出现断裂

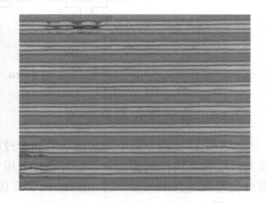

图 2-12　曝光时间太短，胶体出现粘连

2.3.5　前烘与后烘

整个微纳结构图形制备过程为基片表面处理→涂胶→前烘→曝光→后烘→显影→定影。基片涂胶后，还需要经过两次热烘处理。然而对两次热烘处理的时长要求是不同的，并且目的也不同。

1. 前烘的作用

前烘是指基片涂胶后的第一次热烘处理，通常是在 80 ℃烘箱中干燥 10~15 min 或者在温度为 100 ℃ 的热板上烘烤 1～2 min。由于光刻胶以溶液的形式涂覆在基片上，所以刚涂完胶的基片上必然会残留许多溶液，前烘的目的就是去除这些残留的溶液，使胶体与基片的黏合性和胶体本身的耐磨性更好。

2. 后烘的作用

后烘是在曝光之后进行的。这是因为紫外曝光时，光线照射到光刻胶与基片界面上时会产生部分反射，这些反射光线遇到下一波入射光线时会叠加形成驻波，造成光刻胶边缘形成螺纹状图形。后烘可以消除驻波给图形带来的影响，使光刻胶边缘更加平整，但是后烘也会在一定程度上影响图形质量（见图 2-13）。所以在工艺要求比较高的情况下，涂胶之前在基片上涂一层抗反射剂可以有效减小驻波产生的影响。后烘可以在热烘板上进行，温度大约为 150 ℃，时长应少于 2 min。

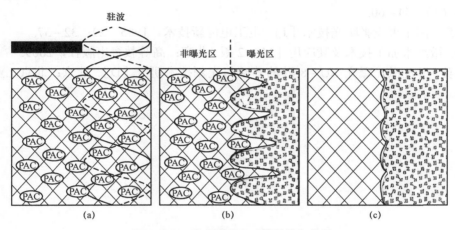

图 2-13　驻波影响及后烘的修复作用
（a）紫外曝光；（b）光刻胶中的条纹；（c）后烘后的结果

2.3.6　显影与定影

显影与定影都需要将曝光后并经过后烘的基片放入液体中进行浸泡。经过后烘处理后的胶体会有比较好的附着力，所以可以承受一段时间的浸泡。显影和定影虽然是两个紧密相连的步骤，但是它们的作用却有很大不同，简单介绍如下。

1. 显影的原理和作用

涂覆在基片表面的光刻胶经过紫外曝光后，其分子结构会发生改变。在 2.3.3 节中提到，光刻胶根据光化学反应的原理不同，可以分为正胶和负胶。对于正胶来说，紫外线照射使胶体长链分子发生光化学反应断裂成短链分子；而相对应的显影液的作用正是溶解这些转化后的短链分子，使其从基片上脱离。长链分子难溶解于显影液，将继续留在基片上，因此就能得到与掩模版相应的图形。

2. 定影的原理和作用

定影一般是采用去离子水对显影后的基片进行清洗。这是由于在显影后，基片上不仅附着有显影液，还会有部分未完全脱离的残胶。经过去离子水清洗后，能够将这部分杂质有效去除，从而得到比较理想的胶体图形。

参 考 文 献

[1] 邓荣祥. 实现高压双极器件与 I²L 器件单片兼容的最简单技术[J]. 微电子学，1987(6)：1-13.
[2] 逄健，刘佳. 摩尔定律发展述评[J]. 科技管理研究，2015 (15)：46-50.
[3] 王宏睿，祝金国. 光刻工艺中的曝光技术比较[J]. 现代制造工程，2008(12)：131-135.
[4] 崔铮. 微纳米加工技术及其应用综述[J]. 物理，2006，35 (1)：34-39.
[5] 张锦. 激光干涉光刻技术[D]. 成都：四川大学，2003.
[6] 丁天怀. 卡诺 PLA—500FA、PLA—500F 型接近式掩模对准仪[J]. 电子工业专用设备，1979 (1)：54-60.
[7] 游本章. 离子束投影曝光技术[J]. 电工电能新技术，1985(2)：32-37.
[8] 崔铮. 微纳米加工技术及其应用[M]. 2 版. 北京：高等教育出版社，2009.
[9] 宋海英. 脉冲激光曝光 SU-8 胶的基础与光刻技术研究[D]. 北京：北京工业大学，2008.

第3章
电子束曝光技术

3.1 概 述

20世纪后期,人们从理论和实验研究中发现,随着材料尺度的减小,受到材料表面效应、体积效应和量子尺寸效应的影响,材料的物理性能和采用该材料制作的器件特性,会表现出与宏观体相材料和相关器件特性显著不同的特点。这些独特的性质具有广阔的理论研究和实际应用前景,推动了目前热门的微纳技术领域的发展。微纳技术是继IT、生物技术之后,21世纪最具发展潜力的高新技术,是未来10年高速增长的新兴产业,也是当今高科技发展的重要领域之一,在国家发展战略中处于非常重要的地位。

电子束曝光设备作为一种超高精度加工设备,成为当今微纳米科学研究与技术开发的重要工具。与光学曝光技术不同,电子束曝光技术不需要掩模版,因此电子束曝光技术又称电子束直接技术。电子束曝光技术是一种利用电子束的扫描将聚合物加工成精细掩模图形的工艺技术,其研究开始于20世纪60年代初,最初是在电子显微镜的基础上发展起来的,相对于光学曝光技术,电子束曝光技术具有非常高的分辨率,通常为3~8 nm。

电子束曝光设备的电子光学系统和扫描电子显微镜的基本原理是相似的,其详细原理请见第6章。

3.2 电子束曝光技术

3.2.1 电子束抗蚀剂

电子束抗蚀剂又称电子束光刻胶,在电子束曝光中作为记录和传递信息的介质。电子束抗蚀剂多为有机聚合物,当使用有一定能量的电子束对这些聚合物进行辐照时,电子发生非弹性散射损失的能量被聚合物吸收后会发生一系列的物理和化学反应。常用的线性链高分子聚合物经过电子束曝光后,会使聚合物同时发生断链和交联两种反应。断链反应占主导地位的抗蚀剂称为正性抗蚀剂,交联反应占主导地位的抗蚀剂称为负性抗蚀剂。电子束抗蚀剂在电子束曝光技术中占有非常重要的地位,因此对电子束抗蚀剂进行比较深入的研究是十分必要的。

不同种类的电子束抗蚀剂在电子束辐照和显影后的变化如图3-1所示。

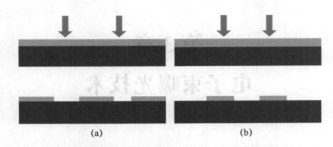

图 3-1　不同种类的电子束抗蚀剂在电子束辐照和显影后的变化
（a）正性抗蚀剂；（b）负性抗蚀剂

与光学曝光用的光刻胶相同，电子束抗蚀剂也分为两类：正性抗蚀剂和负性抗蚀剂。正性抗蚀剂是指在电子束辐照下聚合物发生断链反应为主的电子束抗蚀剂，由于断链作用，分子链断裂而变短，其平均分子量变小，曝光的区域变得更容易溶解，显影完毕后，曝光图形阴影部分的胶将全部溶解。负性抗蚀剂是指在电子束辐照时交联反应占主导地位的电子束抗蚀剂，由于交联作用，分子变大，其平均分子量变大，曝光的区域变得更不容易溶解，显影完毕后，曝光图形阴影以外部分的胶将全部溶解，从而形成所需要的曝光图形。需要注意的是，正性抗蚀剂与负性抗蚀剂得到的图形理论上应该是互补的，但电子束抗蚀剂在性能指标上的差异及抗蚀剂的不同也会导致电子束曝光图形的差异。

电子束抗蚀剂主要性能指标一般包括灵敏度、对比度、分辨率、剂量窗口和其他性能指标，具体如下。

（1）灵敏度。灵敏度是指电子束抗蚀剂发生交联或断链反应时所需吸收的电子束能量，灵敏度越高则曝光速度越快。电子束抗蚀剂灵敏度与电子能量、抗蚀剂厚度、衬底材料和电子束抗蚀剂的分子量等都有关系。负性抗蚀剂的灵敏度一般比正性抗蚀剂的灵敏度高，且一般来说，电子能量越高，灵敏度越低；电子束抗蚀剂越厚，灵敏度越低；衬底材料原子质量越小，灵敏度越低；电子束抗蚀剂的分子量越大，灵敏度越低。

（2）对比度。对比度是电子束抗蚀剂的一个很重要的参数，表示电子束抗蚀剂对剂量变化的敏感性。电子束抗蚀剂的厚度随着曝光剂量变化的曲线称为对比度曲线。一般负性抗蚀剂的对比度比正性抗蚀剂的低，因为负性抗蚀剂在发生交联反应的同时也发生断链反应，每产生一个断链就需要增加一个交联来补偿。电子束抗蚀剂的对比度越大，曝光得到的图形侧壁越陡直，分辨率也越高，分辨率高的电子束抗蚀剂一般对比度也较高。

（3）分辨率。分辨率是指电子束抗蚀剂能够实现的最小特征尺寸或两个结构之间的最小距离，一般希望分辨率越高越好，说明对于小尺寸图形的加工越有利。影响分辨率的主要因素有对比度、灵敏度和电子散射。一般来说，电子束抗蚀剂的分辨率高，其对比度就高，但对比度是有上限的。对于一种电子束抗蚀剂，其对比度可以通过显影条件的变化在一定的范围内进行调节。分辨率高的电子束抗蚀剂，其灵敏度低，而灵敏度高的电子束抗蚀剂一般都较难得到高的分辨率。电子散射也是影响分辨率的一个重要因素，电子在电子束抗蚀剂中的前散射增大了电子束的直径，背散射使不需要曝光的区域曝光，从而降低了电子束抗蚀剂图形的分辨率，电子散射会产生邻近效应，在实际曝光过程中应尽量减少产生邻近效应。

（4）剂量窗口。剂量窗口是指特定图形欠曝光到过曝光之间的剂量范围，又称该电子束抗蚀剂的曝光宽容度。如果在曝光剂量偏离最佳剂量较大的情况下，曝光图形尺寸的变化仍然较小，则表明该种电子束抗蚀剂具有较大的曝光宽容度。曝光宽容度越大，在摸索最佳曝光参数时越容易。

（5）其他性能指标也对评价电子束抗蚀剂有比较大的影响，主要考虑后续工艺与其他工艺的相容性、涂覆后抗蚀剂膜的质量、与衬底的附着力、对光的敏感性及储藏寿命等。

表 3-1 列举了一些常用电子束抗蚀剂及其工艺参数。

表 3-1　常用电子束抗蚀剂及其工艺参数

电子束抗蚀剂	极性	分辨率/nm	20kV 电压下的灵敏度/($\mu C \cdot cm^{-2}$)	显影液类型
PMMA	正	10	100	MIBK：IPA
ZEP	正	10	30	Xylene：p-dioxane
EBR-9	正	200	10	MIBK：IPA
PBS	正	250	1	MIAK：2-Pentanone
COP	负	1 000	0.3	MEK：ethanol
SAL-601	负	100	8	MF312：water
HSQ	负	10	100	TMAH：DI

此外着重介绍一种正性抗蚀剂聚甲基丙烯酸甲酯［poly（methyl methacrylate），PMMA］。它是第一种用于电子曝光的电子束抗蚀剂，也是目前使用最广的电子束抗蚀剂，本章介绍的实验所制备的微纳米图形也是基于 PMMA 电子束抗蚀剂来完成的。它是一种标准的正性抗蚀剂，具有优于 10 nm 的分辨率，灵敏度低，约为 100 $\mu C \cdot cm^{-2}$（20 kV），与大部分电子束抗蚀剂相同，PMMA 的临界剂量随加速电压的增加而成正比增长。目前出售的 PMMA 有多种分子量类型，如 200 000，495 000，600 000 和 900 000 等，一般随着分子量的增加，其分辨率有所提高。用于溶解 PMMA 的溶剂一般为苯甲醚（anisole）或氯苯（chlorobenzene）。PMMA 与衬底的附着力强，一般不需要六甲基二硅氮烷（HMDS）增黏处理。另外，当电子束辐照剂量高于 PMMA 临界剂量 10 倍以上时，PMMA 可以作为负性抗蚀剂使用。研究人员对 PMMA 作为负性抗蚀剂使用的机理进行了系统的研究，发现 PMMA 成为负性抗蚀剂主要发生的是炭化过程。虽然 PMMA 的灵敏度低且抗干法刻蚀能力差，但由于它具有独特的高分辨率，因此目前仍然是使用最广泛的电子束抗蚀剂之一。

电子束抗蚀剂主要通过旋涂的方式均匀涂覆到样品上，旋转涂覆技术使用的设备就是匀胶机（spin coater），其基本工作原理如图 3-2 所示，基片在吸盘的吸附下被固定在吸盘上，然后随着转轴在不同的转速下转动。

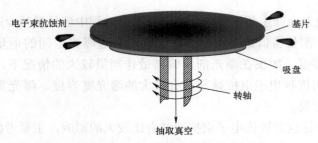

图 3-2 匀胶机基本工作原理

在样品或基片上滴注电子束抗蚀剂,利用离心力使滴在基片上的胶液均匀地涂覆在基片上,一般该过程分为两步:第一步是匀胶机低转速下的匀胶阶段,滴注的电子束抗蚀剂在离心力的作用下均匀覆盖到基片表面;第二步是匀胶机高转速下的甩胶阶段,覆盖在基片表面多余的电子束抗蚀剂在较大的离心力作用下甩离基片,基片表面剩余的电子束抗蚀剂在黏附力和离心力达到平衡后处于稳定成膜状态,成膜厚度视不同胶液和基片间的黏度而不同,也和旋转速度有关。旋涂抗蚀剂的成膜厚度 d 与 PMMA 密度 ρ 的平方成正比,与匀胶机转速 v 的 1/2 次方成反比,如图 3-3 所示。

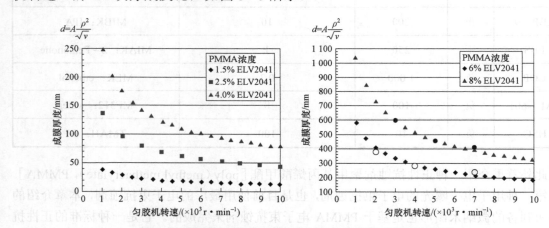

图 3-3 不同匀胶机转速和 PMMA 浓度下的成膜厚度关系

注:A 为常数;ρ 为密度;v 为匀胶机转速。

3.2.2 电子束曝光系统

1. 电子束曝光系统组成

典型的电子束曝光系统主要包括电子光学系统、样品台控制系统、真空系统、图形发生器及控制电路、计算机控制系统和电力供应系统 6 个部分。

(1) 电子光学系统用于形成和控制电子束,是电子束曝光系统的核心,由电子枪、透镜系统、束闸及偏转系统组成。电子光学系统示意如图 3-4 所示,其基本原理将在第 6 章中介绍。

(2) 样品台控制系统用于样品进出样品室及样品在样品室内的精确移动,一般采用激光干涉样品台使样品的移动精确到纳米级,从而保证大面积图形曝光的一致性。样品台控制系统的主要指标是定位精度、移动速度及行程大小。但基于扫描电子显微镜改造的电子束曝光，其样品台一般是靠机械齿轮控制的，移动精度只达到微米级，因而不能保证大面积图形曝光的一致性，一般只能用于单个写场内的曝光，大幅限制了电子束曝光的使用场景。

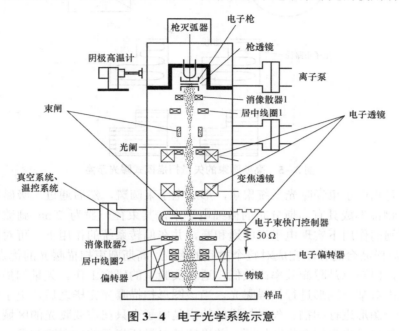

图 3-4　电子光学系统示意

（3）真空系统用于实现和保持样品室及电子枪的真空。真空系统是电子束曝光系统不可或缺的，电子枪需要维持高真空来确保发射电流稳定，真空度不足会直接影响电子枪的寿命。

（4）图形发生器及控制电路。图形发生器是电子束曝光系统的关键部件，一般的扫描电子显微镜在安装图形发生器及束闸控制系统后便可以实现电子束曝光的功能，最早的电子束曝光就是基于扫描电子显微镜来实现的。图形发生器的主要作用是将计算机送来的图形数据进行处理，由图形发生器中的硬件单元依次逐点生成曝光坐标值，再将这些坐标值经过高速高精度的数模转换器转换成对应的模拟量，驱动高精度偏转放大器控制电子束的偏转，从而对样品台上的样品进行曝光。

（5）计算机控制系统主要用于数据的处理、数据的传送、运行控制、状态监测和故障诊断等。

（6）电力供应系统是保证设备稳定运行的关键，除了保证主路供电系统稳定之外，还需要配备不间断电源（uninterruptible power supply，UPS）来保证电力供应系统的稳定性，应对意外停电。

2. 电子束曝光系统的分类

电子束曝光系统按照扫描方式可分为矢量扫描和光栅扫描两种模式；按照束的形成可分为高斯圆束和成形束，而成形束系统又从固定成形束发展成可变成形束和字符束等；按照工作方式又可分为直接曝光和投影式曝光等。目前主流的电子束曝光设备是使用高斯圆束的矢量扫描模式进行直接曝光的。图 3-5 所示为高斯圆束的矢量扫描模式曝光示意。

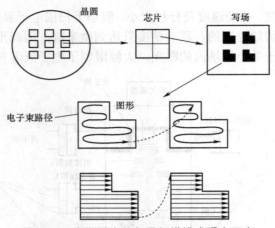

图 3-5　高斯圆束的矢量扫描模式曝光示意

高斯圆束是指电子束经曝光系统聚焦，形成电子束圆斑，然后通过二级磁透镜聚焦，再经过最后一级物镜形成具有高斯分布的微细电子束，其束径一般为 2 nm 到数微米。形成的高斯圆束在束闸的作用下实现电子束的通和断，并在偏转系统的作用下，可对衬底进行逐点扫描，并可伴随样品台的移动完成对整个衬底的曝光。高斯圆束扫描曝光的优点是分辨率高、作图灵活性大，但缺点是曝光效率比较低，适合实验室的研究工作。矢量扫描是指电子束在预定的扫描场内对某一图形进行扫描曝光，当该图形扫描曝光完毕之后，电子束就沿着某一矢量跳到另一个图形进行扫描。矢量扫描的特点是电子束只在需要曝光的区域进行扫描，在无图形的空白处电子束束闸会将其切断，并迅速按矢量所指示的位置跳到另一个图形再进行扫描曝光，从而节省时间，提高效率。

3. 电子束与固体试样的交互作用及邻近效应

电子束与固体试样的交互作用会产生各种信号，如二次电子、背散射电子、阴极发光、特征 X 射线、俄歇电子、吸收电子等。同样在电子束曝光系统中，电子束束斑与固体中的原子交互作用后会因弹性和非弹性的碰撞而发生散射，这种散射主要分为两种：前散射和背散射。前散射的电子与原入射方向的夹角小于 90°，这种小角度散射使入射电子束变宽。背散射电子的散射角在 90°~180° 之间，这些电子从衬底返回电子束抗蚀剂层并参与曝光。在这一过程中，电子失去能量而产生一连串低能电子，称为二次电子，前散射和背散射都会产生二次电子。前散射电子具有经常性、小角度散射、非弹性、电子动能相近的特点，而背散射电子具有随机性、大角度散射、弹性、电子动能变化大的特点。电子束曝光主要是前散射电子产生的二次电子导致的大部分电子束抗蚀剂的曝光。前散射和背散射的散射范围随电压和电子束抗蚀剂厚度的变化而变化，如图 3-6 所示。

电子束曝光系统是利用几千电子伏特或者更高能量的束流进行曝光的，在电子穿过电子束抗蚀剂层进入衬底的过程中发生了散射现象。由于电子束抗蚀剂中每个点吸收的辐射能量是直接辐射能量和周围辐射能量的总和，因此当图形线宽和间隙小到与散射范围尺寸相当时，散射电子将对邻近图形的曝光产生严重的影响，这就是邻近效应。邻近效应存在两种形式：内部邻近效应和外部邻近效应。内部邻近效应发生在同一连续的图形中，而外部邻近效应发生在两个靠近的图形结构之间。邻近效应受电子的能量、衬底材料、电子束抗蚀剂材料及厚度和电子束抗蚀剂对比度的影响。邻近效应限制了图形的分辨率，但又是在电子束曝光中不可避免的。可以通过改变入射电子束的能量、衬底电子束抗蚀剂的结构来减小邻近效应，或通过邻近效应的校正技术进行部分校正。

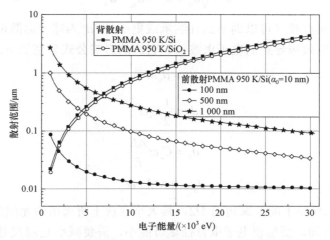

图 3-6 前散射和背散射的散射范围随电压和电子束抗蚀剂厚度变化

4. 影响曝光图形分辨率的因素

影响曝光图形分辨率的因素很多，主要是电子束本身的分辨率和所用电子束抗蚀剂的分辨率。3.2.1 节已经提到了电子束抗蚀剂的分辨率，所选用的电子束抗蚀剂的分辨率要小于制备图形的特征尺寸，并在工艺设计阶段明确匹配关系。另外，电子束本身的分辨率也会影响曝光图形的分辨率。电子束直径的大小主要由高斯束斑的直径、球差弥散斑直径、色差弥散斑直径和衍射效应导致的电子束波长变化共同决定。这些参数主要受电压、聚焦、光阑尺寸等的影响，当电压确定之后，电子束聚焦完美，影响电子束直径的主要参数是光阑尺寸。图 3-7 所示为在电压为 30 kV 时，高斯束斑直径、球差弥散斑直径、色差弥散斑直径和衍射效应导致的电子束波长随光阑尺寸变化的关系。

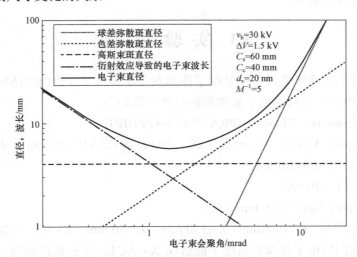

图 3-7 电压为 30 kV 时，高斯束斑直径、球差弥散斑直径、色差弥散斑直径和衍射效应导致的电子束波长随光阑尺寸变化的关系

理论上电子束直径的大小为

$$d = \sqrt{d_g^2 + d_s^2 + d_c^2 + d_d^2} \qquad (3-1)$$

式中，d_g 为高斯束斑直径（可以调节到几纳米或更小）；d_s 为球差弥散斑直径；d_c 为色差弥散斑直径；d_d 为衍射效应导致的电子束波长。它们的影响公式分别如下：

$$d_g = d_v M^{-1} \qquad (3-2)$$

$$d_s = \frac{1}{2} C_s \alpha^3 \qquad (3-3)$$

$$d_c = C_c \alpha \frac{\Delta E}{E} \qquad (3-4)$$

$$d_d = 0.61 \lambda / \alpha \qquad (3-5)$$

式中，α 为电子束在样品上的汇聚角的 1/2，其大小取决于所选用的光阑尺寸。

由式（3-1）可知，要想使电子束直径尽可能小，需要减小光阑尺寸，随着光阑尺寸的减小，球差弥散斑和色差弥散斑直径减小，电子束直径也随之减小。但当光阑尺寸小到一定程度时（与入射电子束波长相近时），衍射效应就会变得比较明显，衍射效应导致的电子束波长就会急剧变大，反而会导致电子束直径变大。大多数系统采用限束光阑来提高分辨率，但这种方法以牺牲电子束流为代价，降低了设备的曝光效率。一般情况下，为了在曝光精度和曝光时间上取得平衡，不会选取太小的光阑尺寸，这样可以忽略衍射效应的影响。

在工艺开发过程中，要获得高分辨率的图形，主要从以下几个方面考虑：高的电子能量即高的加速电压，小的光阑孔径，低束流，小的扫描场，低灵敏度、高对比度的电子束抗蚀剂，薄的电子束抗蚀剂层，高对比度显影工艺，低图形密度，低密度、高导电性衬底材料，稳定的工作环境（主要是振动、温度、磁场）。因此，要获得高分辨率的图形必须经过多种因素的组合和工艺条件的优化。

3.3 实验仪器

本实验中所用电子束曝光设备是装配了图形发生器和电子束快门的热场发射扫描电子显微镜，如图 3-8 所示，该扫描电子显微镜的具体参数如下。

品牌型号：Germany，ZEISS SUPRA™ 55 SAPPHIRE。

分辨率：1.0 nm @ 15 kV；1.7 nm @ 1 kV；4.0 nm @ 0.1 kV；2.0 nm @ 30 kV（VP 模式）。

放大倍数：12～1 000 000 倍。

探针电流：4 pA～10 nA。

样品室：330 mm（ϕ）× 270 mm（h）。

样品台：5 轴驱动，X = 130 mm，Y = 130 mm，Z = 50 mm，T = -3°～70°，R = 360°。

功能特色：该扫描电子显微镜装配了能谱仪 X-ACT，可分析样品的元素组成；该扫描电子显微镜还装配了图形发生器和电子束快门，可用于电子束光刻制备超精密微纳结构（10 nm 线宽）。

图3-8 热场发射扫描电子显微镜

应用范围：该扫描电子显微镜在微观形貌观察、膜厚测量等方面应用广泛；能谱仪在元素定量、定性成分分析等领域应用广泛；电子束曝光设备可用于各种微纳器件与纳米人工结构的制备。

该扫描电子显微镜配备的图形发生器及与5轴驱动样品台如图3-9所示。图形发生器是电子束曝光设备的关键部件，扫描电子显微镜在安装图形发生器及束闸控制系统后便可以实现电子束曝光的功能，与之配合的是5轴驱动样品台，该样品台配置操作手柄可以方便地控制样品台的移动。

 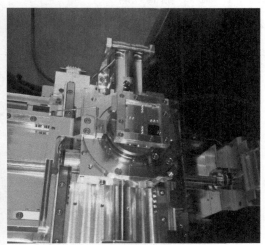

图3-9 图形发生器及5轴驱动样品台

法拉第杯是一种用来测量带电粒子入射强度的金属制杯状真空侦测器，测得的电流强度可以用来判定入射电子或离子的数量。该设备的法拉第杯集成在样品台的左下角，如图

3-10 所示,通过外接皮安表可以方便、准确地读取入射到法拉第杯的电流强度,进而得到电子的束流,用于计算曝光剂量。

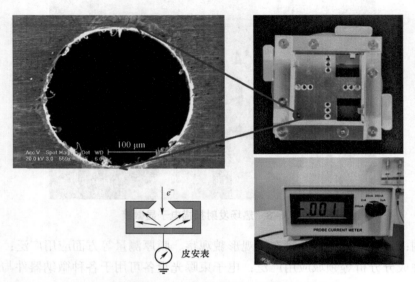

图 3-10 法拉第杯及测量电子束流的原理

电子束曝光所用的控制软件为 ELPHY Quantum 窗口如图 3-11 所示。该软件可以方便地绘制出所需要的图形,并可对图形进行图层(layout)、曝光剂量、曝光区域选择、曝光顺序等进行编辑。

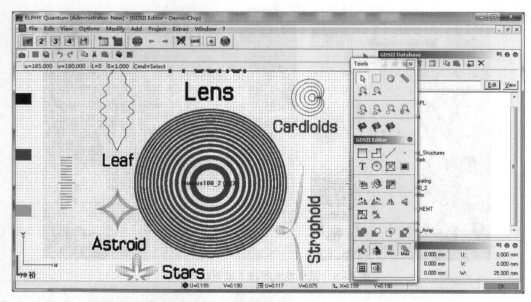

图 3-11 电子束曝光所用的控制软件 ELPHY Quantum 窗口

3.4 实验过程

电子束抗蚀剂制作图形工艺流程如图 3-12 所示。

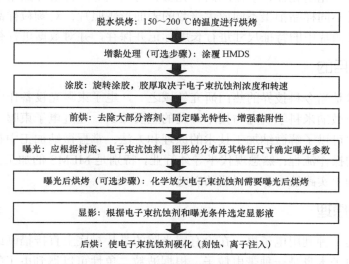

图 3-12 电子束抗蚀剂制作图形工艺流程

其步骤如下。

第一步需要对样品进行清理并进行脱水烘烤,该步骤主要是去除样品表面的潮气,有利于增强样品和电子束抗蚀剂之间的黏附力。

第二步在样品表面进行增黏处理,在样品表面涂覆一层底胶 HMDS,该步骤为可选步骤。由于 PMMA 与样品衬底黏附性较强,一般不需要进行增黏处理。

第三步为涂胶,用匀胶机进行涂覆,选择合适的抗蚀剂和转速。

第四步为前烘,用于促进电子束抗蚀剂溶液内溶剂的充分挥发,使胶膜干燥,增加胶膜与衬底的黏附性及耐磨性。该步骤中如果烘烤不足(温度太低或时间太短)会导致显影时易浮胶、图形易变形;如果烘烤时间过长则会使增感剂挥发,导致曝光时间增长,甚至显不出图形;如果烘烤温度过高则会导致感光剂反应(胶膜硬化),不易溶于显影液,进而导致显影不干净。

第五步为曝光。应根据衬底、电子束抗蚀剂、图形的分布及其特征尺寸确定曝光参数,如加速电压、光阑尺寸、写场大小等。

第六步为曝光后烘烤,该步骤为可选步骤,对于化学放大电子束抗蚀剂需要曝光后烘烤,但对于正性抗蚀剂一般不需要曝光后烘烤。

第七步为显影,根据电子束抗蚀剂和曝光条件选定显影液,注意显影时间和定影时间。显影是将曝光图形转移到电子束抗蚀剂上,定影完成后用干燥的氮气吹干。

第八步为后烘,该过程是电子束抗蚀剂硬化的过程,后烘温度通常高于前烘温度。

3.5 实验操作

实验中练习使用扫描电子显微镜观察金属样品、氧化物（oxide）颗粒样品和二维材料样品；通过调节电压、光阑孔径、工作距离、亮度、对比度等步骤使样品聚焦，最终得到清晰的表面形貌，并对不同样品拍摄不同放大倍数的表面形貌照片；对颗粒样品和二维材料样品的扫描电子显微镜照片中的特征尺寸进行长度标记并保存，并对数据进行初步的分析。

3.5.1 实验目的

微纳加工技术是当今科技界的热门研究领域之一，电子束曝光设备作为一种超高精度加工设备已成为当今微纳米科学研究与技术开发的重要工具。通过电子束曝光设备的操作培训和上机实操，学生可以了解微纳加工技术的原理和方法；掌握微纳加工中扫描电子显微镜和电子束曝光设备的操作流程；熟悉现代半导体行业，特别是 MEMS 的加工工艺流程；培养学生对大型设备的动手实践能力和对科研的兴趣。

3.5.2 实验原理

电子束曝光是一种利用电子束，在涂有感光胶的晶片衬底上直接描画或投影复印微纳米级图形的技术。电子本身是一种带电粒子，根据波粒二象性可以得到电子的波长，并且电子能量越高，波长越短，它的波长是光波长的几百分之一或几千分之一，因此电子束具有极高的分辨率。电子束曝光设备就是利用电子束的超高分辨率对电子束光刻胶进行曝光的。电子束曝光系统通过电子光学系统对电子束进行聚焦偏转，然后通过光栅扫描或矢量扫描的方式对曝光图形进行扫描，从而对电子束光刻胶进行感光，通过显影就可以得到需要的微纳图形结构。

3.5.3 实验基本要求

电子束曝光设备是一台精密的仪器设备，学生必须按照要求操作，需对扫描电子显微镜有基本的了解。学生操作时穿戴洁净服，遵守微纳技术中心超净间的工作要求。

3.5.4 实验仪器和材料

实验仪器：ZEISS SUPRA™55 + Raith GmbH Elphy plus 套件、涂胶机、微波等离子体去胶机、热板。

材料：单抛硅片、PMMA 光刻胶。

3.5.5 实验学时与实验内容

（1）电子束曝光软件介绍，需要 1 学时。
（2）电子束曝光坐标系的建立及特征点标记操作，需要 1 学时。
（3）电子束曝光写场调节及注意事项，需要 1 学时。
（4）电子束曝光图形的设计原则及操作步骤，需要 1 学时。

（5）电子束曝光束流测试及曝光剂量摸索，需要 1 学时。

（6）电子束曝光复杂图形的设计，需要 1 学时。

（7）电子束曝光图形的画图参数与工艺流程设计，需要 1 学时。

（8）电子束曝光图形的曝光参数摸索，需要 2 学时。

（9）电子束曝光图形的显影和定影，需要 1 学时。

（10）电子束曝光图形的观察及改进，需要 1 学时。

3.5.6 实验步骤

（1）清洗硅片并烘干。

在硅片上旋涂 PMMA 光刻胶，在热板上用 180 ℃烘烤 2 min。

（2）装试样。

在电子束曝光专用样品座上装好样品，并记录样品位置。

（3）放气。

单击 vent 按钮，等待 1～2 min。注意：需确认已设置了 Z move on vent，此状态下放气时样品台会自动下降。

（4）拉开舱门。

注意：拉开舱门前，确认样品台已经下降，周围探测器处于安全位置。

（5）更换样品座。

注意：抓取样品座时需戴手套，避免碰触样品。

（6）关上舱门。

注意：舱门上 O 形圈有可能会脱落，关门时勿夹到异物。

（7）抽真空。

单击 pump 按钮，等待真空就绪（留意 vacuum 界面显示真空状态）。等待过程中，可先移动样品台，初步定位样品。

（8）定位样品。

激活监视器移动样品台到正中间。将样品台升至离工作距离 5～10 mm 处，可以直接输入 Z 值使样品台升至指定高度，一般输入 42.8 mm，平移对准样品。可启用 stage navigation 进行精确定位。

（9）设定高压值和调整合适的光阑孔径。

设定高压值为 10 kV（或 20 kV），光阑孔径为 30 μm。

（10）定位样品左下角为观察区。

全屏快速扫描（单击工具栏上快捷按钮）；选择 inlens 探头；将放大倍数调至最小；聚焦并调整亮度和对比度（Tab 键可设置粗调 coarse 或细调 fine）；调整 WD 为 6.5 mm；X，Y 方向移动样品台；聚焦、放大至约 5 000 倍，再聚焦、定位。

（11）必要时，调整光阑对中。

选区快速扫描，在 aperture 面板上选择 wobble 命令，调整 aperture X 值和 Y 值，消除图像水平晃动。完成校正后取消 wobble 命令。

(12) 消像散。

选区扫描，依次调整 stigmation X 值和 Y 值使图像聚焦，直到图像清晰。

(13) 建立坐标系。

对于空白样品可以通过两点定标的方法建立坐标系，以样品左下角和下边缘为 u 轴建立 u–v 坐标系，注意原点和 P_1 点设置为同一个点，P_2 点为样品右下角读取的点，设置好之后单击 adjust 按钮建立 v–u 坐标系。

(14) 调整写场。

预先选取合适的写场大小，如有必要需要调整写场参数，可通过 chessy 标样来调节。在 scan manager 栏选择 writefield alignment procedures→manual 命令，选取相应的写场调节文件，将该文件拖到新建的 positionlist 窗口，右击 scan 按钮完成操作。在 calculated writefield correction 中查看 zoom U 值和 zoom V 值，其值越接近 1 越好。完成后单击 accept 按钮。

(15) 测定束流并计算束斑停留时间。

在 stage control 窗口中的 positions 栏选择 faraday cup on holder 命令并单击 Go 按钮，到达法拉第杯处，并将扫描放大倍数设置到足够大，让法拉第杯覆盖整个屏幕，用外置皮安表测定电子束流。在 patterning parameter calculation 处计算点、线、面的 dwell time，计算完毕单击 OK 按钮保存计算值。

(16) 画图并设定参数。

创建一个 GDSII 数据库，新建一个 design.csf 文件，然后单击 create a new structure 按钮创建结构单元，用 toolbox 画出点、线、圆、多边形并输入文字，熟练使用 toolbox 中的各种功能。通过选择 modify→duplicate→matrix 命令创建一个 5×5 的矩阵图形，设定矩阵周期、曝光剂量和图层，设定完毕后保存图形。

(17) 对所画图形进行曝光。

选择 file→new positionlist 命令，新建 positionlist 窗口，将所画的图形结构拖进 positionlist 窗口，选择需要曝光的图层，设定好工作区域和位置后即可进行曝光，若需用 63 层对准，则需要在曝光前提前调整。

(18) 取出样品进行显影和定影处理。

待曝光文件曝光完成，在 SEM control 面板中选择 EHT off 命令，确认 EHT 已经关闭，在 vacuum 界面单击 vent 按钮并确定，等待 1~2 min，待舱门可以打开后取出样品，将曝光完成的样品进行显影和定影处理，显影液 MIBK:IPA 为 1:3，定影液为异丙醇，显影时间为 40 s，定影时间为 30 s。定影完成之后用氮气枪将样品吹干。

(19) 关闭高压，卸真空，取出样品。

在 SEM control 面板中选择 EHT off 命令，确认 EHT 已经关闭，在 vacuum 界面单击 vent 按钮并确定，等待 1~2 min，待舱门可以打开后取出样品，然后关闭舱门，单击 pump 按钮将舱体抽真空。

3.5.7 实验结果与数据处理

电子束曝光得到的图形需要经过特定的显影液显影并用定影液定影之后才可以查看曝光图形效果，曝光图形可以先使用光学显微镜查看，但由于光学显微镜分辨率较低，看不到精细结构，因此电子束曝光图形需要用扫描电子显微镜观察，通过调节电压、光阑孔径、工作距离、亮度、对比度等步骤得到清晰的表面形貌，并对曝光图形用不同放大倍数查看表面形貌。对曝光图形的特征尺寸需进行长度标记和保存，需对数据进行初步的分析，必要时调整参数对曝光图形进行修正。

3.5.8 实验注意事项

（1）样品表面的洁净度。
（2）电子束光刻胶 PMMA 旋涂的转速和前烘温度。
（3）样品的放置方位和装样顺序。
（4）腔体的真空度。
（5）曝光参数如电压、光阑孔径、曝光剂量、写场大小、电子束流大小等。
（6）显影时间和定影时间。

第4章
反应离子刻蚀技术

4.1 概　　述

4.1.1 不同刻蚀技术介绍

刻蚀是指通过化学或物理方法在目标功能材料的表面进行选择性地剥离或去除，从而在目标功能材料表面形成所需的特定结构[1]。刻蚀的基本过程分为化学过程、物理过程或物理化学相结合的过程[2]。在微纳加工技术中，刻蚀作为微纳图形结构的主要转移方法，可以将光刻、压印或电子束曝光得到的微纳图形结构从光刻胶转移到图形表面。而对于一些新的刻蚀技术，如聚焦离子束（focused ion beam，FIB）、激光直接刻蚀及不需要掩模刻蚀工艺等，可以直接在功能材料上实现特定的结构而不需要采用转移图形。根据实际应用的需要，广义的刻蚀技术还包括打磨、抛光、粗化、清洗等不同的材料处理方式[3]。

最早的刻蚀技术出现在雕刻艺术和雕版印刷术等文化艺术领域，公元17世纪，最接近现代刻蚀概念的刻蚀技术首次出现在版画艺术中。版画艺术家用刻针在涂了防腐蚀膜的金属板上作画后，腐蚀液将被刻针除去防腐蚀膜的线条下方的金属腐蚀，形成金属刻蚀板；再通过油墨印刷，制作出精美而富有层次感、立体感的版画[4]。20世纪30年代，印刷电路技术被发明出来，其与版画艺术的原理类似，即仿照印刷业中的制版方法将电子线路图刻蚀在一层铜箔上，并将不需要的铜箔腐蚀掉，只留下导通的线路，从而通过铜箔形成的电路将电子元件连接起来。印刷电路技术标志着刻蚀技术迈入了一个新的领域[5]。20世纪50年代，晶体管和集成电路分别被发明，半导体、微电子、集成电路的运用，致使刻蚀技术作为其中的关键技术不断发展并取得突破，随着集成电路规模不断扩大、集成度不断提高，微电子加工技术的精度从毫米发展到微米、亚微米甚至纳米，对刻蚀技术也提出了越来越高的要求。20世纪80年代起，光电子技术和纳米工艺进入飞速发展阶段，传统的微电子加工工艺已无法满足光电集成器件及微纳米机电器件的要求，在光电子技术和纳米加工技术飞速发展的驱动下，微纳加工技术不断取得突破，并进一步推动微电子、光电子技术和微纳米器件研究的高速发展。

在刻蚀工艺中，将掩模图形完整、精确地转移到衬底材料上，并具有一定的深度和剖面形状是其基本要求，因此，评价刻蚀工艺的参数主要有以下几种。

（1）刻蚀速率，即目标材料在单位时间内刻蚀的深度。刻蚀速率越快，工作效率越高；刻蚀速率越慢，越容易通过调节刻蚀时间控制刻蚀精度。因此刻蚀速率需要在工作效率和控制精度之间达到平衡，并且刻蚀速率在刻蚀过程中未必保持一致，也并非一直保持线性，但只有具有较高均匀性和可重复性的刻蚀速率才能在刻蚀工艺中具有较高的实际应用价值。

（2）选择比，即刻蚀过程中刻蚀掩模与衬底的速率之比。选择比的提高要求掩模的刻蚀速率越慢越好，对于特定深度的刻蚀，可以通过调整选择比来选择相应厚度的掩模材料进行刻蚀，高选择比表明刻蚀过程对掩模的消耗较小，从而有利于进行深刻蚀。

（3）方向性或各向异性度，即衬底材料在不同方向上的刻蚀速率之比。不同的各向异性度可以形成不同形状的刻蚀剖面，通常希望形成图形轮廓陡直的结构时，就要求垂直于掩模方向的刻蚀速率最大，且平行于掩模方向不发生刻蚀，即需要实现完全各向异性刻蚀。

（4）深宽比，即刻蚀特定图形时，图形的特征尺寸与对应能够刻蚀的最大深度之比，其数值反映出刻蚀保持各向异性的能力。随着刻蚀深度的增加，由于化学反应物和产物局部浓度的变化，或粒子轰击衬底材料能量的改变，刻蚀无法无限期地进行下去，因此，对于特定尺寸的结构，每一种刻蚀方法或者工艺都存在极限刻蚀深度[1]。

（5）粗糙度，包括刻蚀位置边壁和底面的粗糙度，可以反映刻蚀的均匀性和稳定性。

刻蚀的基本过程分为物理过程、化学过程或物理化学相结合的过程。在早期的集成电路加工过程中，以化学湿法腐蚀为主，其主要形式是将一个有掩模图形覆盖的功能材料浸没在合适的化学液体中，使化学液体腐蚀暴露的部分而留下被覆盖的部分。化学湿法腐蚀具有选择性好、重复性好、设备简单、成本经济、效率高等一系列优点，因此适用于大面积的加工。其缺点是对转移图形的控制性较差、精度不高以致难以应用于纳米结构的加工，且会产生化学废液。由于化学湿法腐蚀可以灵活选择只与目标材料反应而不与掩模反应的化学溶剂，所以其可以具有极高的选择比，但是由于刻蚀材料上的化学反应通常没有方向性，因此这种刻蚀往往是各向同性的，导致刻蚀不可能有太高的分辨率，因此化学湿法腐蚀在纳米尺度的加工中应用比较少，通常只用于表面清洗或大面积的去除[6]。但在微米以上尺度的器件和材料加工中，对于精度要求不高的领域，如微机械或微流体器件制造等，仍然广泛使用化学湿法腐蚀。由于化学湿法腐蚀可以在材料上实现很深的刻蚀结构，因此也有人将化学湿法腐蚀技术称为体微加工技术。大部分化学湿法腐蚀对材料的刻蚀是没有方向性的，但某些腐蚀液对特定的单晶材料的不同晶面会有不同的腐蚀速度，形成各向异性的腐蚀，从而形成具有特定角度的剖面，例如，氢氧化钾（KOH）对硅（110）、硅（100）、硅（111）晶向的腐蚀速率之比可以达到400:200:1[7]。其缺点是形成的侧壁较为粗糙，因此对于硅的各向异性腐蚀，四甲基氢氧化铵（tetramethyl ammonium hydroxide，TMAH）或TMAH与KOH的混合溶液能获得更好的腐蚀效果，可以制备出具有不同形状剖面且表面粗糙度低的纳米结构，且由于腐蚀是严格沿着晶向推进的，所以剖面形状可以根据晶向夹角计算得到。

随着刻蚀技术的飞速发展，从最初简单的物理粒子轰击，到如今的激光刻蚀、气浴刻蚀、反应蒸气刻蚀、磁中性环路放电（neutral loop discharge，NLD）等非湿法刻蚀，干法刻蚀的概念不断延伸和丰富，但通常仍然特指应用最广泛的离子束刻蚀和反应离子束刻蚀（reactive ion beam etching，RIBE）。离子束刻蚀是20世纪70年代发展起来的一种物理刻蚀方法，也是最早的干法刻蚀。它主要利用惰性气体离子束在低气压下高速轰击目标材料表面，使入射离子传递给材料原子的能量超过其结合能（数个电子伏特），从而让固体原子脱离其晶格位置溅射出来，通过对目标的原子层进行连续去除达到刻蚀的目的[5]。定向运动的入射离子轰击材料表面的作用范围小（约为10^{-20} cm^3），作用时间短（约为10^{-12} s），因此离子束刻蚀具有很好的方向性和极高的分辨率[8]。由于离子束刻蚀是一种纯物理刻蚀，所以可以适用于任何材料，但也因此决定了离子束刻蚀对掩模与衬底材料不可能有太好的刻蚀选择比，难以实现较深的刻蚀。此外，由于入射离子能量很高，在使目标原子溅射的同时，还将穿过材料表面进入深层，变成离子注入，对目标材料造成不可逆的损伤；且溅射产物有可能再次沉积到目标材料的其他位置，形成二次沉积，影响刻蚀效果[3]。为了克服离子束刻蚀中出现的诸多问题，人们在离子束刻蚀系统中引入化学反应机制，研发了离子轰击与化学反应相结合的化学辅助离子束刻蚀（chemically assisted ion beam etching，CAIBE）。在 RIBE 方法的基础上改用化学反应气体离子束，根据待刻蚀材料选择某种气体或几种混合气体，该气体或混合气体在自然状态下可能不会与目标材料发生化学反应，但是在被离子源系统电离抽取形成离子束后轰击目标材料表面时，在直接物理溅射的同时与表面受轰击的原子发生化学反应，形成的刻蚀产物不仅仅是固体，还有可能是可以被真空系统抽除的挥发性气体[9]。RIBE 通常使用可以形成较高化学活性卤族基离子的氟基或氯基气体，刻蚀过程中容易形成挥发性产物。在 RIBE 过程中，离子束的定向轰击保证了离子和目标材料表面的化学反应具有很好的方向性，从而使 RIBE 和离子束刻蚀一样具有较高的各向异性能力，且离子所具有的动能大幅强化了表面吸附的气体与目标材料的化学反应，成倍地提高了对目标材料的刻蚀速率，因此相较于单纯的离子束物理刻蚀，粒子轰击和化学反应相结合的方式成倍地提高了刻蚀速率，同时提高了选择比，使高深宽比的图形刻蚀成为可能。而 CAIBE 技术是由 RIBE 技术发展而来的，CAIBE 系统在保留惰性气体离子束的同时，将另一路反应气体直接喷向目标材料表面，通过分别调节惰性气体离子束通量和反应气体通量，在保证类似于 RIBE 的刻蚀效果的同时，进一步降低对材料的损伤。此外，CAIBE 技术可以在离子源中加入一种反应气体，在旁边的气路中再加入另一种反应气体，因此具有更好的灵活性和可控性。离子束刻蚀的刻蚀速率可以由很多参数决定，如入射离子能量、束流密度、离子入射角度、材料成分及温度、气体与材料化学反应状态及速率、刻蚀生成物、物理与化学功能强度配比、材料种类和电子中和程度等[10]，也可以利用倾斜样品台的方法改变离子束入射角，灵活地将刻蚀图形轮廓调节为陡直或缓坡形状，还可以通过实验寻找最大刻蚀速率对应的入射角。当从 0°～90°逐渐增加入射角时，离子能量在纵深范围内的耗散也随之减小，主要贡献于近表面层，最外层原子获得了脱离晶格向外逃逸的能量，因此刻蚀速率会增加并在 30°～60°之间出现极大值。再继续增加离子入射角时，由于溅射产额是入射角的余弦函数（$1<x<2$），而本质上离子束刻蚀主要是离子对目标材料的物理溅射过程，所以随着入射角继续增加，材料与入射离子逐渐趋于弹性散射，用于材料原子脱离晶格的能量减少，刻蚀速率将减小。提高束流密度或入射离子能量也可以提高刻蚀速率，但是过高能量的离子束会对材料造成损伤，尤其是对材料的有源层造成损伤。因此在实际应用中，一般选择通过增加束流密度来提高刻蚀速率。

对于化学性质稳定、难以利用化学反应进行刻蚀的材料（如金属、陶瓷等），离子束刻蚀仍然是对其进行微纳结构刻蚀加工的首选，但随着刻蚀技术的进步，RIE 等新的刻蚀技术已经取代了离子束刻蚀的地位。RIE 是目前应用最广泛的刻蚀技术，它采用物理轰击和化学反应相结合的方式，兼具两种刻蚀机制的优点，具有各向异性好、选择比高、刻蚀速率高、大面积刻蚀时均匀性好、可以获得高分辨率和陡直轮廓、实现高质量的精细线条刻蚀的特点，是目前半导体和微纳加工技术中的主要刻蚀技术。

具有高深宽比的精细结构的微纳米器件的刻蚀对刻蚀技术提出了三项更高的要求：第一，

更好的方向性，保证刻蚀工艺按照掩模图形尺寸精确进行；第二，更好的选择比，保证掩模足够耐消耗；第三，更高的刻蚀速率，使其在实际应用中具更价值。而传统的 RIE 技术难以满足这些需求，尤其是在需要提高刻蚀速率时，只能提高等离子体浓度或等离子体能量，因此必须提高激发等离子体的射频功率，而样品电极的自偏置电压也必须提高，这会使离子轰击样品的能量增加，刻蚀选择比下降，最终难以实现深刻蚀。因此在 20 世纪 90 年代末，人们发展出了一种新的刻蚀技术，即电感耦合等离子体反应离子刻蚀（inductively coupled plasma-reactive ion etching，ICP–RIE）。它将等离子体的产生区域和刻蚀区域分开，通过感应线圈将一个新增的射频源（ICP 源）从外部耦合[5]，让自由电子在等离子体产生区域内高速回旋运动，大幅增加其电离概率；而在刻蚀区域，另一个射频源（RIE 源）独立控制让离子加速的自偏置电压。通过两个分立的射频源分别控制等离子体的激发与刻蚀，可以产生高密度、低能量的等离子体，在保证选择比的同时满足高刻蚀速率。

此外，其他的干法刻蚀技术还包括以下几种。① 气浴刻蚀，又称反应气体刻蚀，即通过反应气体直接与刻蚀材料进行反应的刻蚀方法。通常使用的气浴刻蚀方法只有一种，即二氟化氙（XeF_2）直接对硅的高选择性刻蚀，两者可以直接反应生成四氟化硅（SiF_4）产物，而气态二氟化氙对金属、二氧化硅等掩模材料几乎没有侵蚀，因此可以具有极高的刻蚀选择比。由于气浴刻蚀是完全的化学反应过程，其特点与湿法腐蚀非常类似，但它采用干法的化学处理方法，因此避免了溶液浸泡带来的样品玷污或光刻胶脱落等缺点。② 等离子体刻蚀，与气浴刻蚀类似，也是近乎纯粹的化学刻蚀。等离子体刻蚀通过将样品浸没在几乎没有物理轰击效应的等离子体中，让目标材料与化学活性离子充分反应。它与气浴刻蚀一样都能用来钻蚀微结构覆盖下的"牺牲层"材料，且避免了湿法腐蚀中液体表面张力导致的微结构黏附到衬底表面，可实现悬臂梁等中空结构。③ 激光刻蚀，与聚焦离子束技术类似，可直接在功能材料表面刻写结构，因此并不属于传统的刻蚀图形转移技术[11]。

4.1.2　反应离子刻蚀技术的特点和基本原理

RIE 的基本原理如下：在低气压下，通过反应气体在射频电场下辉光放电形成等离子体，通过等离子体形成的直流自偏压作用，使离子轰击阴极上的目标材料，实现离子的物理轰击溅射与活性粒子的化学反应相结合，完成高精度的图形刻蚀[11]。

RIE 系统由接地的金属外壳、射频源端的基板构成的阴极及反应气体的气路 3 部分构成。系统工作时，首先将待刻蚀材料放置在阴极基板上，然后开始抽真空，待真空值达到一定程度后向腔室内通入反应气体；接着开启射频源，让腔室内反应气体中的少部分电子加速撞击气体分子，使部分气体分子电离，从而产生更多电子；新的电子继续在射频电场中加速撞击气体分子产生离子和电子，形成雪崩效应；与此同时，随着腔室内离子浓度的增加，自由电子和离子复合为气体分子的过程也会同步进行，并且该过程会放出光子产生辉光；最后电离与复合达到动态平衡，在腔室内空间形成稳定的等离子体，同时保持稳定的发光状态，即辉光放电过程[7]。该过程中，开始的反应气体本身是电中性的，电子和离子总电荷量应为零。整个等离子体区域应该是等电位区，但是由于电子的质量远远小于正离子，且速度更快，所以一部分电子被接地的金属外壳导走，使整个等离子体区域处于一个小的正电势状态。另一部分电子则运动到放置待刻蚀基片的阴极基板附近，被未接地的基板吸附，形成负电势。因此从基板表面到等离子体区域形成一个可以对正离子进行加速的自偏置电压（V_{DC}），使正离子在阴极基板上方垂直方向加速，最终轰击到待刻蚀材料表面进行刻蚀。

RIE过程是一个十分复杂的物理与化学过程，有多种可以调控的参数，具体如下。

(1) 反应气体流量。在反应室压强一定的情况下，流速过高时，气体分子在反应室内停留时间缩短，能够有效反应的活性离子减少，刻蚀速率降低；流速过低时，消耗掉的反应气体得不到及时供给补充，也会导致刻蚀速率降低。

(2) 射频功率。射频功率升高一方面会增加电子能量，提高电离概率，提高等离子体密度；另一方面会使阴极的自偏置电压更高，使样品材料表面所受轰击增加。所以提高射频功率通常会增加刻蚀速率，但过高的射频功率会降低选择比，高能量的离子会造成更多刻蚀损伤。

(3) 反应室气压。在反应室气压较低时，离子间和离子、原子间碰撞减少，化学活性分子数目降低，离子能量增加，刻蚀方向性更好，同时挥发性产物能更迅速地离开刻蚀表面，刻蚀速率增加；但反应室气压过低时，辉光放电难以维持，气体分子数过少，离子密度下降，从而导致刻蚀速率降低。因此，RIE通常存在一个最佳工作气压，以期获得最高的刻蚀速率。

(4) 样品材料表面温度。高温通常会促进化学反应过程，同时也有利于化学反应生成挥发物离开刻蚀表面，因此某些刻蚀过程必须在较高温度衬底上进行；但对于质量要求高的刻蚀，温度的升高是有害的。光刻胶允许的烘烤温度最高为120 ℃，超过则可能引起光刻胶的玻璃化，使原有陡峭边缘轮廓圆化，选择比也会大幅降低。同时，由于在RIE过程中通入的反应性气体与光刻胶在较高温度下发生的化学反应会使光刻胶出现炭化，而碳是最难刻蚀的材料，因此散落在表面的碳颗粒使得陡峭表面变得粗糙。此外，由于高温下化学反应刻蚀的增强，刻蚀的方向性也会变差。

(5) 电极材料及腔室环境。阴极材料会受到离子溅射，因此必须具有化学惰性，否则等离子体中大量反应活性离子将被阴极刻蚀消耗，极大影响刻蚀速率。阴极材料与侧壁在离子溅射下产生非挥发性的溅射产物会沉积到包括样品在内的其他表面，影响样品的进一步刻蚀。

(6) 气体种类。RIE过程可以定性地描述为4种同时发生的过程：物理溅射，离子反应，产生自由基，自由基反应。一般硅及硅化物的刻蚀气体以氟化物气体为主，Ⅲ-Ⅴ族化合物材料，如铝及其化合物材料的刻蚀气体以氯化物气体为主，溴化物气体也多用作RIE气体。同一种刻蚀材料的化学气体往往有多种选择，因此改变气体种类或者混合气体的配比会对刻蚀速率有较大影响，可以通过实验来确定最合适的气体种类及混合气体成分。

(7) 辅助气体。卤素气体是RIE的主要气体，实验发现在卤素气体中加入少量非卤素气体（如氧气或氩气）会在不同程度或不同方面改进刻蚀效果。在CF_4等离子体中，CF_4分解为CF_3，CF_2等自由基，但在空间缺少氧气的情况下，CF_3，CF_2等自由基很容易复合形成稳定的氟化物：$CF_3+CF_2\longrightarrow C_2F_6$，$CF_3+F\longrightarrow CF_4$，当放电空间有氧气存在时，上述反应式变为$CF_2+O\longrightarrow COF+F$，$COF+O\longrightarrow CO_2+F$，氧分子有效阻止了$CF_3$，$CF_2$等自由基复原，促使更多的氟自由基参与刻蚀，但由于氧气是刻蚀光刻胶的气体，所以随着加入的氧气流速增加，选择比会先增加到一个最大值，然后大幅降低。氩气也是经常用到的辅助气体，由于氩气是惰性气体，因此氩离子不参与化学反应刻蚀，主要起到物理轰击溅射的作用。此外氩原子的电离可提供额外电子，有利于稳定等离子体放电，但过量的氩气会稀释化学活性气体的浓度，过度的氩离子的物理轰击溅射会加速掩模层的消耗，因此氩气的加入量同样有一个最佳值[11]。

4.2 实验仪器及操作流程

4.2.1 反应离子刻蚀仪介绍

实验使用的是那诺-马斯特（NANO-MASTER）公司的 NRP-4000 型 PECVD*-RIE 双腔室系统（见图 4-1）中的 RIE 腔室，主要由气体系统、水冷系统、真空系统、放电系统构成。如图 4-2 所示，腔室上端接射频电源，下端的阴极接地，刻蚀基片置于阴极上，当反应气体从气路管道进入腔室后，在高频率振荡的射频电源作用下放电，由于电子轰击阴极，等离子体会在基片上方的薄层内产生自偏置电压，自偏置电压的大小取决于射频电源功率和频率。离子在自偏置电压作用下加速，以垂直于材料表面的速度轰击基片完成各向异性刻蚀。

图 4-1　NRP-4000 型 PECVD-RIE 双腔室系统

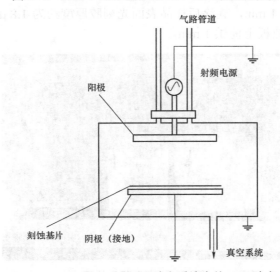

图 4-2　PECVD-RIE 双腔室系统中的 RIE 腔室

---

* PECVD 是等离子体增强化学气相沉积（plasma-enhanced chemical vapor deposition，PECVD）。

4.2.2 样品制备流程及注意事项

样品制备流程为清洗硅片、匀胶、曝光、显影和切割,各操作步骤内容如下。

(1)清洗硅片。清洗硅片的方法分为干法清洗和湿法清洗两种。湿法清洗是先用丙酮、酒精、纯水分别超声清洗 5 min;然后用氮气吹干,再放置在 150 ℃热板上烘烤 20 min 以上,使其表面完全干燥。干法清洗是用图 4-3 所示的氧等离子体去胶机在氧气流量 100 sccm[*]、功率 100 W 的条件下处理 3~5 min。相对而言,湿法清洗所需时间较长,干法清洗更方便快捷;湿法清洗对表面较脏或存在大颗粒杂质的样品清洗效果较好,干法清洗一般用于处理表面较干净的样品;此外,干法清洗还可以对样品表面的亲疏水性进行改性,便于后续涂胶时使光刻胶吸附在衬底表面。

图 4-3 氧等离子体去胶机

(2)匀胶。取适量 S1813 光刻胶滴在样品表面,使用图 4-4 所示的匀胶机在 4 000 r/min 转速下旋涂 1 min,旋涂后样品表面光刻胶厚度约为 1.8 μm,此厚度抗刻蚀性能较好。然后在 115 ℃的热板上前烘 1 min。

图 4-4 匀胶机和热板

---

[*] sccm 即标准立方厘米每分钟,是一种用于描述气体流量的单位。

（3）曝光。使用图 4-5 所示的 Karl Suss 的 MA6 型紫外曝光机进行曝光，使用的曝光模式为真空模式，曝光剂量为 150 mJ·cm^{-2}。

图 4-5 MA6 型紫外曝光机

（4）显影。对曝光后的样品进行显影，使用 MF319 显影液显影 40 s，再用去离子水定影 30 s，然后用氧等离子体去胶机除去样品表面多余的残胶。

（5）切割。为了保证在研究影响 RIE 效果的工艺参数时，样品的曝光图案、光刻胶厚度等条件相同，一般会在一块较大样品上制作很多图案再进行切割。切割可以采取两种方法：对于有特殊晶向的样品，可以用金刚石刀沿晶向划开一个裂口，再在垂直于样品表面施加弯矩，样品会从裂口开始沿着晶向整齐地断裂；也可以使用激光划片机进行切割。

4.2.3 反应离子刻蚀操作流程

完成以上对样品的处理后，就可以按以下流程进行 RIE。

（1）开机。

开冷水机，开启 N$_2$ 及压缩空气，开电源总闸、机器总开关、计算机主机开关。等待计算机开机后，打开桌面软件 NRP-4000，进入软件首页，选择 top screen 界面。在 access level 下拉菜单中选择 RIE engineering 命令。然后进入 RIE vaccum 界面，观察 RIE 腔室和 PECVD 腔室的闸板阀状态，关闭 PECVD 闸板阀并打开 RIE 闸板阀。

（2）上样。

继续在 RIE vacuum 界面单击 open RIE top hat 按钮，使 RIE 腔室的腔门升起，然后放入样品，单击 open 按钮关闭腔门。单击 pump down 按钮，等待抽真空及分子泵至 100%。在此过程中可在左侧 turbo chart 界面中读取真空值。

（3）参数设置。

顺利抽完真空后，在 RIE engineering 界面选择气体名称及流量：单击 enable selected gases 按钮，根据需要设置分子泵速率；然后在 power configuration 下拉菜单中选择 RF to RIE plasma source 或者 RF to RIE plate 命令，单击 set point 按钮设置功率瓦数；最后单击 600 W RF enable 按钮，并观察等离子体产生是否稳定，可使用此方法对参数条件进行多次优化。

（4）方案保存。

在 RIE process 界面，设置时间（如 20 min），选择气体名称及流量、设置分子泵功率的

turbo set point，并设置射频功率为 RF top enable 或 RF plate enable，最后单击 save recipe 按钮保存方案。如果方案有多个步骤，需要再设置 sequence1，sequence2，sequence3 等并按上述步骤设定参数，最后单击 save recipe 按钮保存并命名。可用相同的方法设置不同的刻蚀参数并保存，探索不同参数对刻蚀的影响。

（5）启动刻蚀流程。

在 RIE operator 界面单击 browse for recipe 按钮后选择保存方案，单击 load recipe 按钮选择该方案，并在 RIE process 界面查看参数是否正确，单击 start 按钮就开始刻蚀流程。

（6）关机。

使用完毕后，在 RIE engineering 界面设置分子泵功率的 turbo speed 为 50%（为了便于缩短等待时间），在 RIE vacuum 界面单击 vent 按钮，等待分子泵转速为 0。确认破除真空结束后，在 top screen 界面单击 log out 按钮退出登录，然后单击关闭软件，关闭计算机、气体、水冷机、电源总闸。

刻蚀结束后，可以使用光学显微镜或扫描电子显微镜观察硅片刻蚀后的表面形貌，用台阶仪测量刻蚀深度并记录数据。

4.3 反应离子刻蚀参数的影响

4.3.1 影响刻蚀的主要参数介绍

在真空室中，当等离子体与器壁接触时，由于电子相对正离子质量更小，因此惯性也更小，很容易被器壁导走，从而在靠近器壁的等离子体薄层中留下正电荷，形成一个相对器壁呈正电势的薄层区域。该正电势不能在整个等离子体区域中平均分配，因此德拜屏蔽将电势的变化限制在一个宽度为数倍于德拜长度的层上，该层称为鞘层。鞘层的作用是让易于迁移的电子受到静电限制，势垒的高度会自动调节，最终形成如下稳态：具有足够能量穿越势垒到达器壁的电子通量恰好等于到达器壁的离子通量。而鞘层电位的基本方程可以通过离子通量的连续性方程、能量守恒方程、电子数密度的玻尔兹曼关系求出。离子在鞘层电势的作用下加速，到达阴极基板上的待刻蚀材料，对其进行物理轰击同时发生化学反应。

在 4.1 节中提到过，评价刻蚀好坏的主要参数有以下 5 种：① 刻蚀速率，即单位时间内刻蚀的深度，一般单位是 $nm \cdot min^{-1}$；② 深宽比，即刻蚀深度随样品表面位置变化的波动，实际应用中只有具有一定均匀性的刻蚀才是有价值的，尤其是对于一些大口径光学元件等尺寸较大样品的刻蚀（一般均匀性的算法为九点法取样，用最大刻蚀深度与最小刻蚀深度之差比上 2 倍的平均刻蚀深度，即得到刻蚀均匀性的值，该值一般小于 5% 时较为理想）；③ 选择比，即 RIE 衬底材料与掩模的速率之比，选择比越高，则代表在消耗相同厚度的掩模时，刻蚀材料越深；④ 方向性或各向异性度，直接影响刻蚀后剖面的形貌，即侧壁的陡直度；⑤ 粗糙度。

多种因素会影响刻蚀效果，例如，射频功率直接决定等离子体鞘层电压，进而决定了离子在该电压加速后轰击到材料表面的动能，因此射频功率显然是影响刻蚀效果的主要因素之一。另外，RIE 中，腔体压力也是一个重要因素，过高的腔体压力会让离子的平均自由程变短，离子间、离子和原子间碰撞概率增大，从而到达基板时能量变小，物理轰击效应减弱；

而过低的腔体压力则会使反应物浓度不足，抑制化学反应的进行。此外，在腔体压强一定的情况下，反应气体流量也会影响刻蚀速率，流速过高时，气体分子在腔体内停留时间缩短，能够有效反应的活性离子减少，刻蚀速率降低；而流速过低时，消耗掉的反应气体得不到及时供给补充，也会导致刻蚀速率降低。最后，在刻蚀过程中，常常在能与材料发生反应的化学活性气体中添加一定量的辅助气体，例如，在刻蚀硅基材料时，可以在 SF_6 中加入一定比例的 O_2，以抑制化学活性基团的复原，让更多的氟自由基与材料进行化学反应。或者，在刻蚀某些材料时，加入一定量的惰性气体氩气，让氩气产生离子起到物理轰击溅射的作用。但是辅助气体的比例过高也会稀释化学反应气体的浓度，不利于刻蚀速率的提高。

4.3.2 刻蚀参数的影响

刻蚀参数受气体流量、辅助气体、腔体压力及射频功率等的影响。

1. 气体流量的影响

在《CF_4 流量及射频功率等对反应离子刻蚀硅基材料的影响》[12]一文中，廖荣等人研究了反应气体 CF_4 的流量对刻蚀硅、氮化硅、碳化硅的刻蚀速率的影响，并得出结论：随着反应气体流量的增加，反应气体刻蚀 3 种衬底材料的速率会逐渐增加并达到一个较稳定的极值，在极值附近较小范围内改变反应气体流量，刻蚀速率没有太大波动，但继续增加反应气体流量时，由于离子间、离子和中性分子间的碰撞加剧，平均自由程变短，入射离子能量变低，因此刻蚀速率下降。

在彭明发等人的《硅的反应离子刻蚀实验研究》[13]中，他们使用英国 Oxford 公司生产的 Plasmalab 80plus 反应离子刻蚀机，采用 SF_6 作为反应气体，O_2 作为辅助气体，在腔体压力 275 mTorr*、射频功率 120 W、水冷油冷系统保持腔体温度 20 ℃的条件下对以二氧化硅为掩模的硅衬底刻蚀 5 min，且保持 SF_6 与 O_2 的比例为 6:1，当 SF_6/O_2 组分比例为 24 sccm/4 sccm 时，刻蚀速率为 752 nm/min，对硅衬底与硅的氧化物掩模的选择比为 29.6；而当 SF_6/O_2 组分比例为 36 sccm/6 sccm 时，刻蚀速率会增大为 1 036 nm/min，选择比也提高到 56.6。

2. 辅助气体的影响

钱振型在《反应离子刻蚀技术》[14]中提到，对于以 CF_4 作为反应气体的二氧化硅掩模的硅的刻蚀，由于化学活性基团 CF_x 可以有效地刻蚀硅，而氟自由基可以有效地刻蚀二氧化硅，所以可以加入适量的氧气，消耗 CF_x 基团，且抑制 CF_x 在硅表面的聚合，使对硅的刻蚀速率大幅超过对二氧化硅的刻蚀速率，提升选择比。

在王路广的《相变材料 Cr-SbTe 的反应离子刻蚀及其机理研究》[15]中，选用 Ar/SF_6 和 O_2/SF_6 两种组合，在 10 mTorr 的腔体压力、150 W 的射频功率和 20 ℃的腔体温度下，调整 Ar/SF_6 和 O_2/SF_6 各自的组分比例分别为 0 sccm/50 sccm、10 sccm/40 sccm、20 sccm/30 sccm、30 sccm/20 sccm、40 sccm/10 sccm、50 sccm/0 sccm，用于刻蚀相变材料 Cr-SbTe 3 min，探究刻蚀速率、刻蚀选择比随辅助气体 Ar，O_2 组分比例的变化情况。

（1）刻蚀速率。该实验中，富氟基的反应气体与相变材料生成的刻蚀产物分为挥发性与非挥发性两种：挥发性产物很快被真空系统抽走，不会影响反应的继续进行；而非挥发性产

---

* 1 mTorr = 0.133 Pa。

物则需要辅助气体产生离子的物理轰击去除，同时辅助气体还起到稀释反应气体的作用。如图 4-6 所示，Ar/SF$_6$、O$_2$/SF$_6$ 两种组合的刻蚀速率都会随着辅助气体组分比例的增加先达到最大值，再逐渐减小到最小值，且两者的刻蚀速率极大值都出现在辅助气体/反应气体组分比例为 10 sccm/40 sccm 时，且 Ar/SF$_6$ 刻蚀速率的极大值（144.8 nm/min）大于 O$_2$/SF$_6$ 刻蚀速率的极大值（97 nm/min）。当越过极大值点，SF$_6$ 浓度继续升高时，氟自由基浓度也会升高，化学反应比重增大，物理轰击效应减弱，反应生成的部分刻蚀产物留在样品表面，会影响后续反应的进行，因此刻蚀速率会降低。而当辅助气体组分比例太大时，同样会影响化学反应的进行，也会导致刻蚀速率降低。

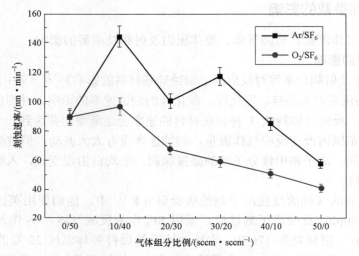

图 4-6 气体组分比例对刻蚀速率的影响

（2）选择比。在研究选择比的变化情况时，该实验除了改变前述的辅助气体组分比例外，还选用了二氧化硅和光刻胶两种掩模材料分别进行探究，如图 4-7、图 4-8 所示。

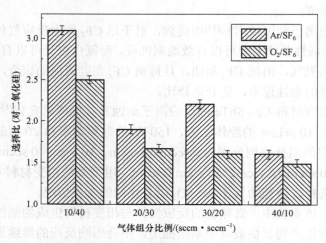

图 4-7 气体组分比例对二氧化硅选择比的影响

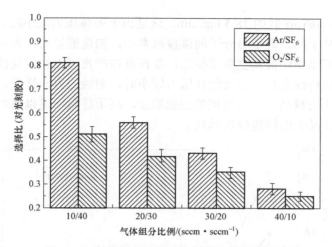

图 4-8 气体组分比例对光刻胶选择比的影响

对于光刻胶而言，由于光刻胶中的有机化合物较容易与氧离子发生化学反应，且不饱和的氟碳化合物有很强的聚合作用，生成非挥发性产物溅射在样品表面会增加粗糙度；而氩离子不易与光刻胶发生化学反应，对于光刻胶的刻蚀以离子的物理轰击为主，所以 Ar/SF_6 组合的选择比高于 O_2/SF_6。且随着辅助气体组分比例的增加，氧离子与光刻胶的化学反应加强，物理轰击溅射加强；同时氩离子对光刻胶的物理轰击加强，选择比整体呈现下降趋势，选择比的极大值依然出现在组分比例为 10 sccm/40 sccm 时。而对于二氧化硅而言，由于 Ar/SF_6 刻蚀衬底材料的速率大于 O_2/SF_6，而 O_2/SF_6 刻蚀二氧化硅的速率大于 Ar/SF_6，所以 Ar/SF_6 组合的选择比依然高于 O_2/SF_6，且整体也都随辅助气体组分比例的上升而呈现下降趋势，选择比极大值也出现在组分比例为 10 sccm/40 sccm 时。横向比较来看：两种辅助气体的刻蚀选择比在二氧化碳作掩模时都优于光刻胶作掩模时，Ar/SF_6 组合在刻蚀衬底材料/二氧化硅掩模时，选择比最高可以达到 3.3（组分比例为 10 sccm/40 sccm 时），而刻蚀衬底材料/光刻胶掩模时的选择比最高只有 0.8。

3. 腔体压力的影响

RIE 过程中的腔体压力由气体流量和分子泵抽腔体的功率两个方面控制。

廖荣等人在《CF_4 流量及射频功率等对反应离子刻蚀硅基材料的影响》[12]中研究了腔体压力对刻蚀效果的影响，得出如下结论：在较低气压下，电子自由程增大，加速后能量增加，反应气体电离度增加，从而到达材料表面的离子束流密度增大；在自偏置电压下加速的离子可能由于碰撞产生非垂直于材料表面的速度分量，而在低气压下，离子间、离子和原子间的碰撞概率降低，从而使刻蚀各向异性度提高；此外，较低的腔体压力有利于反应生成的挥发性产物迅速被真空系统抽走，使得刻蚀反应可以持续进行。

在王路广的《相变材料 Cr-SbTe 的反应离子刻蚀及其机理研究》[15]中，在确定了 Ar/SF_6，O_2/SF_6 的最优组分比例（10 sccm/40 sccm）后，改变腔体压力分别为 10 mTorr、30 mTorr、50 mTorr、70 mTorr、90 mTorr，在射频功率 150 W、腔体温度 20 ℃的条件下刻蚀 3 min，记录数据并研究刻蚀速率和粗糙度与腔体压力的关系。如图 4-9、图 4-10 所示，两种气体组合的刻蚀速率都随着腔体压力的上升单调下降，Ar/SF_6 的刻蚀速率从 10 mTorr 时的 144.8 nm/min 下降到 90 mTorr 时的 20.52 nm/min，O_2/SF_6 的刻蚀速率从 10 mTorr 时的

97 nm/min 下降到 90 mTorr 时的 18.5 nm/min。这是由于腔体压力较小时，离子、分子的平均自由程相对较大，离子间、离子与分子间碰撞概率小，加速能量大，方向性好，且刻蚀形成的挥发性气体产物可以很快被真空系统抽除，非挥发性产物可以在较高能量的离子轰击下脱离材料表面，使刻蚀持续进行。因此腔体压力较小时，刻蚀的方向性好、各向异性度高、刻蚀速率高。而腔体压力越高，二次沉积效应越明显，离子能量不足以及时去除非挥发性刻蚀产物，导致刻蚀后样品表面粗糙度也越高。

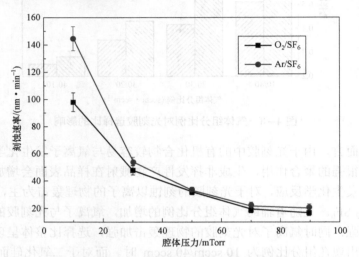

图 4-9　不同腔体压力对刻蚀速率的影响

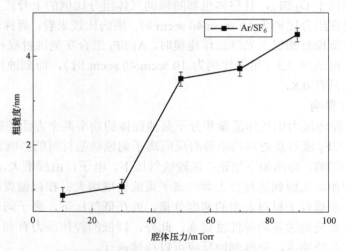

图 4-10　不同腔体压力对表面粗糙度的影响

4. 射频功率的影响

一般来说，在确定好最适合的气体组分比例、气体流量和腔体压力后，需要探究最适合的射频功率。

廖荣等人在《CF_4 流量及射频功率等对反应离子刻蚀硅基材料的影响》[12]中研究了射频功率对刻蚀速率、各向异性度、选择比的影响。当射频功率提高时，等离子体鞘层电势增加，离子加速后垂直方向轰击材料表面的动能增加，因此刻蚀速率也会增加，同时各向异性度变好；但由于物理轰击效应是不区分材料的，对掩模的刻蚀速率会增加，因此选择比会下降。

张景文的博士学位论文《大口径衍射光学元件反应离子刻蚀均匀性及调控方法的研究》[16]中，在腔体气压为 1 Pa、射频频率为 13.56 MHz、极板间距为 0.055 m、气体流量为 150 sccm 的条件下，改变射频功率分别为 300 W、400 W、500 W、600 W，在 2.5～20 cm 之间均匀选取 11 个样点，记录刻蚀深度并进行直线拟合，从而研究了射频功率对于 RIE 深度径向分布的影响。如图 4-11 所示，当功率越大时，径向各点的刻蚀深度离散性越强，偏离拟合直线的程度越高，表明刻蚀均匀性随着射频功率的提高而变差。该结果对于尺寸较大样品的刻蚀有更重要的参考意义。

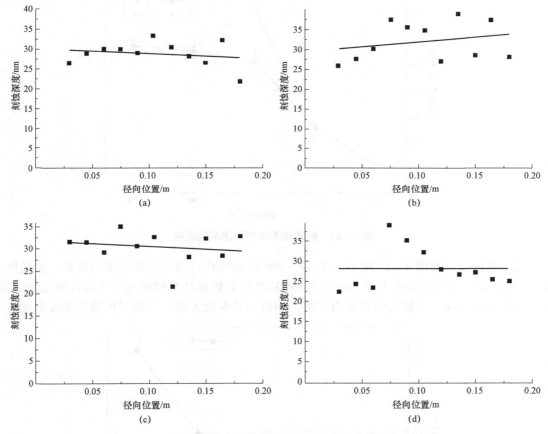

图 4-11 不同射频功率下样片刻蚀深度的径向分布
(a) 300 W；(b) 400 W；(c) 500 W；(d) 600 W

在王路广的《相变材料 Cr-SbTe 的反应离子刻蚀及其机理研究》[15]中，使用组分比例为 10 sccm/40 sccm 的 Ar/SF$_6$ 和 O$_2$/SF$_6$，在 10 mTorr 的腔体压力和 20 ℃ 的腔体温度下，分别采取 50 W、100 W、150 W、200 W、250 W 的射频功率刻蚀相变材料 Cr-SbTe 3 min，然后使用原子力显微镜（atomic force microscope，AFM）测量其表面台阶形貌，研究了射频功率对刻蚀速率、粗糙度及剖面形状的影响。

（1）刻蚀速率。如图 4-12 所示，一方面，由于正离子密度正比于射频功率，所以当射频功率提高时，离子能量也会增加，离子的物理轰击效应更加显著；另一方面，离子的物理轰击致使材料原子脱离其晶格位置，产生吸附活性自由基的活性空位，也促进了氟自由基与材料的化学反应。同时，高能量的离子轰击也有利于去除材料表面沉积的非挥发性反应产物，有利于后续反应继续进行。但是刻蚀速率会在 150 W 射频功率处达到极大值，继续提高射频功率到 200 W 和 250 W，则刻蚀速率稍有减小，但波动不大，这是因为等离子体鞘层厚度与射频功率正相关，当鞘层厚度大于某值时，离子间、离子与原子间碰撞概率增加，平均自由程变短，反而削弱了到达材料表面的离子能量，因此刻蚀速率随射频功率的提高呈现先增大到某一极值后再减小的趋势。

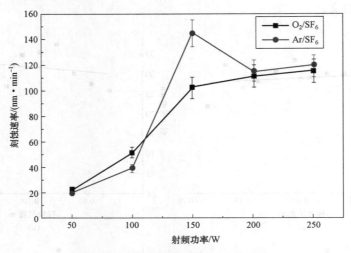

图 4-12 射频功率对刻蚀速率的影响

（2）粗糙度。如图 4-13 所示，在 50~150 W 范围内，随着射频功率的提高，粗糙度没有太大波动，而当射频功率大于 150 W 时，粗糙度随着射频功率的提高呈现线性增大的趋势。这仍然是由于等离子体鞘层的存在引起的，当射频功率增大时，等离子体鞘层厚度增加，离

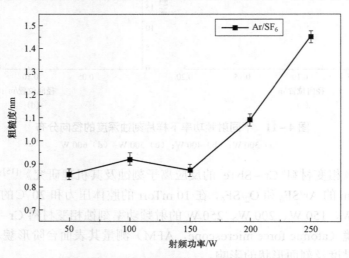

图 4-13 射频功率对刻蚀后粗糙度的影响

子平均自由程减小,加速到基板时的能量降低,物理轰击效应减弱,非挥发性产物不能被离子轰击并清除而沉积在表面,影响后续刻蚀,因此粗糙度增大。而对于更低的射频功率(小于 50 W),也会因为离子能量不够而使粗糙度增大。

(3)剖面形状(陡直度)。不同射频功率下,侧壁的陡直度也不同,50 W 时陡直度最差,150 W 时陡直度最好,而射频功率无论过小还是过大,都会使离子到达材料表面时能量不足,导致物理轰击效应较弱,侧壁上生成的非挥发性产物不能及时被离子清除,在台阶上沉积形成一定坡度,致使陡直度变差。因此陡直度同样随着射频功率的提高在某个功率处达到最佳,继续提高射频功率时,陡直度则会减小。

参 考 文 献

[1] 张健. 微纳光子结构中的光谱学共振效应研究 [D]. 北京:北京工业大学,2018.

[2] 鲁金蕾. 异质结光晶体管器件的设计及工艺基础研究 [D]. 北京:中国科学院物理研究所,2020.

[3] 王梦皎. 蓝宝石低能离子束刻蚀纳米微结构及光学性能研究 [D]. 西安:西安工业大学,2015.

[4] 黄蒙. 复合微结构表面的制备及其光学性能研究 [D]. 新乡:河南师范大学,2019.

[5] 郝玉立. 基于热纳米压印技术的微透镜阵列制备工艺研究 [D]. 南京:南京大学,2017.

[6] 葛欢. 高质量超导薄膜生长及量子器件制备 [D]. 北京:中国科学院物理研究所,2019.

[7] 王彩玮. 微纳图形衬底外延高质量非极性 GaN 的研究 [D]. 北京:中国科学院物理研究所,2019.

[8] 李尚坤. 自旋轨道扭矩的调控及磁畴翻转过程研究[D]. 合肥:中国科学技术大学,2019.

[9] 丁晓亮. 微结构光学表面纳米/亚纳米尺度超精密加工工艺研究 [D]. 苏州:苏州大学,2013.

[10] 尉伟. 微盘光谐振腔的制作研究 [D]. 合肥:中国科学技术大学,2007.

[11] 顾长志. 微纳加工及在纳米材料与器件研究中的应用 [M]. 北京:科学出版社,2013.

[12] 廖荣,崔继耀,董景尚,等. CF_4 流量及射频功率等对反应离子刻蚀硅基材料的影响 [J]. 真空,2021,58(4):93-97.

[13] 彭明发,何小蝶,吴海华. 硅的反应离子刻蚀实验研究 [J]. 实验科学与技术,2015,13(1):25-26+30.

[14] 钱振型. 反应离子刻蚀技术 [J]. 压电与声光,1982(5):1-9+74.

[15] 王路广. 相变材料 Cr-SbTe 的反应离子刻蚀及其机理研究 [D]. 天津:天津理工大学,2020.

[16] 张景文. 大口径衍射光学元件反应离子刻蚀均匀性及调控方法的研究 [D]. 成都:电子科技大学,2021.

第5章
电子封装技术

5.1 概　　述

在集成电路封装行业，通常希望采用低温键合技术来减少翘曲/错位，同时提高系统级三维集成的工艺兼容性。因此，多年来电子封装产业界及学术界已经提出并发展了许多流派的低温键合技术。然而，要找到一种低温键合技术来同时满足不同种类的电子芯片或光电器件封装应用中的关键需求是不太容易的。因此，必须先理解并掌握低温键合技术的基本原理，并分析、对比现有低温键合技术的优劣势，才能研发出适用于高密度集成电路、大功率电力电子或光电子芯片封装的新型封装技术。

为了真正理解低温键合技术的原理，需要追溯量子力学的基本理论。从理论上讲，一个理想的原子模型，只有当成对的原子能够分享它们的外层电子时，才能具有较大的结合强度。在理想情况下，当两个成键的原子间的距离接近原子级范围时，如果成键对的外层电子云倾向于杂化其电子轨道，就会自发地形成一个强键合。然而现实中，要实现原子平整的键合面是非常困难的，待键合的表面总是不平整，且存在氧化物及污染物。通过应用热能和键合压力，可以有效地提高键合材料的流动性，以克服非理想的表面条件，从而在键合过程中实现原子级的"亲密接触"。通常情况下，可以通过在键合过程中产生流动的熔融，或者通过在固态键合中的热塑性变形过程来实现。因此，为了发展低温键合工艺，不仅要借助热能和键合压力，还必须引入其他新型机制来实现待键合表面的原子级接触。已知的低温键合方法可分为有机胶键合、低温焊料互连、表面活化键合（surface activated bonding，SAB）、纳米颗粒烧结法和瞬态液相（transient liquid phase，TLP）互连。有机黏结剂是由金属颗粒（如银片）悬浮在聚合物基载体（如环氧树脂、硅酮、聚酰亚胺）中制成的，由于其具有经济优势和灵活性，因此已普遍用于微电子及光电子产业。但由于其键合界面可靠性较低，因此在本书中不进行重点介绍。在下面的内容中，将重点讨论上面列出的其他现有类型的低温键合方法及其在封装应用中的技术优劣势。

5.1.1 低温焊料互连

在集成电路芯片制造业中，低温焊接是最常用的电子封装的低温连接方法。锡铅共晶焊料（Sn63-Pb37）的熔点为183 ℃，由于其具有良好的性能和长期可靠性，长期以来一直作为低温焊料广泛应用于电子工业。然而，由于铅元素有毒，会对人体健康产生严重的慢性危害，2003年，欧盟发布了《关于限制在电子电气设备中使用某些有害成分的指令》，全面禁止在消费电子产品中使用含铅元素的焊料。目前，使用无铅焊料已经成为全球电子制造业的共识。在锡基无铅焊料中,有两种具有实际应用价值的低温焊料,即锡铋共晶(Sn42-Bi58)焊料和锡铟共晶(Sn48-In52)焊料,其熔点分别为 139 ℃和 118 ℃。然而,锡铋共晶焊料和锡铟共晶焊料都面临严重的蠕变和热疲劳机制引起的长期可靠性问题。此外,铟基焊料也广泛用于固态激光器和半导体激光器的光电子封装。在铟基焊料中,纯铟的熔点为 157 ℃,铟银共晶(In97-Ag3)焊料的熔点为 144 ℃。然而,铟基焊料在使用过程中遭遇了更严重的氧化问题,而且还存在热疲劳和热迁移机制带来的长期可靠性问题。对于大功率器件应用,低温焊料互连确实满足了降低其在芯片连接方面的加工温度的需要。在高功率激光器的应用中,锡基低温焊料通常用于安装光学器件和反射镜,但由于担心锡须的增长,它们很少用于外延生长的薄膜器件的芯片封装。主流的低温焊料有共同的长期可靠性问题,主要由蠕变断裂、热疲劳和热迁移机制引起。对于所有这些机制,其根本原因是低温焊料的同源温度(T_h)在其器件工作温度(甚至在室温)下会变得非常高。因此,在热膨胀系数(coefficient of thermal expansion,CTE)失配引起的热机械应力的驱动力下,热迁移或蠕变机制很容易被激活。此外,低温焊料的正常工作温度比其加工温度低。因此,如果考虑将外延薄膜器件集成到系统级封装结构中,则后续的加工温度必须低于低温焊料的熔点。这种限制不利于系统级封装工艺集成的整体兼容性。在经济方面,低温焊料的原材料成本通常很低,从而使低温焊料互连方法在大规模生产中具有巨大的经济优势。

5.1.2　表面活化键合

与低温焊料互连方法相比,表面活化键合方法是一类比较新的低温焊接方法。表面活化键合方法可以实现室温焊接,并具有较好的焊接强度。通常情况下,表面活化键合技术使用氩气等离子体轰击待键合材料的表面,以去除其表面污染物,如物理吸附的气体分子、有机分子团、自然氧化层及残留颗粒等。同时,氩气等离子体将激活材料表面的原子,形成一层具有高能态不完全化学键的非晶材料区域(通常在 3 nm 左右)。通过在超高真空(ultra-high vacuum,UHV,约 10^{-6} Pa)环境下施加一定的键合压力(约 5 MPa),便可以实现键合表面的原子级"亲密接触",随后高能态非晶区的原子会自发地进行重新排列,从而在键合界面形成具有合理、良好强度的互连结构。由于该技术的结合原理不需要热能的辅助,因此表面活化键合技术具有实现室温结合的能力。

目前,利用表面活化键合技术已经成功地完成了硅-硅(Si-Si)、金属-金属(Cu-Cu)和碳化硅-碳化硅(SiC-SiC)等各种同质材料的晶圆级低温键合。通过引入额外的非晶硅(a-Si)作为中间结合层,改良的表面激活键合技术可用于具有离子键的晶体材料的低温键合,如玻璃或石英(SiO_2-SiO_2)。表面活化键合技术也可用于晶圆级异质半导体材料的低温键合,如 Si-SiC、GaAs-SiC、GaN-SiC 等。通过表面活化键合技术实现的键合界面强度通常可达到 20 MPa。

表面活化键合技术对待键合材料的接合表面有非常高的质量要求,表面粗糙度的均方根(root mean square,RMS)值必须小于 0.5 nm,以确保原子级的"亲密接触"条件。因此,表面活化键合技术自然适用于具有高表面质量的单晶半导体的晶圆级(wafer-to-wafer)集成应用。相反,在实现金属互连时,如铜与铜之间,必须用化学机械抛光工艺高精度地制备接合表面,以实现表面活化键合方法所要求的原子级平整度。表面活化键合方法所需的超高真空环境将进一步增加工业化大规模生产中的制造设备成本和时间预算。因此,表面活化键合本质上是一个非常昂贵的过程，只有在使用晶圆级键合的情况下才可以负担得起。由于表面活化键合的互连是由厚度为 3 nm 的非晶层制成的，因此它在整个接合处具有很高的界面热传导率，这对高功率半导体芯片的热管理非常有利，然而，必须进一步研究非晶层是否能在芯片高功率运行的长期功率循环中维持良好的热疲劳特性。此外，积累在键合界面的残余氩离子可能对半导体器件的长期可靠性有一些未知的影响，这可能是未来推进表面活化键合技术在大功率器件中应用的一个值得探究的技术课题。

5.1.3 纳米颗粒烧结法

金属纳米颗粒可作为低温键合技术的互连介质，该用途已经被电子封装领域广泛研究。不同种类的金属，如金、银、铜、镍和锡基焊料，可以用适当的有机分子涂层和分散溶剂制备成纳米颗粒。其中，银具有最高的导电性和导热性，并拥有良好的力学性能和化学稳定性，制造成本合理。因此，银基纳米颗粒（AgNP）的低温键合技术受到了电子封装领域学术界和工业界的格外关注，目前已经实现了工业级的量产，该技术特别应用于 SiC 基电力电子的芯片连接。下面将介绍 AgNP 烧结法，并讨论其在大功率封装器件应用中的适用性。

当金属颗粒的尺寸达到纳米级（小于 100 nm）时，材料的表面积与体积之比非常大，导致颗粒本身处于高能量和不稳定的状态。根据热力学第二定律，为了稳定系统，减少内部能量的驱动力将引起金属纳米颗粒之间的自发聚结。通过使用有机分子涂层来封装金属纳米颗粒，纳米尺寸的颗粒可以保持在有机分散溶剂内。在纳米颗粒烧结过程中，只需要少量的热能来分解和蒸发有机分子涂层和分散溶剂，然后纳米级的金属颗粒就会通过聚集效应自发地相互连接起来。此外，由于纳米颗粒的表面扩散机制增强，分子动力学模拟研究表明，纳米颗粒表面原子的熔点将明显降低。因此，纳米颗粒的互连过程也可以从充分的表面扩散机制中得到帮助，从而在远低于其相应的块体金属材料熔点的温度下完成结合过程。烧结后的接合点保留了其块体材料的熔点，即纯银的 962 ℃。因此，AgNP 烧结法作为一种模具连接技术具有明显的技术优势，公认是高温应用的一种低温工艺。在相对较低的温度下（小于 200 ℃），AgNP 键合接头的剪切应力强度在 15～30 MPa 之间，同时由于纯银具有良好的延展性，AgNP 键合接头拥有抵抗一定程度热疲劳的能力。

另一方面，AgNP 在烧结过程中必须分解和蒸发包裹纳米颗粒的有机分子团及有机分散溶剂，因此，AgNP 相互连接的结构将始终保留在有机气体分子逸出过程中形成的排气通道，从而形成 AgNP 结合处的多孔微结构。这种多孔微结构是纳米颗粒烧结法的固有性质，在该领域的大量研究已经致力于减轻这种多孔性质的负面影响。在纳米颗粒烧结过程中，一定程度的外加压力将有助于减少接合点的多孔性。通常情况下，在一定范围内提高工艺温度和黏合压力会导致所产生的黏合接头的界面强度按比例增加。降低孔隙率水平，改变金属纳米颗粒的大小和形状也可以对 AgNP 键合接头的界面质量产生一定程度的影响。

由于具有这种多孔结构特性，因此 AgNP 键合接头不是密封的，这将进一步导致器件在大气环境中高功率运行时的氧化问题。当功率器件在高温下工作时，多孔的 AgNP 键合接头不能防止连接的铜基板被氧化，这反过来又导致器件性能的持续下降。在严重的情况下，它甚至会导致互连界面的剥落，从而导致电子器件的最终失效。随着技术不断地优化和改进，如果能够妥善解决 AgNP 键合接头的多孔性问题，则 AgNP 烧结法在大功率芯片连接领域中仍然是一个不错的选择。

5.1.4 TLP 互连

TLP 互连，又称固液互扩散（solid liquid inter diffusion，SLID）互连，通常需要设计一个"高熔点-低熔点"的冶金组合，从而通过固相与临时产生的液相之间的互渗来完成低温结合过程。在低加工温度下，低熔点的金属将变成熔融相，并在黏合过程的开始阶段润湿高熔点金属的表面。在随后的固液互渗过程中，固态的高熔点金属将不断与液态的低熔点金属发生反应。在这个阶段，接合界面上的高熔点和低熔点金属元素的比例将不断变化，最终导致相应相变的发生。在等温条件下，液相的凝固过程将完全结束，从而形成一个稳定的冶金键合界面。在最后阶段，在接合界面形成的新相可以通过充分的扩散过程充分地均匀化和稳定化，其熔点将远远高于原来的低熔点金属。因此，TLP 互连技术被认为拥有"低温工艺-高温应用"的技术优势。

通常，高熔点元素可以从金、银、铜和镍中选择，而低熔点元素可以从锡、铟和铋中选择，共同用于设计 TLP 互连。在文献中，各种"高熔点-低熔点"的金属材料的二元体系在 TLP 互连的效用中得到了广泛的研究，如金-锡（Au-Sn）、金-铟（Au-In）、银-铟（Ag-In）、银-锡（Ag-Sn）、铜-锡（Cu-Sn）、镍-铋（Ni-Sn）等。在各种 TLP 互连技术中，Au-Sn 二元体系因具有良好的力学性能、化学稳定性和长期可靠性而被广泛认可，并已应用于电子封装行业。特别是在大功率半导体封装领域，学术界和工业界已经用 Au-Sn TLP 互连方法取代了使用铟基焊料的低温焊料互连方法，以获得更好的性能和制造高端产品。与 Au-Sn 共晶法类似，采用 TLP 方案的 Au-Sn 键合可以实现较低的工艺温度，不一定需要达到 Au-Sn 系统的共晶点（280 ℃），但可以在键合界面上呈现相同成分的高强度键合接头（强度大于 100 MPa）。Au-In TLP 互连是另一种有前途的用于高功率芯片的连接方法。事实上，保持输出功率世界纪录的 VECSEL 高功率激光器就是用 Au-In TLP 互连方法制造的。然而，Au-In 二元体系会产生一个富铟相（$AuIn_2$）作为键合接头的主要成分，这可能会引起铟氧化、热迁移及长期可靠性问题。在成本方面，金基 TLP 互连方法的原材料成本太高，导致利润率高的高端电子和光电子产品无法负担。在扩大应用范围时，出于经济考虑，高额的制造成本也会带来限制。因此，寻找与金基 TLP 互连方法具有同样甚至更好性能的替代性 TLP 互连方法是很有吸引力的。Ag-Sn、Cu-Sn 和 Ni-Sn TLP 结合系统的成本较低，但它们的接合点都是由极脆的 IMC 组成，如 Ag_3Sn、Cu_3Sn、Cu_6Sn_5 和 Ni_3Sn_4。当大功率半导体器件遇到机械冲击或热机械冲击时，IMC 的脆性会导致机械故障。此外，前面提到的那些基于锡的 TLP 互连方法具有相对较高的键合温度（大于 250 ℃），因此只能勉强算作低温键合技术。

Ag-In TLP 互连技术通常在较低的工艺温度（180 ℃）下进行，可形成一个类似三明治的 Ag-In/IMC/Ag-In 键合结构，其中 Ag-In 代表银-铟固溶体。已经证明，Ag-In 键合接头具有良好的温度稳定性、相对较高的剪切强度和极大的抗热疲劳性。已经发现，银-铟固溶体是一种高延展性的相（拉伸延伸率＞110%），具有优异的极限拉伸强度（UTS＞450 MPa），其拉伸延伸率和 UTS 值都比纯银高 3 倍以上。后来，Ag-In 的这种塑性-韧性增强性能的基本机制被揭示为纳米孪晶微结构诱导的塑性强化机制。因此，Ag-In TLP 互连技术被认为是大功率半导体封装应用的极佳的低温芯片互连方法，并可以通过键合接头的适量塑性变形吸收并缓和一部分由热膨胀系数热失配引起的热机械应力。

银基合金是理想的材料，可作为模具连接应用中的接合点。它们通常具有良好的导电性和导热性，表面不容易被氧化，而且原材料成本比金低得多（约为金的 1/80）。因此，银基低温键合方法在大功率电子封装应用中具有非常好的前景。如 5.1.3 节所述，AgNP 烧结法是银基低温结合技术类别中的一种典型方法。然而，在银基低温键合技术的发展过程中，必须认真考虑银基材料可靠性的两个主要问题。第一，银基材料通常容易出现硫化问题（变色问题)，这主要是由于银容易和一些聚合物材料中的含硫元素基团或大气环境中的含硫元素气体分子发生硫化反应生成硫化银（Ag_2S），这大幅降低了银基黏结接头的力学性能、电气性能和热性能。第二，银基材料容易受到电化学迁移现象的影响，在高电场的驱动下，会形成 Ag 离子通道，最终导致严重的电学短路故障。

因此，在解决银基接合点的这两个主要的可靠性问题上，研究人员做了许多工作来寻找技术解决方案。首先，已经发现 Ag–In 合金具有很大的抗硫化性能，这主要是由于合金效应使 4 d 价带电子结构发生了改变。基于密度泛函理论（density functional theory，DFT）和软硬酸碱（hard and soft acid and base，HSAB）规则，用量子力学方法系统地研究了 Ag–In 合金的抗硫化机制，这不仅解释了 Ag–In 固溶体的硫化反应速率降低，还成功预测了 Ag_9In_4 IMC 的完全抗硫化行为。另外，最近的一项研究表明，Ag–In 合金也具有良好的抗电化学迁移能力，其中 Ag_9In_4 IMC 再次表现出对电化学迁移问题的完全抵抗能力。因此，随着 Ag–In 合金的应用，它可以最终解决银基材料的两个主要可靠性问题，从而具备所需条件，推动银基低温键合技术在工业层面的发展，最终应用于大功率半导体器件和其他相关电子封装过程中。在 5.2 节中，将介绍两种低温异质集成技术的创新案例，用于大功率器件封装及芯片互连工艺。

5.2 低温异质集成技术：创新案例

5.2.1 超薄银铟 TLP 技术

在大功率器件封装过程中，为了优化热管理设计，键合厚度必须足够薄，因为减少键合厚度意味着减少整体界面热阻。此外，在 TLP 互连技术的发展中，如果键合接头的整体厚度超过 100 μm，那么固液互扩散的均匀化过程将需要一个多小时，这对于工业量产来说非常不利。因此，获得超薄（小于 5 μm）键合层的 TLP 互连技术对大功率器件封装应用将非常有吸引力。然而，要缩小 Ag–In 键合层的关键尺寸并不是一件容易的事。由于 Ag–In 体系中的互扩散系数很大，Ag–In 键合层的 TLP 互连完成前会发生明显的固–固互渗和相关的相变，这在室温下甚至不可忽略。在缩小 Ag–In 键合层厚度的过程中，将引发称为液相供应不足的主要问题，这将进一步导致键合处产生界面空隙，甚至产生未键合的结果。前期研究表明，使用基于电镀工艺的 Ag–In 键合接头的最小临界尺寸约为 30 μm。

最近，研究小组通过多层薄膜结构设计和物理气相沉积（physical vapor deposition，PVD）工艺，成功地在缩小 Ag–In 键合接头的关键尺寸方面取得了重要的技术突破。这种改进的 Ag–In 键合层的 TLP 互连工艺在此命名为超薄银铟 TLP 技术，其中键合接头的厚度仅为 3 μm。利用超薄银铟 TLP 技术，人们成功地实现了 GaAs 外延生长薄膜与化学气相沉积（chemical vapor deposition，CVD）金刚石散热器的无损异质集成，可用于功能性大功率垂直腔表面发射激光器（vertical-cavity surface-emitting laser）的封装。经过工艺改进后，超薄 Ag–In

键合接头几乎没有任何孔洞。激光输出性能初步测试表明,与具有同等厚度的 Au-Sn 键合接头相比,超薄 Ag-In 键合接头具有更好的散热性能。

更重要的是,在超薄 Ag-In 键合接头处,使用配备双球面像差校正器的原子分辨率高角度环状暗场扫描透射电子显微镜(HAADF-STEM),首次发现了 Ag-In 调幅分解(spinodal decomposition)现象,当吉布斯自由能对成分的二阶导数为负数时,就会发生调幅分解现象。在无限小的成分波动下,一个可转移的相将在高温下连续转化为两个稳定的相,且不受任何热力学因素的阻碍,从而形成一种独特的调幅分解纳米结构。在调幅分解机制下,超薄 Ag-In 键合界面处的整个区域已经被调制成 Ag-In 有序固溶体和 Ag_9In_4 IMC 的纳米级复合结构。这种接合点的界面结构与以前已知的 Ag-In 键合夹层结构完全不同。此外,通过仔细的热力学计算可以证明,发生调幅分解的必要条件为 $\partial^2 G / \partial c^2 < 0$,该结构满足此必要条件。目前已知理论预测,由调幅分解机制形成的纳米结构拥有显著的力学及热学性能优势,人们已知 Ag-In 有序固溶体是一种高延展性的相。因此,人们期望 Ag-In 调幅分解纳米复合材料可以克服 TLP 接合点的中间 IMC 层的脆性缺点。尽管源于 TLP 互连技术,但如果 Ag-In 调幅分解机制能够得到有效控制和利用,这项技术可能会开启一个全新的低温键合技术类别,即调幅分解键合。在不久的将来,将展开一系列的 Ag-In 调幅分解纳米结构的研究工作,以便系统地评估该纳米结构对这种银基低温结合接头的各种物理性能和长期可靠性的综合影响。

5.2.2 纳米氧化银原位自还原键合技术

另一种最近研发的低温键合技术也可以成为供大功率器件使用的一个很好的新型封装技术,本书将其命名为纳米氧化银原位自还原键合技术。纳米氧化银原位自还原键合技术最初是为三维集成电路封装应用中的铜柱互连而开发的,同样可应用于高功率封装中。在现代集成电路封装中,它需要在低键合温度和低键合压力下进行铜对铜的固态键合。然而,由于键合表面无处不在的不平整度,在低温下获得的固态键合接头仍会明显保留其原始的互连界面,其中存在大量的空隙和缺陷。由于没有熔融相的参与,因此很难填满原始互连界面的空隙和缝隙,导致在整个接合点区域只有一小部分真正被接合。因此,在低黏合温度和低黏合压力下生产的固态黏合接头,其界面强度值通常很低。

最近,为了发展低温键合技术,研究小组最初提出了这种纳米氧化银原位自还原键合技术,该技术利用了纳米级表面状态氧化银的原位自还原机制。在该技术中,利用 Ar/O_2 等离子体处理来改变纯银的表面,从而在原纯银的表面获得了纳米级(约 50 nm)均匀的、岛状的表面状态的氧化银。氧化银在热力学上是不稳定的,会在 186 ℃ 左右进行自分解,在之前发表的纳米氧化银原位自还原键合的工作中,人们已经在 210 ℃ 和 1.38 MPa 的条件下实现了 Ag-Ag 固态直接键合,有效工艺时间为 10 min。

根据透射菊池衍射(transmission Kikuchi diffraction,TKD)结果,在纳米氧化银原位自还原键合界面处,原来的固态结合界面已经完全消失了。晶粒取向是随机分布的,一些亚微米级的晶粒穿过了原来的固态结合界面,这表明,该互连界面接头已经充分扩散并完成了原始结合界面的固态再结晶过程,从而形成了具有理想界面质量的高可靠性固态结合界面。通过 STEM-EDX 方法进行探测,在纳米氧化银原位自还原键合界面内没有发现明显的氧原子。在高分辨率透射电子显微镜(HRTEM)下观察,发现了位于纳米氧化银原位自还原键合界面的大量纳米孪晶微结构，这可能会改善这种固态结合的力学性能、电气性能和热性能。因此，具有这种界面微结构的纯银的结合强度将超过 100 MPa。此外，纳米氧化银原位自还原键合界面不存在界面空隙。由于纯银具有高度的延展性，并且具有最好的导热和导电性能，因此，在硫化问题和电化学迁移问题不是主要考虑因素的应用场合，纳米氧化银原位自还原键合技术将会是一个最佳技术选择。在不久的将来，表面状态的氧化银岛的生长动力学可以在纳米级岛的尺寸、形态和化学状态方面得到精确控制。人们还将仔细研究氧化银原位自还原的内在机制及其对键合接头微观结构形成的影响。

第 6 章
扫描电子显微镜

6.1 光学显微镜的局限性

光学显微镜与电子显微镜的基本光学原理是相似的，它们之间的区别仅在于所使用的照明源和聚焦成像的方法不同，前者是可见光照明，用玻璃透镜聚焦成像，后者用电子束照明，用一定形状的静电场或磁场聚焦成像。

以前，人们一直用光学显微镜来揭示材料的微观结构，但光学显微镜的分辨率是有限的。光学显微镜的最小分辨率公式为

$$d = 0.61 \times \frac{\lambda}{n\sin\alpha} \approx \frac{1}{2}\lambda \tag{6-1}$$

式中，λ 为入射光的波长；n 为透镜周围介质的折射率；α 为物镜的半孔径角。

目前光学显微镜所用的可见光的波长在 390~770 nm 之间，物镜的 NA 值均小于 1，油镜的 NA 值最大只能达到 1.5~1.6，因此光学显微镜的最大分辨率约为 200 nm，增大 NA 值又是有限的，解决的办法是减小波长 λ，因此唯有寻找到比可见光波长更短的光才能解决这个问题。但所用镜片对紫外线有强烈的吸收，X 射线又没有办法使其聚焦，因此，使用更短波长的光来提高光学显微镜的分辨率几乎是办不到的。

根据德布罗意物质波的假设，电子具有微粒性也具有波动性，电子波的波长为

$$\lambda = h/mv \tag{6-2}$$

式中，h 为普朗克常量，$h = 6.63 \times 10^{-34}$ J·s；m 为电子质量，$m = 9.11 \times 10^{-28}$ g；v 为电子速度。

显然，v 越大，λ 越小，电子速度与其加速电压有关，即

$$\frac{1}{2}mv^2 = eE \tag{6-3}$$

得到

$$v = \sqrt{2eE/m} \tag{6-4}$$

式中，e 为电荷量，$e = 1.6 \times 10^{-19}$ C；E 为电场强度，对于加速电压为 10×10^3~50×10^3 eV 的电子束，其波长范围为 0.1~0.05 Å，比光学显微镜所用光波的波长短几个数量级。如此短的波长，曝光过程中的衍射效应可以忽略不计。电子束曝光的分辨率主要取决于电子球差、色差、像散、电子束的束斑尺寸和电子束在抗蚀剂及衬底的散射效应。

6.2 电子在磁场中的运动和磁透镜

电子是带负电的粒子,电子波在静电场或磁场中运动,与光波在不同折射率的介质中的传播具有相似的光学性质。能使电子波聚焦的具有旋转对称非均匀的磁极装置称为磁透镜,图 6-1 所示为电磁透镜的工作原理。磁透镜具有以下几个特点:能使电子偏转会聚成像,不能加速电子;总是会聚透镜;焦距、放大倍数连续可调。

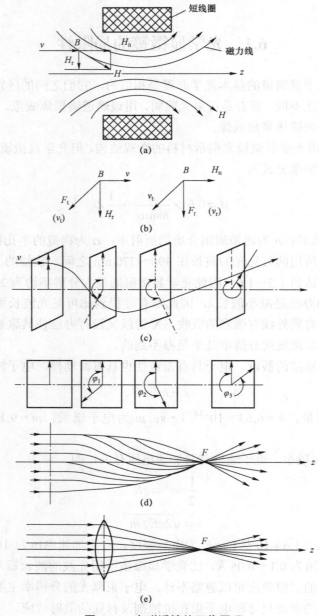

图 6-1 电磁透镜的工作原理

6.3 电磁透镜的缺陷

实际上电子光学系统中的电磁透镜并不理想，电磁透镜也存在缺陷，导致其实际分辨距离远小于理论分辨距离。对电磁透镜分辨率起作用的参数包括球差、色差和像散，如图 6-2 所示。下面介绍这几种缺陷产生的原因。

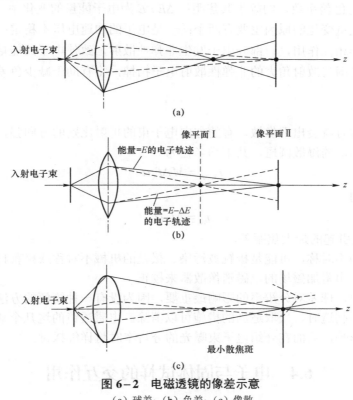

图 6-2 电磁透镜的像差示意
（a）球差；（b）色差；（c）像散

6.3.1 球差

球差是由电磁透镜的中心区域和边沿区域对电子的会聚能力不同造成的。远轴的电子通过电磁透镜时折射得比近轴电子要厉害得多，以致两者不在一点相交，结果在像平面形成一个漫散圆斑，其半径为

$$r_{s,M} = MC_s\alpha^3 \tag{6-5}$$

还原到物平面，则

$$r_s = \frac{r_{s,M}}{M} = C_s\alpha^3 \tag{6-6}$$

式中，M 为电磁透镜的放大倍率；C_s 为球差系数，最佳值是 0.3 mm；α 为电磁透镜孔径角的半角。可见，电磁透镜分辨率随孔径角的半角增大而迅速变低。

6.3.2 色差

色差是由于电子的能量不同，波长不一造成的。电磁透镜的焦距随着电子的能量改变，因此，不同能量的电子束将沿不同的轨迹运动。产生的漫散圆斑还原到物平面，其半径为

$$r_c = C_c \alpha \frac{\Delta E}{E} \tag{6-7}$$

式中，C_c 为透镜的色差系数，约等于其焦距；$\Delta E / E$ 为电子能量的变化率。

引起电子束能量变化的原因主要有两个：一是电子的加速电压不稳定；二是电子束照射到试样时，与试样相互作用，一部分电子发生非弹性散射，致使电子的能量发生变化。使用薄试样和小孔径光阑将散射角大的非弹性散射电子挡掉，将有助于减少色差。

6.3.3 像散

当磁场不对称时就会出现像散，有的方向电子束的折射比别的方向强，这样，圆形物点的像就变成了椭圆形的漫散圆斑，其平均半径为

$$r_{A,M} = M \Delta f_A \alpha \tag{6-8}$$

还原到物平面，则

$$r_A = \Delta f_A \alpha \tag{6-9}$$

式中，Δf_A 为像散引起的最大焦距差。

电磁透镜磁场不对称，可能是极靴被污染、极靴的机械不对称或极靴材料各项磁导率差异引起的。像散可由附加磁场的电磁消像散器来校正。

在电磁透镜中，球差对分辨率的影响最重要，因为没有一种简便的方法能将其矫正。而其他像差在设计和制造时，采取适当的措施可以消除。电磁透镜的这几个缺陷对电子束曝光的分辨率有很大影响，后面在介绍电子束曝光的分辨率时将详细探讨。

6.4 电子与固体试样的交互作用

一束细聚焦的电子束轰击试样表面时，入射电子与试样的原子核和核外电子将产生弹性或非弹性散射作用，并激发出反映试样形貌、结构和组成的各种信息，包括二次电子、背散射电子、阴极发光、特征 X 射线、俄歇（Auger）过程和俄歇电子、吸收电子等，如图 6-3 所示。入射电子与试样作用产生信息的作用深度如图 6-4 所示。

其中比较常用的三种信号为二次电子、背散射电子和特征 X 射线。

第一种信号为二次电子。入射电子与样品相互作用后，样品原子较外层电子（价带或导带电子）电离产生的电子，称为二次电子。二次电子能量比较低，习惯上把能量小于 50 eV 的电子统称二次电子。二次电子能量低，仅在样品表面 5~10 nm 的深度范围内才能逸出表面，这是二次电子分辨率高的重要原因之一。

二次电子像是表面形貌衬度，它是利用对样品表面形貌变化敏感的物理信号作为调节信号得到的一种像衬度。因为二次电子信号主要来自距离样品表层 5~10 nm 的深度范围，所以它的强度与原子序数没有明确的关系，但对微区表面相对于入射电子束的方向却十分敏感。二次电子像分辨率比较高，所以适用于显示形貌衬度。

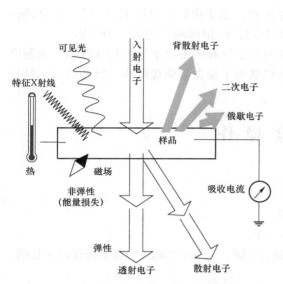
图 6-3 入射电子与试样作用产生的各种信息

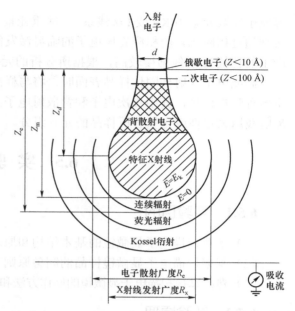
图 6-4 入射电子与试样作用产生信息的作用深度

凹凸不平的样品表面产生的二次电子,用二次电子探测器很容易全部收集,因此二次电子图像无阴影效应。二次电子易受样品电场和磁场影响。二次电子的产额 $\delta \propto K/\cos\theta$,$K$ 为常数,θ 为入射电子与样品表面法线之间的夹角,θ 越大,二次电子的产额越高,这表明二次电子对样品表面状态非常敏感。

第二种信号为背散射电子。背散射电子是指入射电子与样品相互作用(弹性和非弹性散射)之后,再次逸出样品表面的高能电子,其能量接近入射电子能量。背散射电子的产额随样品原子序数的增大而增加,所以背散射电子信号的强度与样品的化学组成有关,即与组成样品的各元素平均原子序数有关。背散射电子的信号强度 I 与原子序数 Z 的关系为

$$I \propto Z^{2/3 \sim 3/4} \tag{6-10}$$

背散射电子像的形成,是由于样品表面上平均原子序数 Z 较大的区域产生较强的背散射电子信号,形成较亮的区域,而平均原子序数较小的区域则产生较少的背散射电子,在荧光屏上或照片上就是较暗的区域,从而形成原子序数衬度。

第三种信号为特征 X 射线。高能电子入射到试样时,试样中元素的原子内壳层(如 K、L 层)电子将被激发到较高能量的外壳层(如 L、M 层),或直接将内壳层电子激发到原子外,使该原子系统的能量升高到激发态。这种高能量态是不稳定的,原子较外层电子将迅速跃迁到有空位的内壳层,以填补空位降低原子系统的总能量,并以特征 X 射线或俄歇电子的方式释放出多余的能量。由于入射电子的能量及分析的元素不同,因此会产生不同线系的特征 X 射线,如 K 线系、L 线系、M 线系。如果原子的 K 层电子被激发,那么 L 层电子向 K 层跃迁所产生的特征特征 X 射线称为 Kα,M 层电子向 K 层跃迁所产生的特征 X 射线称为 Kβ。

电子探针和扫描电子显微镜用波长色散 X 射线谱法(WDS)或能量色散 X 射线谱法(EDS)进行定性和定量分析时,就是利用电子束轰击试样所产生的特征 X 射线。每一个元素都有一个特征 X 射线波长与之对应,分析不同元素时用不同线系,轻元素用 Kα 线系,中

等原子序数元素用 Kβ 或 Lα 线系，一些重元素常用 Mα 线系。入射到试样表面的电子束能量，必须超过相应元素的相应壳层电子的临界激发能量 V_e，电子束加速电压 V_0 为（2~3）V_e 时，产生的特征 X 射线强度较高，根据所分析的元素不同，V_0 范围通常为 10~30 kV。

高能电子入射到固体样品表面时，将与样品内原子核和核外电子发生相互作用，激发产生多种物理信号，其中二次电子和背散射电子是扫描电子显微镜成像所用的物理信号，特征 X 射线用来定性或定量分析样品的元素组分。

6.5 实验操作

6.5.1 实验目的

（1）了解扫描电子显微镜的基本结构和原理。
（2）掌握扫描电子显微镜样品的制备原则和方法。
（3）熟练掌握扫描电子显微镜的操作方法和调节步骤，为电子束曝光设备的操作打下基础。

6.5.2 实验原理

扫描电子显微镜的基本结构可分为电子光学系统、扫描系统、信号检测放大系统、图像显示和记录系统、真空系统、电源及控制系统六大部分。

扫描电子显微镜主要是利用二次电子信号成像来观察样品的表面形态。使用电子光学系统产生的极狭窄的电子束在样品表面逐点扫描，通过电子束与样品的相互作用产生各种信号，其中主要利用二次电子信号来记录成像，然后通过调节电压、光阑孔径及电子束来进行聚焦和消像散，最终达到最佳的分辨能力。

6.5.3 实验基本要求

扫描电子显微镜是一台精密的仪器设备，要求学生必须按照要求操作，穿戴洁净服，遵守微纳技术中心超净间的工作要求。

6.5.4 实验仪器和材料

仪器：ZEISS SUPRA™ 55 扫描电子显微镜。
材料：扫描电子显微镜配套标准样品、金属样品和二维材料样品。

6.5.5 实验学时与实验内容

（1）扫描电子显微镜仪器界面介绍及进样抽真空操作，需要 1 学时。
（2）扫描电子显微镜聚焦和消像散调节，需要 1 学时。
（3）扫描电子显微镜光阑孔径和电压调节，需要 2 学时。

6.5.6 实验步骤

（1）装试样。
在备用样品座上装好样品，并记录样品形状、编号和位置。

注意：各样品观察点高度需基本一致，并需确认样品不会脱落，并用氮气枪试吹一下。

（2）放气。

单击 vent 按钮，等待 1~2 min。注意：需确认已设置了 Z move on vent，此状态下放气时样品台会自动下降。

（3）拉开舱门。

注意：拉开舱门前，确认样品台已经下降，周围探测器处于安全位置。

（4）更换样品座。

注意：抓取样品座时需戴手套，避免碰触样品。

（5）关上舱门。

注意：舱门上 O 形圈有可能会脱落，关门时勿夹到异物。

（6）抽真空。

单击 pump 按钮，等待真空就绪（留意 vacuum 界面显示的真空状态）。等待过程中，可先移动样品台，初步定位样品。

（7）定位样品。

激活监视器，移动样品台，将样品台升至离工作距离 5~10 mm 处，平移对准样品。可启用 stage navigation 进行精确定位。

（8）设定高压。

根据检测要求和样品特性，设定加速电压。

（9）观察样品，定位观察区。

全屏快速扫描（单击工具栏上快捷按钮）；选择 inlens 或 SE2 探头；缩小放大倍数至最小；聚焦并调整亮度和对比度（Tab 键可设置粗调 coarse 或细调 fine）；读取 WD 数值，必要时升降样品台，WD 常用 5~10 mm；X、Y 方向移动样品台，或使用 centre point（Ctrl+Tab 组合键）定位；聚焦、放大至约 5 000 倍，再聚焦、定位。

（10）必要时，调整光阑对中。

选区快速扫描，在 aperture 面板上选择 wobble 命令，调整 aperture X 值和 Y 值，消除图像水平晃动。完成校正后取消 wobble 命令。

（11）消像散。

选区扫描，依次调整 stigmation X 值和 Y 值使图像聚焦，直到图像最清晰。

（12）成像。

进一步放大至约 50 000 倍，并进一步聚焦和消像散；全屏扫描，调整亮度和对比度；定位位置可以在按住 Shift 键并双击或按 Ctrl+Tab 组合键后单击；单击 mag 按钮，设置所需放大倍数；在 scanning 面板选择消噪模式（一般用 line avg 模式）；选择扫描速度和 N 值（使 cycle time 在 40 s 左右为宜）；确认 freeze on=end frame；单击 freeze 按钮；等待扫描完成。

（13）存储。

选择"文件"→"保存图片"命令，或右击，在弹出的快捷菜单中选择 send to 命令，系统弹出 tiff file 对话框；设置文件夹，命名文件，设置文件名后缀，单击 save 按钮。同一样品图片再次存储时，直接单击工具栏上的快捷按钮。存储结束后，单击 unfreeze 按钮，单击快速扫描按钮。

（14）关闭高压，卸真空，取出样品。

在 SEM control 面板中选择 EHT off 命令，确认 EHT 已经关闭，在 vacuum 界面单击 vent 按钮并确定，等待 1~2 min，待腔门可以打开后取出样品，然后关闭腔门单击 pump 按钮将腔体抽真空。

6.5.7 实验结果与数据处理

用扫描电子显微镜观察标准样品、金属样品和二维材料样品，通过调节电压、光阑孔径、工作距离、亮度、对比度等步骤得到清晰的表面形貌，并对不同样品拍摄不同放大倍数的表面形貌照片。对标准样品和二维材料样品的扫描电子显微镜照片中的特征尺寸进行长度标记并保存，并对数据进行初步的分析。

6.5.8 实验注意事项

（1）腔体的真空度。
（2）在样品制备过程中样品的选择和装样。
（3）样品要用导电胶进行黏合。
（4）根据观察结果，选择合适的电压、光阑孔径和信号源。

6.5.9 其他说明

电子束曝光是一种电子束直写技术，是使用电子束在样品表面制备图样的工艺，扫描电子显微镜的操作是电子束曝光设备操作的基础，只有掌握了扫描电子显微镜的基本操作才能进行电子束曝光设备的操作。

第 7 章
椭圆偏振仪

7.1 测量薄膜参数的方法

薄膜一般是指在衬底上垂直堆积的原子层或分子层，其具有一定的结构。薄膜厚度（又称膜厚）是指衬底的表面与其上所镀膜的表面之间的距离。膜厚的定义有如下三种：① 衬底表面到膜表面点的垂直距离的平均值，这种膜厚受到薄膜结构影响，是比较直观的形状膜厚；② 把衬底上组成薄膜的原子或分子重新按其块状结构均匀排列在衬底上的厚度，这种膜厚消除了薄膜结构的影响，是体现薄膜质量的质量膜厚；③ 根据薄膜的物理特性，把薄膜等效成和衬底面积相同的块状材料的厚度，这种膜厚与薄膜结构无关，是主要取决于其物理特性的物性膜厚。一般情况是，形状膜厚≥质量膜厚≥物性膜厚。

了解膜厚和一些参数对其产品的设计十分重要，为了知道膜厚，人们发展了各种各样的膜厚测试技术。目前测定膜厚的方法有很多，如机械法、光学法、电学法、质量测定法、原子数测定法等，以下对部分方法进行简单介绍。

(1) 微量天平法[1]。微量天平法所使用天平的灵敏度要足够，并且可能需要满足一些特殊的要求。微量天平法原理较简单，膜厚表现为镀膜的总质量除以膜的面积和密度的积，密度一般选择膜块体的密度。微量天平法测量的是薄膜的质量膜厚，该方法难以实现自动化。

(2) 石英晶体振荡法[2]。石英振荡器具有固定的振荡频率，在石英晶体上镀膜可以改变它的振荡频率，镀膜的膜厚可以根据频率的变化体现出来。此方法使用简单，精确度较高，能跟踪薄膜的生长，但是只能测量石英晶体振荡片上的膜厚，且只能测量单层膜厚，工作温度也不能太高，否则误差较大。

(3) 精密轮廓扫描法（台阶法）。精密轮廓扫描法在衬底与其上面镀的膜之间做出沟槽，形成台阶形状，用探针扫描台阶的高度并且将探针的上下位移放大，用机械的方式来确定膜的厚度。这种方法制作出的仪器为台阶仪。为了确保精确度与耐久性，探针一般做得比较细小、尖锐且硬度较高，因此对薄膜表面有一定损伤，不适用于精密零件和软质表面的测量。

(4) 电阻法。电阻法是利用薄膜电阻与其形状有关这一原理来测量膜厚的方法。因为薄膜的阻值随膜厚的变化而改变，电阻法利用这一点实现对膜厚的测量与监控，以制作出符合要求的薄膜。但是随着膜厚的减小，薄膜电阻与其块体电阻的差异将越来越大，电阻值与膜厚的线性关系将成立，因此电阻法主要适用于金属膜厚的测量与监控。

(5) 干涉法[3]。当平行的、波长相同的光照射到薄膜样品上时，光在空气与薄膜界面、薄膜与衬底界面上来回反射，由于光的干涉效应，薄膜产生的光程差会发生干涉现象，这些现象随着膜厚的变化而改变。通过测量透射光和反射光光学参数的变化，即可计算得到膜厚。用这种方法测量的是薄膜的光学厚度，其测量的精确度和所选用光的波长有关，如果膜的折射率与块材相同，则从光学厚度可求得薄膜的几何厚度。由于金属薄膜在可见光范围内吸收性很强，无法观察出极值点，所以这种方法不太适用于金属膜厚的测量或监控。

（6）等厚干涉条纹法。如果用单色光照射在两平面有一定角度的薄膜上，由于厚度的不同，各个点入射光与反射光的光程差不同，有些地方加强，有些地方减弱，因此会形成明暗相间的平行条纹，厚度的不规则会从条纹形状体现出来。通过条纹的间距和位移则可计算出薄膜的厚度。产生干涉的膜层是由呈小角度的两块光学平板之间的空隙形成的，其中一块蒸镀有被测薄膜，并在其表面上形成台阶，且两块光学平板上都蒸镀有相同材料的金属薄膜。此方法制样较为困难，且操作不便，因此难以实现自动化。

（7）光吸收法。把已确定光强的光照射在对光有吸收作用的薄膜上，薄膜对光的吸收与厚度有关，通过测量透过薄膜光强度的变化，可以确定薄膜的厚度。此方法只适用于能形成连续的、薄的微晶薄膜材料。这种方法较为简单，常用于金属蒸发膜膜厚的测定，当淀积速率一定时，透射光的强度随时间线性变化，可以对淀积过程进行控制。这种方法也可以对一定面积上膜厚的均匀性进行检测。

（8）扫描电子显微镜法[4]。扫描电子显微镜利用电子与物质的相互作用进行测量。首先，用聚焦很细的高能电子束在样品上面进行扫描，激发出部分物理信息；然后，对这些信息进行接收、放大和处理；最后，显示成像出样品的表面形貌。这种测量方法比较直观，但是在测量膜厚时，制样较为困难。

（9）椭偏法[5]。当一束偏振光照射在样品上时，会与样品相互作用，如反射、折射、透射等，偏振光的偏振度会发生变化（方位角和长短轴比），通过计算可以得出偏振光与样品作用前后的相位差与振幅比，在测量薄膜时通过这种相位差和振幅比可以求解出膜厚与光学参数。椭偏法具有非接触性、测量精度高（可达 10 Å）、对样品无损伤、测量的膜厚范围广（几纳米到 1 mm）、可测量多层薄膜、可以实时监控膜厚变化和磨损低等特点。

以椭偏法的原理制造出了椭圆偏振仪（又称椭偏仪），其主要用于对薄膜的膜厚、光学参数以及材料的介电性能进行测量。它与样品没有接触，对样品没有破坏，也不需要真空环境进行测量，具有非苛刻性、非破坏性、高灵敏和高精度等优点，可满足现代制造工艺的复杂与超微小需求，因此其适用性强，在各个方面的应用十分广泛。

7.2 国内外椭偏法历史与现况

7.2.1 理论前提

1669 年，丹麦的 Barrolinus 教授第一次观察到了方解石晶体会折射出两束光。

1689 年，荷兰物理学家 Huygens 在其他的一些晶体上也观察到了可折射出两束光的现象。

1809 年，Malus 通过一块方解石晶体去看巴黎勒克森堡窗户上反射的太阳光，发现窗户上反射的光是偏振的。

1868 年，Brewster 受到了 Malus 的启发，从而发现了 Brewster 反射定律，与此同时，法国的天文学家 Arago 观察到太阳光也是呈现一部分的偏振态。在此之后，许多人对光波进行研究，发现自然界中存在的光都存在不同程度的偏振性。

19 世纪初，人们通过这些发现，从理论上对光的偏振性进行研究。

1817 年，Yang 提出了光是横波的猜想。

1823 年，Fresnel 推导出光的反射与折射定律。

1865 年，Maxwell 建立了光波的电磁学理论。

至此，椭偏光谱学（spectroscopic ellipsometry，SE）所需要的理论基本形成。

7.2.2 国外发展历史

1887 年，德国的物理学家 Drude 第一次提出了他的椭偏理论，建立了第一套椭偏仪测量系统，用它测量了 18 种金属，成功地得到了它们的光学常数。

1901 年，Drude 在他的 *The Theory of Optics*[6]一书中，第一次描述了椭偏装置。

1945 年，Rothen[7]第一次提出了 Ellipsometer（椭圆偏振仪）一词，并制作了一台消光式椭偏仪，其对膜厚的测量精度可达 0.03 nm。

1975 年，Aspnes 等第一次报道了以旋转检偏器型椭偏仪（RAE）为结构的光谱型椭偏仪。它利用光栅来产生不同的波长，在很宽的光谱范围内可以对椭偏参量进行测量。其测量精度可以达到 0.001 nm，数据采集和处理时间只有 7 s，由此揭开了现代 SE 测量的序幕。

1977 年，Azzam 和 Bashara 合作出版了第一部椭偏光谱著作[8]。该书详细描写了 SE 测量的物理原理、数学描述、装置设计和应用。

1984 年，H. J. Mathieu 等人研制了用法拉第盒来替代起偏器和检偏器的机械运动的光谱椭偏仪，在它的光谱范围内对 400 组椭偏参量进行采集只用了 3 s。

1987 年，美国成立了 J. A. Woollam 公司，SE 逐渐商业化。

1990 年，Kim 等研制了用棱镜分光计和光学多波段分析仪替代光电倍增管的旋转起偏器型椭偏仪（RPE），这种椭偏仪在它的光谱范围内测量 128 组椭偏参数的时间仅为 40 ms。

1993 年，第一届国际 SE 会议，在巴黎举办。

1997 年，第二届国际 SE 会议，在南卡罗来纳州举办。

2003 年，第三届国际 SE 会议，在维也纳举办。

2007 年，第四届国际 SE 会议，在斯德哥尔摩举办。

2010 年，第五届国际 SE 会议，在奥尔巴尼举办。

从此，SE 作为光谱学分支里的一种分析技术，逐渐走向成熟。每年以"椭圆偏振法"为主题发表的论文数，如图 7-1 所示[9]。

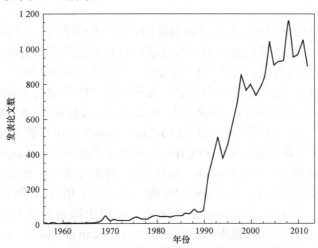

图 7-1 每年以"椭圆偏振法"为主题发表的论文数

7.2.3 国内发展历史

20 世纪 70 年代初,由于要精确测量薄膜的厚度,经我国著名物理学家黄昆院士推荐,当时在中山大学物理系工作的莫党教授[10]由半导体领域转向光学领域,开展椭圆偏振光技术的研究工作,是我国椭圆偏振光技术的领路人。

20 世纪 70 年代中期,莫党教授与北京大学、北京无线电器件厂(现为北京七星华电科技集团)等有关单位协作设计制造了我国第一台椭偏仪 TP-75 型,该椭偏仪为 He-Ne 激光光源消光式。之后以 TP-75 型椭偏仪为基础进行改进,北京仪器仪表厂研制出了 TP-77 型椭偏仪,广州轻工研究所研制出了 TP-78 型椭偏仪。

20 世纪 80 年代,我国先后举办了三次全国椭偏学术会议。在那之后,国内多家大学和科研单位也相继开展了 SE 研究,如北京大学、中山大学、复旦大学、西安交通大学、浙江大学、北京无线电器件厂、北京仪器仪表厂(现为北京京仪集团有限责任公司)、上海冶金研究所(现为中国科学院上海微系统与信息技术研究所)、广州轻加工研究所等。

1982 年,莫党教授等人以 TP-77 型椭偏仪为原型研制了 TPP-1 型椭偏光谱仪,它的波长范围为 260~860 nm,属于旋转检偏器型椭偏仪。在我国,TP-75 与 TPP-1 两种型号的椭偏仪曾作为大量生产的产品,为我国的相关科研和工业生产提供帮助。

1987 年,以 He-Ne 激光作为光源的椭偏仪实现了自动化。

1989 年,椭偏光谱仪实现了自动化。

20 世纪 90 年代初,莫党教授和何星飞首次把 SE 技术与分数微积分相结合,发现了一种对低维材料的新光谱分析方法,当时在国际上处于领先水平,得到国际同行的广泛认可。

1992 年,进一步提高了椭偏仪的自动化程度及测量精度,测量精度为厚度误差小于 0.1 nm、折射率误差小于 0.005,并采用了快速变换入射角系统。

1996 年,国内 SE 研究进一步发展,莫党教授出版了著作《固体光学》,书中使用一章的篇幅详细描述了 SE 的原理和应用。

此后,我国 SE 技术迅速发展。

7.2.4 现况

椭偏仪于 1945 年问世以来,人们对椭偏仪的理论与应用做了大量的研究工作,椭偏仪领域逐渐走向成熟。特别是计算机的出现,导致椭偏仪数据的采集与处理速度有了很大提升,提高了整个系统的自动化程度,现在 SE 领域已经发展为由应用程序主导,而现在的椭偏仪向着高精度、实时监控、微型化等方向发展。由于我国 SE 技术起步较晚,目前国际上占主导地位的椭偏仪产品大多是国外企业研制[11],如美国 J.A. 瓦拉姆(J.A. Woollam)公司、德国森泰克(SENTECH)公司、法国约宾-伊冯(Jobin-Yvon)公司和索普拉(SOPRA)公司等。

图 7-2 所示为德国森泰克(SENTECH)公司的新产品 SENresearch 4.0 型光谱椭偏仪,其光谱范围为 190(深紫外)~3 500 nm(近红外)。傅里叶变换红外光谱仪(FTIR)提供了高光谱分辨率用于分析厚度高达 200 μm 的厚膜。新的金字塔形状的自动角度计具有 20°~100° 的角度范围。该椭偏仪手臂可以独立移动,可用于散射测量和角度分辨透射测量。SENresearch 4.0 型光谱椭偏仪根据步进扫描分析(step-scan analysis,SSA)原理进行操作。SSA 将强度测量与机械运动分离,从而允许分析更加粗糙的样品。在数据采集期间,所有光

学部件都处于静止状态。此外，SENresearch 4.0 型光谱椭偏仪还包括用于自动扫描和同步应用的快速测量模式。定制的 SENresearch 4.0 型光谱椭偏仪可以通过配置，满足标准和高级应用需求，如测量介电层堆叠、纹理表面、光学和结构（3D）各向异性样品，为各种各样的应用提供了预定义的配置。

图 7-2　SENresearch 4.0 型光谱椭偏仪

2019 年 4 月 13 日，中国计量测试学会组织有关专家对华中科技大学完成的"高精度宽光谱穆勒矩阵椭偏测量关键技术与纳米测量应用"科技成果进行了鉴定。该项目由华中科技大学刘世元教授团队和武汉颐光科技有限公司共同完成。项目提出一系列新原理、新技术、新模型，并研制出我国第一台高精度宽光谱穆勒矩阵椭偏仪，实现了成果转化与产业化，形成了一系列高端椭偏仪产品。经鉴定会全体评审专家认真评审后，一致认为该成果不仅在理论上有重要创新，同时在技术上也有重大突破，整体技术达到国际先进水平。其中，基于复合波片的宽光谱超级消色差偏振相位延迟技术和基于椭偏散射的纳米结构计算测量方法属国际首创，处于国际领先水平。

7.3　椭偏仪的基本原理

7.3.1　理论原理

椭偏仪的原理简单来说为用一束偏振光探测样品，这束偏振光与样品相互作用，样品的光学参数与空间尺寸会改变探测光，如果样品具有一定条件，则改变后的探测光也是偏振光，只是偏振态改变了，通过对比探测光与样品作用前后偏振态的变化，求解出样品的光学参数与空间尺寸，如图 7-3 所示。

以反射型椭偏仪为例，由激光器发出一束固定波长（λ）的激光束，经过起偏器后变为固定方向的线偏振光，其偏振方向由起偏器方位角决定。再经过一个 1/4 波片（QWP），发生双折射现象，然后分解成互相垂直且频率相同的 p 波和 s 波，成为椭圆偏振光，椭圆的形状由起偏器的方位角决定。椭圆偏振光再以一定角度（φ_1）入射到厚度为 d、折射率为 n_2 的样品上（样品两侧折射率分别为 n_1、n_3），在空气与样品界面（界面 1，折射角为 φ_2）、样品与衬底界面（界面 2，折射角为 φ_3）经过多次反射与折射，然后通过检偏器与探测器来检测反射光。一般反射光也是椭圆偏振光，但是其长短轴比与方位角有所改变，可以体现出偏振光与样品作用前后的相位差与振幅比的改变。用 $\tan\psi$ 来描述 p 波、s 波与样品作用前后的振幅衰减比，用 Δ 来描述偏振光与样品作用前后 p 波与 s 波的相位差的变化，ψ 和 Δ 称为椭偏参数。通过实验测得 ψ 和 Δ，然后通过椭偏方程式（7-9），在探测光波长、入射角、衬底与空气折射率已知的情况下，就可以计算出膜厚与其光学参数。椭偏仪光路图如图 7-4 所示。

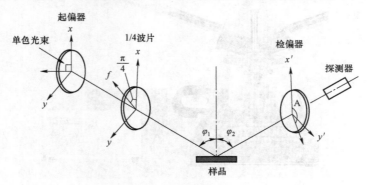

图 7-3 椭偏仪原理图

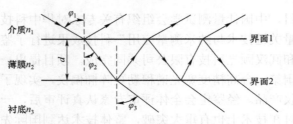

图 7-4 椭偏仪光路图

样品薄膜对入射光 p 分量和 s 分量的总反射系数分别为

$$R_p = \frac{E_{rp}}{E_{ip}} = \frac{r_{1p} + r_{2p}e^{-i2\delta}}{1 + r_{1p}r_{2p}e^{-i2\delta}} \tag{7-1}$$

$$R_s = \frac{E_{rs}}{E_{is}} = \frac{r_{1s} + r_{2s}e^{-i2\delta}}{1 + r_{1s}r_{2s}e^{-i2\delta}} \tag{7-2}$$

式中，E_{ip} 和 E_{is} 分别表示入射光波电矢量的 p 分量和 s 分量；E_{rp} 和 E_{rs} 分别表示反射光波的电矢量复振幅；2δ 表示相邻两分波的相位差；r_{1p}，r_{1s} 分别表示光线的 p 分量、s 分量在界面 1 的振幅反射系数；r_{2p}，r_{2s} 分别表示光线的 p 分量、s 分量在界面 2 的振幅反射系数；i 为虚数单位。r_{1p}，r_{1s}，r_{2p}，r_{2s} 的值由菲涅尔反射公式推导得出，即

$$r_{1p} = \frac{n_2\cos\varphi_1 - n_1\cos\varphi_2}{n_2\cos\varphi_1 + n_1\cos\varphi_2} \tag{7-3}$$

$$r_{1s} = \frac{n_1\cos\varphi_1 - n_2\cos\varphi_2}{n_1\cos\varphi_1 + n_2\cos\varphi_2} \tag{7-4}$$

$$r_{2p} = \frac{n_3\cos\varphi_2 - n_2\cos\varphi_3}{n_3\cos\varphi_2 + n_2\cos\varphi_3} \tag{7-5}$$

$$r_{2s} = \frac{n_2\cos\varphi_2 - n_3\cos\varphi_3}{n_2\cos\varphi_2 + n_3\cos\varphi_3} \tag{7-6}$$

相邻两反射光束光程差为

$$2\delta = \frac{4\pi d}{\lambda}\sqrt{n_2^2 - n_1^2\sin^2\varphi_1} \tag{7-7}$$

可得薄膜反射系数比为

$$G = \frac{R_p}{R_s} = \frac{|R_p|\mathrm{e}^{i\Delta_p}}{|R_s|\mathrm{e}^{i\Delta_s}} = \frac{|E_{rp}/E_{rs}|\mathrm{e}^{i(\Delta_{rp}-\Delta_{rs})}}{|E_{ip}/E_{is}|\mathrm{e}^{i(\Delta_{ip}-\Delta_{is})}} = \frac{r_{1p}+r_{2p}\mathrm{e}^{-i2\delta}}{1+r_{1p}r_{2p}\mathrm{e}^{-i2\delta}} \cdot \frac{1+r_{1s}r_{2s}\mathrm{e}^{-i2\delta}}{r_{1s}+r_{2s}\mathrm{e}^{-i2\delta}} = f(n_1,n_2,n_3,\lambda,d,\varphi_1)$$

$$\tag{7-8}$$

代入椭偏参数 ψ 和 Δ 变换得椭偏方程

$$G = \tan\psi\mathrm{e}^{i\Delta} \tag{7-9}$$

7.3.2 实际测量

椭偏仪不是直接测量样品的参数（厚度、光学常数等），而是测量与这些参数有函数关系的量（如入射光、反射光和透射光的强度和偏振态），然后通过计算间接得出样品的参数。在样品材料、探测光波长、入射角度、入射光偏振度等已知时，这些测量的量与所需要得到的参数是一一对应的，通过对大量的历史测量数据进行数学拟合可以得到精确的不同模型，每个模型均包含样品材料、探测光波长、入射角度、入射光偏振度等已知参数。在实际测量中，只需要通过光学系统测量出反射光或透射光的强度和偏振态，然后将其代入对应的模型就能得到所需要的样品参数。

对于椭偏仪，构建一个正确的数据处理模型至关重要，由于是间接测量，如果不能构建一个正确的模型，则得到的样品参数将与实际相差巨大。下面是一些常用的模型，如果要对样品的参数在比较宽的波谱上进行表达，则可以考虑多种模型叠加[12]。

（1）NK 模型：适用于已知材料的同类多层膜。

（2）柯西模型：适用于透明材料。

（3）柯西指数模型：适用于氧化物、碱卤化物、半导体、碱土金属的氟化物等。

（4）Sellmeier 模型：适用于吸收材料与透明材料。

（5）有效介质（EMA）模型：适用于两种及两种以上的不同材料组成的混合体系。

（6）Graded 模型：适用于两种材料组成的混合体系，但要求层内不同深度的混合比例是确定的。

（7）Drude 模型：适用于硅化物、金属自由电子气和半导体等材料中的载流子吸收等情况。

（8）洛仑兹振子模型：适用于晶态的半导体材料，在材料的参数不明确时比较适用。

（9）Forouhi–Bloomer 模型：对非晶态的半导体适用，较适用于分析半导体薄膜材料和铁电薄膜材料。

7.4 椭偏仪的不同类型

1945 年椭偏仪问世以来，由于其发展潜力大，许多人投入到椭偏仪领域的研究中，因此不管是理论还是仪器都在不断地完善，目前已经十分成熟。面对发展过程中对椭偏仪提出的要求，许多新技术逐渐融入椭偏仪中，椭偏仪也不断地演化出各种各样的形态，功能越来越丰富，可以解决不同的问题。椭偏仪测量系统的元件一般有如下几种[13]。

（1）光源：用于产生探测光，理想的光源要求强度稳定、波谱范围宽，也有用激光进行单色椭偏测量的。

（2）偏振器件：用于产生与检测偏振光，理想偏振器件不能传递沿着与它垂直方向偏振的光。

（3）补偿器：又称延滞器，用于产生位相延滞，理想情况为精确的延滞，这与探测光的波长有关。

（4）光束调制器共分为以下 3 种。① 机械调制器（斩波器），为了随后的同步探测对光束强度进行简谐调制。② 电光或磁光调制器，可对光束强度（电光）或偏振态（磁光）进行简谐扰动，以用于随后的同步探测，但其存在难以标定和维护，受温度影响大且价格昂贵的问题。③ 光弹调制器，调制 o 光和 e 光的相位差。

（5）探测器：收集与样品作用后的探测光，如光电倍增管、硅光电池和硅光二极管阵列等。

7.4.1 消光式椭偏仪

在椭偏仪发展的早期，人眼作为当时唯一的光信号探测器，只能对信号光的有无进行判断，所以一开始的椭偏仪一般是消光式的，如图 7-5 所示。一开始的消光式椭偏仪需要手动控制检偏器和起偏器的位置，并通过肉眼来读数，因此测量速度比较慢，耗时较长；而一般情况下，人们为了提高测量精度会进行大量的不同角度与位置的测量，所以对于这种采用手动控制和肉眼读数的消光式椭偏仪而言，测量时间太过漫长。人们为了实现自动化，对消光式椭偏仪进行改进，一种方法是用伺服马达控制起偏器与检偏器来代替手动控制，但是仍需肉眼读数，这种方法未明显缩短测量时间。为了进一步提升测量效率，J. L. Ord 等人用步进马达代替伺服马达。步进马达可以根据马达的脉冲数目来计算它的转动量，从而通过计算得出需要用肉眼观察的位置读数，大幅提升了获取数据的速度。为了实现自动化，人们用光电倍增管等作为探测器，但是由于它在光强比较弱时的信噪比很低，导致偏振器对方位角的测量误差增大，这种改进方式存在一定弊端。再之后计算机问世，椭偏仪测试系统与计算机相连接，大幅缩短了数据的采集与计算时间，从而真正实现了椭偏仪的自动化。

H. J. Mathieu 等人用法拉第盒代替起偏器和检偏器的机械运动。其原理为偏振光通过磁光材料时，它的偏振方向会发生偏转（磁光效应），偏转的角度取决于光穿越介质的长度和磁感应的强度，偏转的方向取决于磁场的方向和介质的性质。通过磁光效应来改变信号光的偏振态变化，可获得消光的效果。比起用步进马达来驱动起偏器与检偏器的自动消光式椭偏仪，这种方法拥有更快的速度，且精度更高。

K. Postava 等人把光弹调制器（PEM）加入消光式椭偏仪，研制出了对相位进行调制的消光式椭偏仪。光弹调制器利用压电材料的压电效应（如压电陶瓷）给各向同性的光学材料施加不同的力，让其双折射的性能发生变化，从而对 o 光和 e 光通过光弹调制器后的相位差进行调制，提高了测量系统的信噪比，并可以消除起偏器、补偿器和检偏器对方位角的测量误差。

由于消光式椭偏仪通过判断是否消光而不是光强来测量角度，所以由光源的不稳定和探测器的非线性带来的误差比较小，其测量精度取决于偏振器件位置的精确度。因为人眼判断光的有无灵敏度较高，所以消光式椭偏仪测量精度较高。例如，1945 年 Rothen 制作的第一台消光式椭偏仪，其对薄膜的测量精度可达到 0.03 nm。由于消光式椭偏仪需读取方位角，其测量速度不能太快，因此主要应用于对测量速度要求不太高的实验室，如高校实验室。而对于工业生产，由于其对测量速度要求较高，因此主要使用光度式椭偏仪。

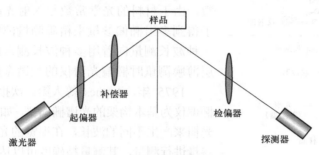

图 7-5　消光式椭偏仪[14]

7.4.2　光度式椭偏仪

光度式椭偏仪的原理为对探测器接收到的光信号的光强进行测量，然后根据傅里叶系数推导出接收到的信号光的椭偏参量，如图 7-6 所示。光度式椭偏仪主要分为相位调制型椭偏仪（PME）和旋转偏振器型椭偏仪两大类。对于旋转偏振器型椭偏仪，根据旋转器件的不同又分为旋转检偏器型椭偏仪、旋转起偏器型椭偏仪和旋转补偿器型椭偏仪（RCE）。相位调制型椭偏仪的起偏器、检偏器与补偿器是固定的，通过调制器对入射光偏振态的调制来工作，它能调制很高的频率，但是调制器受温度影响较大。旋转起偏器型椭偏仪和旋转检偏器型椭偏仪的制作成本较低，操作简单，大部分光度式椭偏仪为这两种，它们无法确定偏振光的椭偏旋向。旋转补偿器型椭偏仪弥补了这一缺点，其能确定偏振光的椭偏旋向，但对波长的选择性较强，因此应用并不广泛。

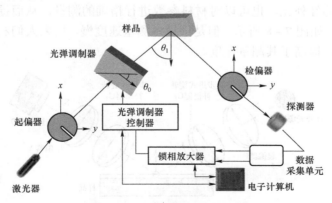

图 7-6　光度式椭偏仪原理[14]

光度式椭偏仪因为不需要测量偏振器件的各个方位角，而是通过对探测器接收的光信号的光强进行傅里叶分析，从而得出椭偏参量，因此它的测量速度很快，适用于对检测速度要求较高的工业领域。因为它是由光强进行检测，所以光源的稳定性和探测器的线性程度对它的精确度影响较大，这一点消光式椭偏仪更具优势。

7.4.3 光谱椭偏仪

随着科技的发展，多层薄膜的应用越来越广泛，对于多层薄膜的厚度和光学参数需要进行精确测量。用一组椭偏参量已经不能求解出这些参数，由于材料的光学常数与入射光的波长相关，所以为了得到多组椭偏参量来精确测量薄膜参数，椭偏仪从用一种波长测量向着用多种波长测量的光谱测量发展，多层薄膜测量时椭偏光谱仪的光谱宽度会影响其精确度。

1975 年，Aspnes 等人第一次报道了以旋转检偏器型椭偏仪为基本构架的光谱椭偏仪，如图 7-7 所示。它利用光栅来产生不同的波长，在很宽的光谱范围内可以对椭偏参量进行测量，其测量精确度可以达到 0.001 nm，数据采集和处理时间只有 7 s。现在的光谱椭偏仪发展出了参比型光谱椭偏仪，它通过将参比样品与被测样品进行比较，测量它们之间的差异，从而对被测样品进行椭偏分析。

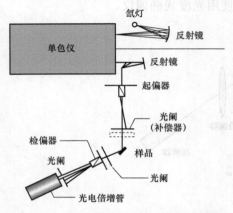

图 7-7 Aspnes 等人设计的光谱椭偏仪[14]

7.4.4 红外椭偏光谱仪

在实际工作中，由于许多材料在可见光范围内是不透明的，如一些有机材料和半导体材料，因此当时的可见光谱椭偏仪难以测量这些材料。而人们发现，这些材料在红外波段却是透明的，利用这一特点可使用红外光谱与椭偏仪研制红外椭偏光谱仪（IRSE），Beattie 第一个成功地在红外光谱范围得到椭偏测试结果。一开始的红外椭偏光谱仪是以相位调制型椭偏仪、旋转检偏器型椭偏仪或旋转起偏器型椭偏仪为原型再结合光栅单色仪构成的，因为常规的红外光源比较弱，导致当时的红外椭偏光谱仪灵敏度较低。F. Ferrieu 将傅里叶变换引入当时的红外椭偏光谱仪，因其椭偏光谱可从偏振器的不同方向连续测量的傅里叶变换光谱得到，所以即使使用常规的红外光，也可以对材料参数进行精确的测量，从而提高了当时的红外椭偏光谱仪的灵敏度，如图 7-8 所示。但是该设备测量速度慢，后来人们利用高频的光弹调制器弥补了这一缺点，提高了其测量速度。

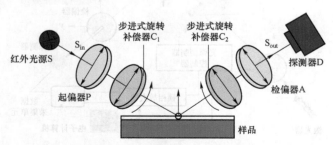

图 7-8 傅里叶变换红外椭偏光谱仪测量原理[15]

7.4.5 成像椭偏仪

Beaglehole 将传统椭偏仪和成像系统相结合,研制了成像椭偏仪,其相较于传统的椭偏仪横向分辨率更高。图 7-9 所示为 Gang Jin 等人设计的成像椭偏仪。成像椭偏仪利用成像系统分析采集到的椭偏图像,得出样品表面的厚度分布,从而得到样品表面的三维图像,光斑尺寸越小,图像的横向分辨率越高。

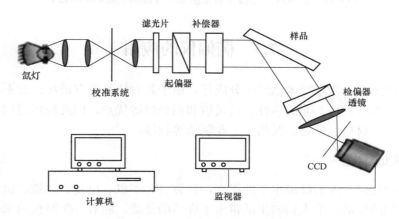

图 7-9 Gang Jin 等人设计的成像椭偏仪[14]

早期使用的是电荷耦合检测器(charge coupled detector,CCD)成像系统,其对椭偏测量系统有一定干扰,需要长时间调试,并且响应速度较慢。为了使成像椭偏仪能够进行实时监测,Chien-Yuan Han 等人利用频闪照明技术替换了传统的照明方法,成功研制出快速成像椭偏仪。其可实现对超薄膜的实时可视化分析测试,观察样品微观尺度上的结构;也可以对薄膜进行区域化(选区)分析,获得所选区域的成像分析图。

7.4.6 穆勒矩阵椭偏仪

使用传统的光谱椭偏仪可改变的测量条件为波长与入射角,每次测量获得的参数为振幅比与相位差(穆勒矩阵中的一部分);而穆勒矩阵椭偏仪则可以改变波长、入射角和方位角三个测量条件,这样可以在一次测量中获得被测样品的所有穆勒矩阵参数,得到被测样品更多的偏振信息。利用这些丰富的信息能分析出更精确的微观结构,获得更高的精确度。传统的椭偏仪具有一定局限性,如不能测量各向异性或曲面样品等,而穆勒矩阵椭偏仪不但可以弥补这一缺点,而且精确度更高。在各种穆勒矩阵椭偏仪中,双旋转补偿器调制型穆勒矩阵椭偏仪(见图 7-10)由于具有波谱很宽、测量速度快、操作比较简单等优点,得到了广泛应用。同时,由于其具有测量光谱范围很宽、测量精度很高和测量得到的样品信息较多的优点,因此可以用来对曲面薄膜、各向同性薄膜、纳米结构、各向异性薄膜等进行测量,拥有很好的应用前景。

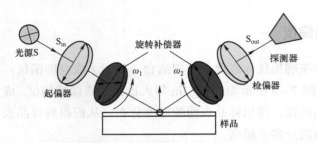

图 7-10 双旋转补偿器调制型穆勒矩阵椭偏仪基本测量原理[16]

7.5 椭偏仪的应用

椭偏仪发展至今,测量技术已经十分成熟,由于其对样品没有破坏,也不需要真空环境进行测量,具有非苛刻性、非破坏性、高灵敏和高精度等优点,因此应用范围十分广泛,可用于物理、化学、材料、生物、医药、工业制造等领域。

7.5.1 集成电路

随着社会的发展,人们经济水平的提高,计算机、手机、电视、冰箱、微波炉等电子设备逐渐走入人们的生活,给人们的生活带来了许多的便捷。随着 5G 时代的来临,信息的交换量更大、延迟更低,推动了智能家居的发展,智能家居走向了万物互联的发展道路,这些都离不开集成电路的支持。椭圆光谱技术对集成电路技术具有重要的计量贡献,其经济影响是巨大的,也是推动 SE 发展的主要动力。目前的集成电路制造需要数百个步骤,其中包括许多厚度测量,这些测量绝大部分由 SE 完成。莫党教授等人曾用 TP-75 型椭偏仪对硅集成电路的研制过程进行过研究,对其中氮化硅、氧化硅、氧化铝、光刻胶等薄膜的厚度进行了测量,测定了离子注入的杂质分布等,取得了良好的效果。尽管手机、高性能计算机及其他电子产品是科学技术许多领域进步的综合结果,但是如果没有 SE 来保证这些复杂过程的精确测量,这些功能就不可能以现在的形式存在。电子显微镜下的 Intel 酷睿 M 处理器如图 7-11 所示。

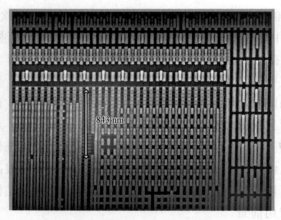

图 7-11 电子显微镜下的 Intel 酷睿 M 处理器

7.5.2 生物学与医学

在生物学和医学中，由于很多活体内的生物反应发生在表面，因此椭偏仪得以在其中发挥作用，如 Rothen 关于薄膜中免疫抗原-抗体反应的研究工作，Vroman 及其同事关于血浆蛋白在外表面吸附的研究工作（这项工作对理解血液凝结的内在机理具有很重要的意义），Poste 及其同事关于控制细胞表面材料的合成过程的研究工作，Enric Garcia 将傅里叶变换红外椭偏光谱仪应用于微生物的识别和监测的相关工作等。图 7-12 所示为微流道反应阵列技术结合椭偏成像光学检测技术建立起来的一种新型生物传感器系统，称为无标记椭偏成像蛋白质芯片生物传感器系统。该系统广泛用于生物医学领域，包括抗体筛查、肿瘤标志物谱、乙肝标志物检测和病毒检测等，是椭偏仪在生物学与医学中的应用，其最大优点在于测量的非破坏性（测量对样品没有破坏且不需要用药剂标记生物分子），从而消除了由标记样品带来的误差。椭偏仪虽然在生物学与医学中的应用还不成熟，目前仍处于发展完善中，但是已经显示出了其在细胞生物学、生物化学、医学和药物学以及临床诊断等领域的广阔发展前景。

图 7-12 无标记椭偏成像蛋白质芯片生物传感器系统[17]

7.5.3 物理吸附和化学吸附

气态、液态与周围物质接触时，在表面会吸附原子或分子，根据吸附能力强弱可以分为物理吸附与化学吸附，且吸附层不是固定的，可能会因为环境而改变。为了观察这些吸附层，椭偏仪因其无损测量、干扰低的特点得以应用，如对不同环境下金属及半导体表面的氧化膜、电池中电极与电解液的界面的测量等[5]。

7.6 椭偏仪的发展方向

社会在发展，科学在进步，经济的驱使以及对未知的探索使人们对椭偏仪提出了更高的要求，因此需要进一步改进椭偏仪。

7.6.1　精确度

由于市场需求，现在的集成电路不断朝着微小化发展，不仅降低了功耗，同时也提高了性能。以手机为例，人们对其性能要求越来越高、功能需求也日益增多，这导致手机尺寸不断增大，但为了使用方便，手机的体积不能无限增加，目前已接近极限。手机内部空间的有限性使得厂家对某些功能有所取舍，但这可能会失去在市场中的竞争力。所以缩小手机内部器件的工艺尺寸，提高其集成度成为必然选择。将该段话修改为：目前集成电路的工艺尺寸已从 3 nm 向 2 nm 节点过渡，台积电和三星的 2 nm 工艺生产线预计于 2025 年度实现大规模量产。与此同时，更先进的 1.4 nm（14Å）工艺已进入试产阶段，业界正积极探索新型晶体管架构与二维材料技术以延续摩尔定律。

随着集成电路工艺尺寸的不断缩小，确定材料的性能以及关键尺寸对椭偏仪来说是一个挑战，对椭偏仪精确度的要求不断提高。因此可以通过降低探测光的波长和优化物理模型来提高测量精确度。

7.6.2　实时诊断和控制

当一种材料在沉积过程中随厚度改变特性时，如太阳能电池的硅沉积，为了得到特定需求的参数，实时诊断变得非常重要。在工业生产中，由于材料尺寸不断缩小，因此对其精确度要求越来越高，对实时监控的要求也越来越高。可以采用新的测量器件与优化计算程序等，来提高椭偏仪的数据采集速度、计算机的数据处理速度以及各个模块的信息交换速度，从而降低检测膜厚变化时的测量延迟，增强椭偏仪的实时诊断与控制功能。若用于控制材料的生长，也可以把测量的延后性考虑进材料生长中，从而对时间做一个提前量，以达到想要的结果，这需要大量实践并不断地优化。

7.6.3　复杂材料的测量

目前，各种器件中材料的应用越来越复杂，需要测量的材料大多是多层，且材质不同，如集成电路的设计加工、相机镜头上的多层光学镀膜等。因此需要寻找高强度的红外光源，拓宽测量的波谱范围，以应对多层膜的异质结构。

7.6.4　拓展能测量的材料

为了实现越来越多的独特功能，新型材料不断被人们应用，如半导体工业中的新型材料、生物医学中的生物膜等。人们需要建立这些材料的系统模型并在实践中不断优化，使其更好地被应用于相应领域，进而拓宽椭偏仪的应用范围

7.6.5　与其他探测仪器相结合

为了应对现代测量中越来越复杂的测量样品、不断增长的测量参数需求和越来越高的精确度要求，椭偏仪需要与其他探测仪器联合测量。例如，成像椭偏仪与 AFM 的联用，拓展了成像椭偏仪在形貌像（XY 方向）的分辨率；成像椭偏仪和石英晶体微天平（QCM）的联用，提供了更丰富的薄膜、表界面分析手段。

参 考 文 献

[1] 杜鸿善,梁东麒,王豫生,等. SF-3型石英微量天平在膜厚监测中可靠性实验证[J]. 真空科学与技术,1986(2):169-172.

[2] 占美琼,张东平,杨健贺,等. 石英晶体振荡法监控膜厚研究[J]. 光子学报,2004,33(5):585-588.

[3] 葛锦蔓. 干涉法测量膜厚方法及干涉图处理技术研究[D]. 西安:西安工业大学,2010.

[4] 袁庆龙,徐立华. 电子显微镜测量薄膜厚度的方法[J]. 山西矿业学院学报,1994(4):281-286.

[5] 王益朋. 薄膜厚度的椭圆偏振光法测量[D]. 天津:天津大学,2010.

[6] DRUDE P. The theory of optics[M]. New York: Green& Co.,1901: 546.

[7] ROTHEN A. The ellipsometer, an apparatus to measure thickness of thin surface films[J]. Review of entific Instruments,1945,16(2):26-30.

[8] AZZAM R M A, BASHARA N M. Ellipsometry and polarized light[M]. New York: North-Holland, 1977:354.

[9] ASPNES D E. Spectroscopic ellipsometry-past, present, and future[J]. Thin Solid Films, 2014,571: 334-344.

[10] 莫党,陈树光,林树汉,等. 均匀吸收介质层的椭圆偏振光谱方法及其应用[J]. 中山大学学报(自然科学版)(中英文),1982,21(1):37-42.

[11] 包学诚,徐森禄,陈雅贞. 光学测振方法的新进展[J]. 光学仪器,1985(4):13-14+16-18.

[12] 余平,张晋敏. 椭偏仪的原理和应用[J]. 合肥学院学报(自然科学版),2007,17(1):87-90.

[13] 包学诚. 椭偏仪的结构原理与发展[J]. 现代科学仪器,1999(3):58-61.

[14] 杨坤,王向朝,步扬. 椭偏仪的研究进展[J]. 激光与光电子学进展,2007,44(3):43-49.

[15] 刘柠林. 中红外穆勒矩阵椭偏测量系统研究[D]. 武汉:华中科技大学,2019.

[16] 李伟奇. 高精度宽光谱穆勒矩阵椭偏仪研制与应用研究[D]. 武汉:华中科技大学,2016.

[17] 陈涉,靳刚. 无标记椭偏成像蛋白质芯片生物传感器及其生物医学应用[J]. 东南大学学报(医学版),2011,30(1):99-104.

参考文献

[1] 科恩 A, 詹金斯 G. 工作在 SF-3 波长范围上关于白色辐射偏振电的椭圆光度法 [J]. 真空和薄膜技术, 1956 (23): 165-172.

[2] 吴文超, 廖文和, 陈磊君, 等. 椭圆偏振仪的发展及应用浅析 [J]. 光学仪器, 2004, 33 (5): 585-588.

[3] 郭学锋. 干法和湿法氧化硅及光刻胶膜厚的椭偏法测试 [D]. 哈尔滨: 西安工业大学, 2010.

[4] 田民波, 刘德令. 薄膜科学与技术手册 [M]. 北京: 机械工业出版社, 1994 (4): 281-280.

[5] 俎丽娟. 激光干涉法薄膜厚度测量技术的研究 [D]. 天津: 天津大学, 2010.

[6] DROUDE P. The theory of optics [M]. New York: Green & Co, 1901: 546.

[7] ROTHEN A. The ellipsometer, an apparatus to measure thickness of thin surface films [J]. Review of scientific instruments, 1945, 16(2): 26-30.

[8] AZZAM R M A, BASHARA N M. Ellipsometry and polarized light [M]. New York: North-Holland, 1977: 334.

[9] ASPNES D E. Spectroscopic ellipsometry-past, present, and future [J]. Thin Solid Films, 2014, 571: 334-344.

[10] 黄友恕, 陈诗雅, 朱鹏飞, 等. 反射椭偏仪不同测量模式精度及灵敏度比较 [J]. 中山大学学报 (自然科学版): 中英文版, 1982, 21 (11): 37-42.

[11] 范尔宁, 梅大海, 林峰崇, 等. 光电调制法双波长椭偏测量 [J]. 激光仪器, 1985 (4): 13-14: 16-18.

[12] 罗丁, 吴兴枫. 椭圆偏振法测量研究 [J]. 合肥学院学报: 自然科学版, 2007, 17 (1): 49-50.

[13] 赵学祯. 浅析椭圆偏振测量的发展 [J]. 近代计量测试, 1999 (3): 58-61.

[14] 付勇, 王向朝, 朱亮. 椭偏术的研究与应用 [J]. 激光与光电子进展, 2007, 44 (3): 43-49.

[15] 倪争技. 光学相干层析成像测量薄膜厚度研究 [D]. 武汉: 华中科技大学, 2010.

[16] 李琳. 基于椭圆偏振技术薄膜分析仪的设计与研究 [D]. 武汉: 华中科技大学, 2016.

[17] 贾杰, 张明. 四种大数据降维降噪及信息合并方法在生物基因组学及医学大数据分析中的应用 [J]. 济南大学学报 (医学科学版), 2011, 30 (1): 99-104.

第Ⅲ篇　团队创新案例

第Ⅲ部　国際的な案内

案例1
超快激光微纳加工技术

孙靖雅

（北京理工大学　机械与车辆学院）

超快激光具有超短的脉冲持续时间（小于 10^{-15} s）和超强的峰值功率密度（大于 10^{14} W·cm^{-2}）。材料对光子能量的吸收最初由作为载体的电子来完成，由于其具有超快特性，因此后续电子晶格传热、相变、材料成形和成性均取决于超短时间内光子和电子的相互作用过程。其超强特性使其可以作为高质量加工光刀，用于任何固体材料的加工。此外，其形状（时空分布）、性质（波长、强度、偏振等）精准可控，能够实现热影响区、重铸层和微裂纹极小的高质量加工，还能够实现跨尺度三维复杂形状加工。超快激光光场的精准调控可实现局部调控电子瞬时状态，从而调控材料的瞬时局部特性，进而调控材料相变过程，实现高质量、跨尺度、灵活可调的微纳加工。这种方法称为电子动态调控加工新方法，其包括时域整形技术和空域整形技术[1]。

一、时域整形技术

时域整形技术是指将单个激光脉冲在时域上分为若干个形状与原脉冲相似的子脉冲，子脉冲之间的延迟、能量比可任意调节，如图 1 所示。子脉冲延迟在飞秒（10^{-15} s）至纳秒（10^{-9} s）级易于实现，可以实现在电子-晶格耦合时间（约为 10 ps）前后对电子瞬时动态进行调控。时域整形技术产生复杂脉冲序列，相比于传统单脉冲激光，其具有更高的烧蚀效率、较少的重铸层及更高的加工精度。

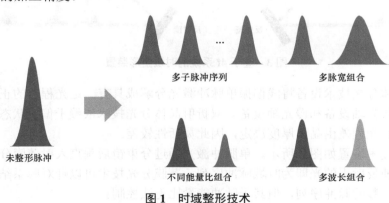

图 1　时域整形技术

常用的时域整形技术装置包括基于迈克尔逊干涉仪的分束镜几何分光合光装置（见图2）、基于4f系统的时域整形装置、双折射晶体分光技术装置和薄膜分光技术装置。基于迈克尔逊干涉仪的分束镜几何分光合光装置利用分束镜进行分光，然后调整单臂的光程，并利用光程差实现脉冲序列之间的时间延迟。

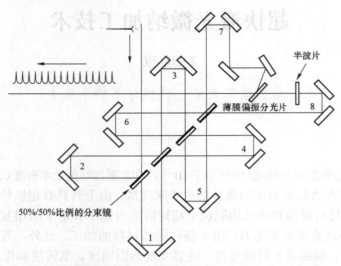

图2　基于迈克尔逊干涉仪的分束镜几何分光合光装置[2]

基于4f系统的时域整形装置如图3所示，单脉冲激光通过光栅进行色散，将不同波长的组分在空间上展开，经透镜后入射到透射式空间光调制器上，调整振幅和相位分布后再经过光栅合光产生任意延迟和能量比的多脉冲序列。该装置脉冲延迟被限制在5 ps内，子脉冲不超过4个，其空间重合度很高，且灵活性高。

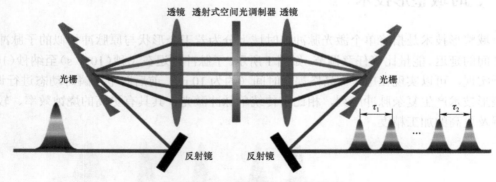

图3　基于4f系统的时域整形装置

双折射晶体分光技术设备将线偏振单脉冲激光分解成具有一定光程差的正交偏振脉冲，该设备可分为快光轴设备和慢光轴设备。双折射晶体分光技术依赖于偏振状态，只适用于线偏振光整形，且光程差由晶体厚度决定，因此灵活性较差。

薄膜分光技术装置如图4所示。单脉冲激光通过分束镜后垂直入射薄膜分光装置，其半透半反的特性使反射出的光即为时域脉冲序列。薄膜分光技术可以针对膜系结构进行设计，从而得到不同参数的脉冲序列，但其子脉冲能量比无法控制。

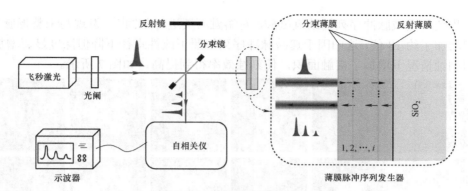

图 4 薄膜分光技术装置[3]

（一）时域整形技术在微孔加工中的应用

利用双折射晶体分光技术设备产生垂直偏振双脉冲对镍基高温合金进行旋切打孔[4]，可以提高烧蚀效率，并可以利用正交偏振的特点消除线偏振引起的微孔出口不一致的问题，实现微孔的高质量加工，如图 5 所示。

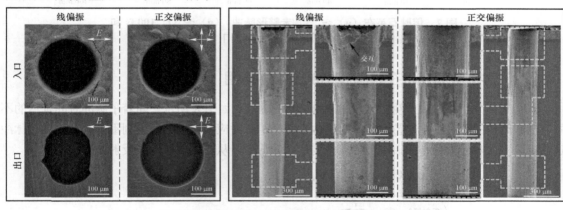

图 5 线偏振和正交偏振双脉冲加工微孔进出口和侧壁质量[4]

利用薄膜分光技术装置产生能量递减的脉冲序列，在 50 倍物镜聚焦下辐照熔融石英，可以将烧蚀坑直径从 935 nm 减小到 150 nm[3]，而直径减小则是因为脉冲序列引起的高电子密度诱导的成丝过程导致其改性深度显著增加，如图 6 所示。

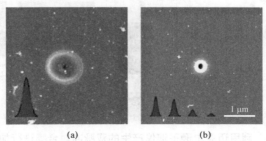

图 6 单脉冲和递减脉冲序列烧蚀熔融石英[3]

（a）单脉冲序列；（b）递减脉冲序列

进一步使用递减脉冲序列辅助氢氟酸,对熔融石英进行刻蚀[5],发现与未整形脉冲相比,刻蚀体积增加了约 18 倍,这归因于递减脉冲序列辐照下改性直径下降但深度显著增加,从而在长时间刻蚀情况下增加了接触面积,使刻蚀效率得到提高,如图 7 所示。

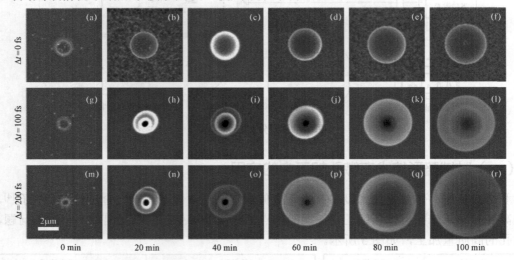

图 7　熔融石英在（a）～（f）未整形脉冲、（g）～（l）100 fs 和（m）～（r）200 fs 的递减脉冲序列辅助下氢氟酸刻蚀情况[5]

（二）时域整形技术在表面微纳加工中的应用

利用迈克尔逊干涉仪产生的双脉冲对金膜进行加工[6]如图 8 所示。随着子脉冲时间延迟的不同,凸起结构的形态发生交替变化,这是由于两个子脉冲应力波叠加的机制不同。通过优化脉冲延迟可以实现对应力分布的调制,导致结构形状的演变,从而实现对红外反射光谱的调制。

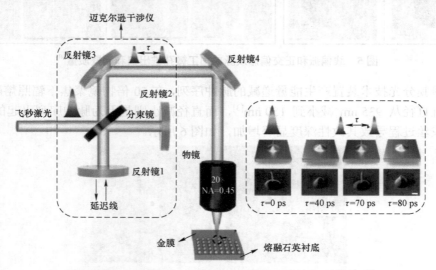

图 8　利用迈克尔逊干涉仪产生的双脉冲对金膜进行加工[6]

对于半导体（Si）[7],利用正交偏振双脉冲可以实现对微纳结构的精确调制。利用 1 ps 延迟的正交偏振双脉冲可以实现周期结构垂直于扫描方向，且任意扫描方向的周期结构清晰可见，如图9所示。

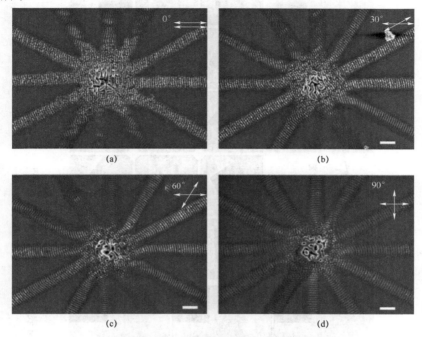

图9 双脉冲不同方向扫描下的周期结构[7]

当选择合适的脉冲延迟进行单点加工时，可实现在Si表面的同心圆环微纳结构加工[8]，其周期结构略小于入射激光波长，同时良好的对称性使大面积同心圆结构的图案化加工消除了结构色中产生的各向异性。不仅是半导体表面，金属（Ti）表面[9]在正交偏振双脉冲的辐照下还可以产生三角形的微纳结构，进一步拓展了超快激光微纳加工的可控性，如图10所示。

利用时域整形技术的飞秒激光可实现简单、一步法、无掩模的微型超级电容器加工[10]，是一种前沿且高效的技术手段。这种方法通过控制瞬时电子温度和材料吸收实现高分辨率、高质量的制造，从而得到性能优异的超级电容器，适用于交流线路滤波器和具有高功率要求的电子设备，如图11所示。

飞秒激光的表面微纳加工技术也能应用于医疗领域，2020年Ma等人[11]在NiTi合金上，利用时域整形技术的飞秒激光结合氟化反应制备了多功能三维微纳结构，实现了良好的血液相容性、零细胞毒性以及出色的生物相容性，如图12所示。随后其在2022年进一步改进微纳结构[12]，实现了多模态骨肉瘤治疗平台。

二、空域整形技术

空域整形技术按使用设备不同可分为光学元件整形（狭缝、锥透镜等）和空间光调制器整形。光学元件整形光路简单、易操作，但其仅能实现一种状态的激光光场空域整形；空间光调制器整形通过加载不同的相位图可实现灵活可控的光场振幅和偏振调制，但其光路复杂，需要进行算法优化。空间光调制器整形光路及光场整形示意如图13所示。

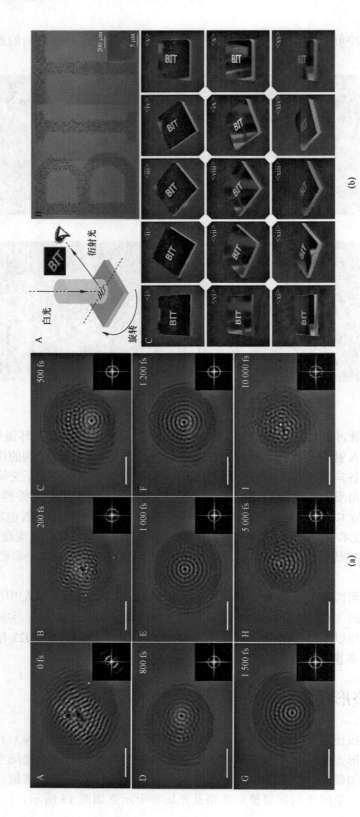

图 10 正交偏振双脉冲单点叩击下 Si 表面同心圆结构演变和结构色[8]

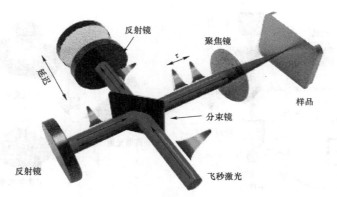

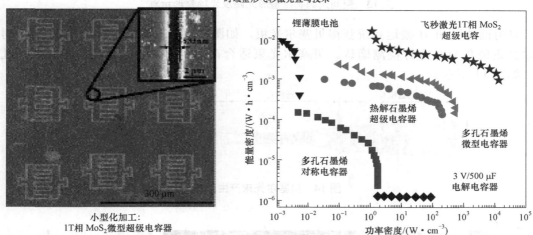

图 11 利用时域整形技术的飞秒激光加工超级电容器[10]

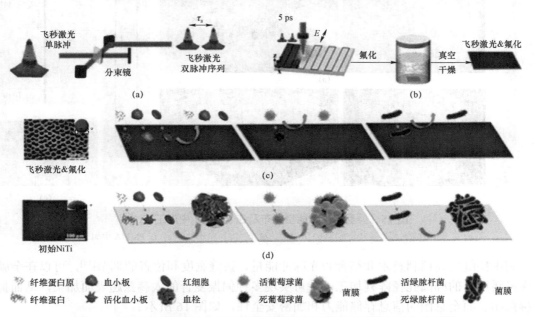

图 12 利用时域整形技术的飞秒激光微纳加工技术在医疗领域的应用[11]

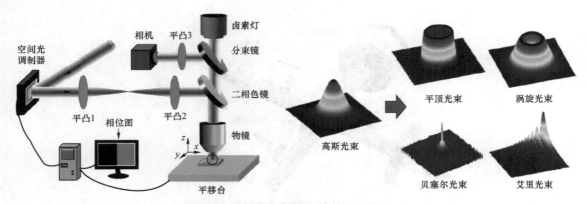

图 13 空间光调制器整形光路及光场整形示意[1]

利用锥透镜和 4f 搬运系统获得贝塞尔光束,如图 14 所示,通过光束质量仪可以对贝塞尔光束能量分布进行检测确认。贝塞尔光束适合在透明材质内实现高深径比的微孔加工,如图 15 所示。

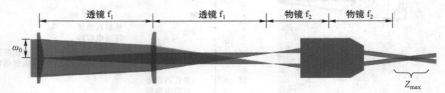

图 14 贝塞尔光束产生示意

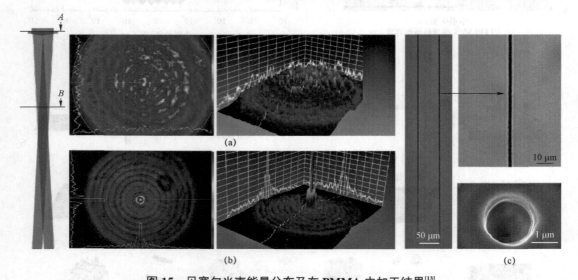

图 15 贝塞尔光束能量分布及在 PMMA 中加工结果[13]
(a) A 截面的激光强度径向分布;(b) B 截面的激光强度径向分布;(c) 在 PMMA 中加工结果图

利用狭缝空间调制技术并结合激光脉冲能量、狭缝宽度和位置的调节[14],可以在金膜上实现灵活可控的椭圆孔径阵列加工,并可实现多种偏振复合的太赫兹超表面加工,从而提高太赫兹超表面全息图的信息存储能力和加密安全性,如图 16 所示。

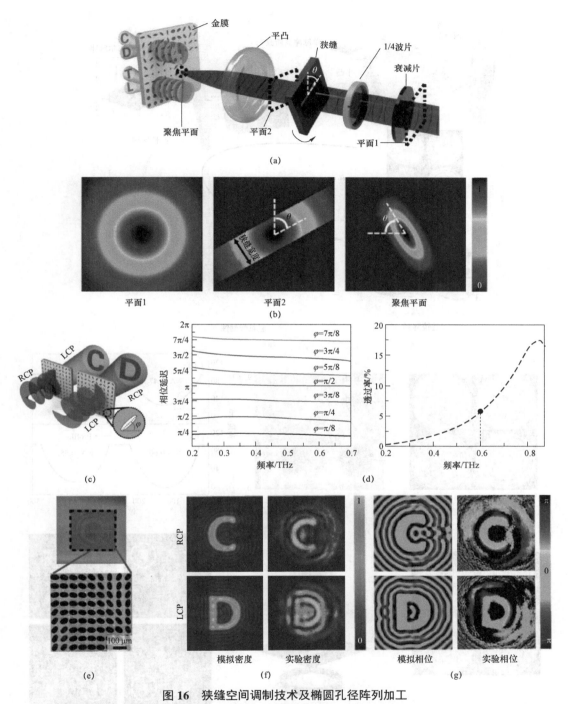

图 16 狭缝空间调制技术及椭圆孔径阵列加工

（a）飞秒激光狭缝空域整形的光路示意；（b）入射激光场、经过狭缝后的光场以及经过透镜聚焦后的激光场的能量分布；（c）自旋选择全息图的示意图；（d）椭圆孔径取向角对相位延迟的影响；（e）均匀椭圆孔径阵列对交叉偏振的透射光谱模拟；（f）太赫兹超表面样品的光学显微镜图像；（g）模拟和实验中重建的太赫兹全息图像

利用空间光调制器对高斯激光进行轴向调制，实现大长宽比的多光束类贝塞尔脉冲，而后对二氧化硅改性后进行辅助氢氟酸刻蚀，以实现大数值孔径的微透镜阵列加工[15]，如图 17 所示。

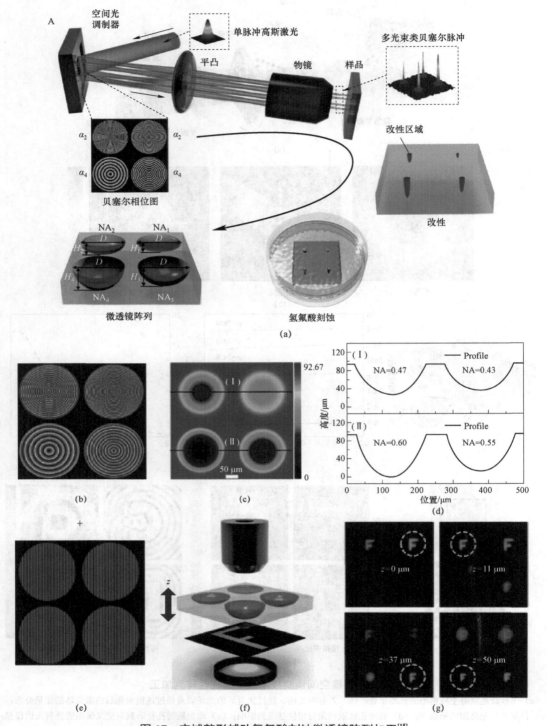

图 17　空域整形辅助氢氟酸刻蚀微透镜阵列加工[15]

(a) 具有多个 NA 值微透镜阵列的设计和制作原理图；(b) 多种贝塞尔相的计算全息图（computer-generated hologram，CGH）；
(c) 采用棱镜 CGH 对贝塞尔光束进行偏转，使其与零阶光束分离；(d) 贝塞尔-棱镜 CGH；
(e) 4 个孔径相同、NA 不同的微透镜阵列俯视图；(f) 微透镜对应的截面分布图；(g) 微透镜阵列成像系统示意图；

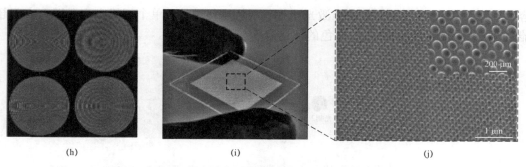

图 17 空域整形辅助氢氟酸刻蚀微透镜阵列加工[15]（续）

(h) 微透镜阵列在 z 方向不同位置的图像显示；(i) 大面积 MLA 照片和 (j) SEM 图像

利用空间光调制器在焦平面处形成的双光束光斑，可以实现利用其中光强较弱的区域进行飞秒激光超衍射极限纳米线结构加工，并较大提高其电导率，如图 18 所示。其最小可实现 190 nm 宽度的纳米线加工[16]。

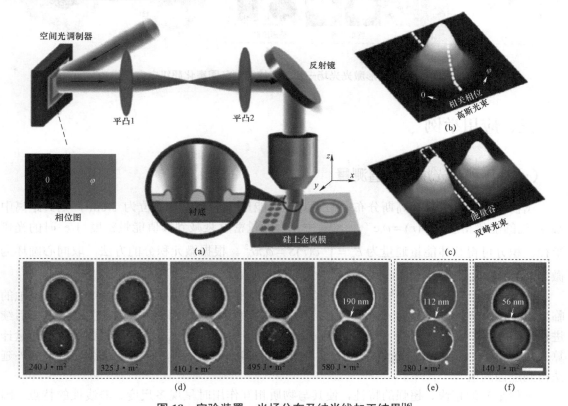

图 18 实验装置、光场分布及纳米线加工结果[16]

(a) 采用空间光调制器对入射高斯光束进行相位调制；(b) 等分高斯光束，两部分之间有一个相对相位 φ；(c) 计算得到聚焦平面上双峰聚焦斑的强度图；(d) 随着脉冲能量的增加，加工短纳米线的扫描电镜图像；薄膜为 37 nm 的 Au 和 3 nm 的 Cr；利用 (e) 20 nm 和 (f) 10 nm 厚度的金膜形成短纳米线，连接层均为 3 nm 的 Cr

利用空间光调制器能更精确地控制光场的能量分布，实现超级电容的一步法无掩膜制备[17]，其可以在 1 s 内产生 1 000 个空间形状的激光脉冲，10 min 内即可制备 3 万多个超级电容器,如图 19 所示。而凭借三维激光诱导石墨烯电极结构,单个超级电容器即可实现超高的能量密度、超小的时间常数、出色的比电容和长期可循环性。

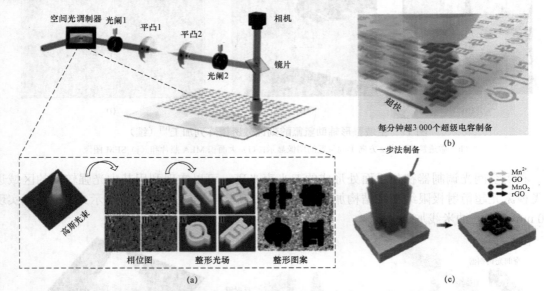

图 19　空域整形激光光场一步法无掩膜制备图案化超级电容器[17]

三、应用举例

(一)飞秒激光烧蚀阈值测量

飞秒激光光斑能量呈高斯分布,假设其峰值能量密度为 ϕ_0,单位为 J/cm^2,则其距离中心 r 处的能量密度为 $\phi(r)=\phi_0 e^{-r^2/r_0^2}$,其中 r_0 为能量密度衰减到峰值能量密度 $1/e$ 时的光斑半径。积分可得整体能量通量为 $E_p=\int_0^\infty \phi(r)S=\phi_0\pi r_0^2$。根据微元积分的方法,取同心圆环为微元,$S$ 为所取微元圆环的面积。

在不同通量下,单脉冲烧蚀坑的直径不同,而烧蚀坑的最边缘则认为是烧蚀和未烧蚀的临界点,定义烧蚀坑半径为 r_{th},其所对应的能量密度则为烧蚀阈值 ϕ_{th},如图 20 所示。后续进行如下推导:$\phi_{th}=\phi_0 e^{-r_{th}^2/r_0^2} \rightarrow r_{th}^2=r_0^2 \ln(\phi_0/\phi_{th}) \rightarrow D_{th}^2=4r_0^2\ln(\phi_0/\phi_{th})$,而后将整体能量通量计算式代入得 $D_{th}^2=4r_0^2\ln(E_p/\pi r_0^2\phi_{th}) \rightarrow D_{th}^2=4r_0^2\ln(E_p)-4r_0^2\ln(\pi r_0^2\phi_{th})$,从而进行线性拟合的外延法得到烧蚀阈值。

飞秒激光的超快、超强的特性,使其与物质相互作用时呈现多尺度、非线性的特点。因此,利用时域整形技术加工不同的材料会呈现差异性结果。同时,作为进行超快激光时域整形加工的第一步,烧蚀阈值测量有助于深入理解材料性质,优化加工参数的选择。

(二)飞秒激光亚波长周期结构加工

激光在辐照粗糙样品表面时,会发生光散射现象,并辅助特定条件产生表面等离子体极化激元（SPP），如图 21 所示。SPP 和脉冲干涉产生激光局部能量的重新分布，从而形成图 22 所示的亚波长周期结构。

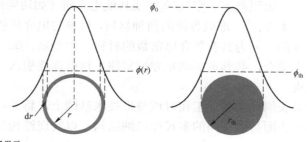

dr 为圆环的半径微元

图 20 烧蚀阈值测量示意

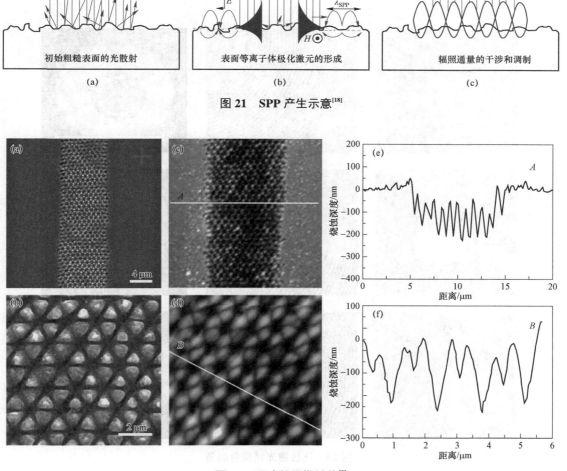

(a) 初始粗糙表面的光散射　(b) 表面等离子体极化激元的形成　(c) 辐照通量的干涉和调制

图 21 SPP 产生示意[18]

图 22 亚波长周期结构[9]

SPP 是一种表面波，其形成机制源于表面等离子体激元与外电磁场发生强烈耦合，其在外部电磁场的驱动下被限制在两种不同介质之间，沿该界面传播并呈指数衰减。产生 SPP 最简单的方法是用激光辐照暴露于空气/真空或其他电介质（如透明液体）的金属表面。SPP 的激发必须满足两个条件：① 形成界面的两种材料，材料与电介质的介电函数实部必须互为异号，因此要求界面的一侧为具有负介电常数的材料，如金属；② 为了能够使 SPP 沿着金属表面传播并和激光耦合，必须遵循动量守恒定律，这就需要引入一些特殊结构，如额外的表面粗糙度等来实现。

飞秒激光亚波长周期结构加工在时域整形技术基础上，将偏振整形引入，实现时空协同整形技术，从而在表面得到不同的多尺度微纳结构，以实现结构色、超疏水等应用。

（三）飞秒激光微纳结构加工应用

利用激光诱导表面周期结构对偏振方向敏感的特性，对飞秒激光进行涡旋光场重整，可以实现大型复杂图案的制备。调整激光诱导表面周期结构的方向，可以实现不同方向分布的结构色制备[19]，如图 23 所示。同时，利用人工种子可以实现晶圆级的双周期结构制备[20]。

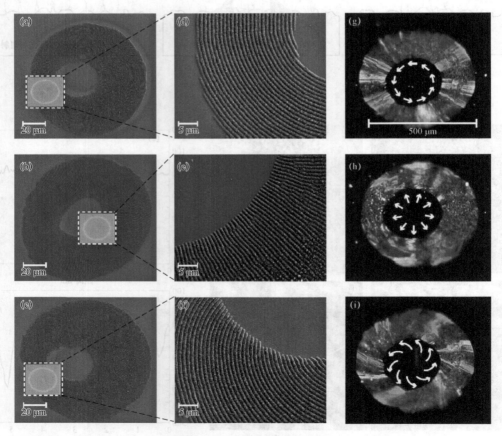

图 23　飞秒激光结构色制备

图 23　飞秒激光结构色制备（续）

双脉冲飞秒激光加工会增加其流体的不稳定性，从而促进更大面积高频周期结构的产生，经过精细的能量及延迟调节可实现大面积的亚波长周期结构制备[21]。单脉冲及双脉冲烧蚀结果的扫描电子显微镜图及原子力显微镜图如图24所示。

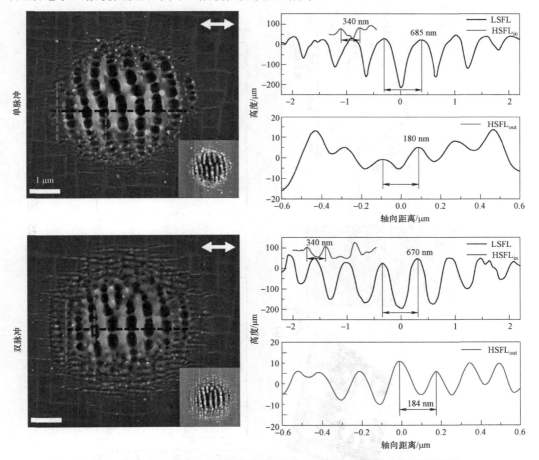

图 24　单脉冲及双脉冲烧蚀结果的扫描电子显微镜图及原子力显微镜图

大面积周期结构也可应用于光学探测装置中[22]，通过柱透镜实现氧化石墨烯的周期性选择还原，从而进行片上各向异性的光电探测器的制备，如图25所示。

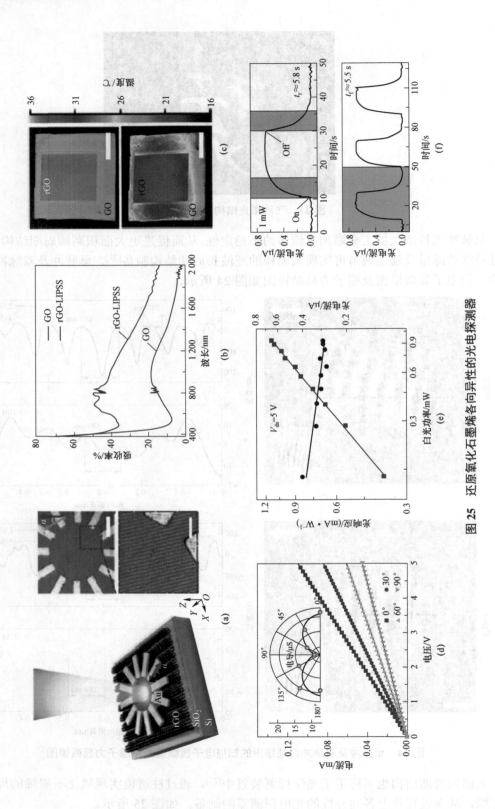

图 25 还原氧化石墨烯各向异性的光电探测器

利用倒模技术，可以将硅晶圆上的周期结构转移到可变形的软体材料（如 PDMS），从而实现形变传感器的制备。该传感器可以通过不同的形变实现不同色域的显示，适用于机器人等领域的应用[23]，如图 26 所示。

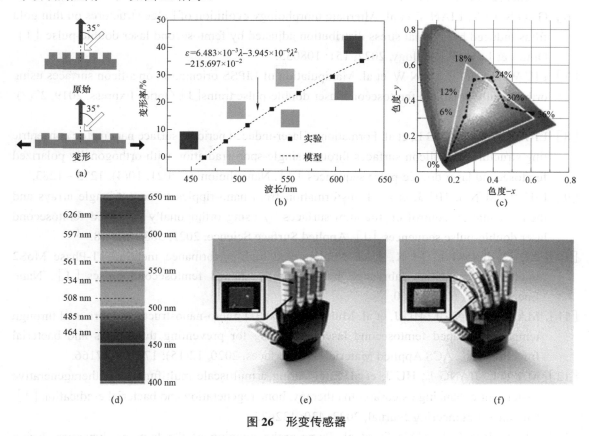

图 26　形变传感器

参 考 文 献

[1] JIANG L, WANG A D, LI B, et al. Electrons dynamics control by shaping femtosecond laser pulses in micro/nanofabrication: modeling, method, measurement and application [J]. Light: Science & Applications, 2018, 7(2): 17134.

[2] SIDERS C W, SIDERS J L W, TAYLOR A J, et al. Efficient high-energy pulse-train generation using a 2 n-pulse Michelson interferometer [J]. Applied Optics, 1998, 37(22): 5302–5305.

[3] WANG A, JIANG L, LI X, et al. Simple and robust generation of ultrafast laser pulse trains using polarization-independent parallel-aligned thin films [J]. Optics & Laser Technology, 2018, 101: 298–303.

[4] QIU Z, JIANG L, HU J, et al. High-quality micropore drilling by using orthogonally polarized femtosecond double-pulse bursts [J]. Applied Surface Science, 2023, 613: 156033.

[5] DU K, JIANG L, LI X, et al. Chemical etching mechanisms and crater morphologies pre-irradiated by temporally decreasing pulse trains of femtosecond laser[J]. Applied Surface Science, 2019, 469: 44−49.

[6] GAO S, LI X, LIAN Y, et al. Alternate morphology evolution of bulge structures on thin gold films induced by internal stress distribution adjusted by femtosecond laser double-pulse [J]. Optics & Laser Technology, 2022, 151: 108035.

[7] LIU W, JIANG L, HAN W, et al. Manipulation of LIPSS orientation on silicon surfaces using orthogonally polarized femtosecond laser double-pulse trains[J]. Optics Express, 2019, 27(7): 9782−9793.

[8] LIU W, HU J, JIANG L, et al. Formation of laser-induced periodic surface nanometric concentric ring structures on silicon surfaces through single-spot irradiation with orthogonally polarized femtosecond laser double-pulse sequences [J]. Nanophotonics, 2021, 10(4): 1273−1283.

[9] LIU W, SUN J, HU J, et al. Transformation from nano-ripples to nano-triangle arrays and their orientation control on titanium surfaces by using orthogonally polarized femtosecond laser double-pulse sequences [J]. Applied Surface Science, 2022, 588: 152918.

[10] XU C, JIANG L, LI X, et al. Miniaturized high-performance metallic 1T-Phase MoS2 micro-supercapacitors fabricated by temporally shaped femtosecond pulses [J]. Nano Energy, 2020, 67: 104260.

[11] MA Y L, JIANG L, HU J, et al. Multifunctional 3D micro-nanostructures fabricated through temporally shaped femtosecond laser processing for preventing thrombosis and bacterial Infection [J]. ACS Applied Materials & Interfaces, 2020, 12(15): 17155−17166.

[12] MA Y L, JIANG L, HU J, et al. Engineering a multiscale multifunctional theragenerative system for enhancing osteosarcoma therapy, bone regeneration and bacterial eradication [J]. Chemical Engineering Journal, 2022, 430: 132622.

[13] YU Y, JIANG L, CAO Q, et al. Pump-probe imaging of the fs-ps-ns dynamics during femtosecond laser Bessel beam drilling in PMMA [J]. Optics Express, 2015, 23(25): 32728−32735.

[14] LI B, LI X, ZHAO R, et al. Polarization multiplexing terahertz metasurfaces through spatial femtosecond laser-shaping fabrication [J]. Advanced Optical Materials, 2020, 8(12): 2000136.

[15] LIU Y, LI X, WANG Z, et al. Morphology adjustable microlens array fabricated by single spatially modulated femtosecond pulse [J]. Nanophotonics, 2022, 11(3): 571−581.

[16] WANG A, JIANG L, LI X, et al. Mask-free patterning of high-conductivity metal nanowires in open air by spatially modulated femtosecond laser pulses [J]. Advanced Materials, 2015, 27(40): 6238−6243.

[17] YUAN Y, JIANG L, LI X, et al. Laser photonic-reduction stamping for graphene-based micro-supercapacitors ultrafast fabrication [J]. Nature Communications, 2020, 11(1): 6185.

[18] BONSE J, GRF S. Maxwell meets Marangoni—A review of theories on laser-induced periodic surface structures [J]. Laser & Photonics Reviews, 2020, 14(10): 1−25.

[19] GENG J, FANG X, ZHANG L, et al. Controllable generation of large-scale highly regular gratings on Si films [J]. Light: Advanced Manufacturing, 2021, 2(3): 274-282.

[20] GENG J, YAN W, SHI L, et al. Surface plasmons interference nanogratings: wafer-scale laser direct structuring in seconds [J]. Light: Science & Applications, 2022, 11(1): 189.

[21] CHEN Z, JIANG L, LIAN Y, et al. Enhancement of ablation and ultrafast electron dynamics observation of nickel-based superalloy under double-pulse ultrashort laser irradiation [J]. Journal of Materials Research and Technology, 2022, 21: 4253-4262.

[22] ZOU T, ZHAO B, XIN W, et al. High-speed femtosecond laser plasmonic lithography and reduction of graphene oxide for anisotropic photoresponse [J]. Light: Science & Applications, 2020, 9(1): 69.

[23] LIU Y, LI X, HUANG J, et al. High-uniformity submicron gratings with tunable periods fabricated through femtosecond laser-assisted molding technology for deformation detection [J]. ACS Applied Materials & Interfaces, 2022, 14(14): 16911-16919.

案例 2
超表面全息

蒋　强

（北京理工大学　光电学院）

一、超表面的定义

（一）超材料

传统光学元器件主要通过改变材料折射率、器件面型或者利用二值通光形成一定的复振幅透过率分布，以实现对入射光波的调制。这些传统光学元器件材料的介电常数与磁导率均大于零。在自然界中，对于可见光波段，金属与部分掺杂半导体的介电常数小于零而磁导率大于零；但并不存在磁导率小于零的情况，即不存在折射率小于零的自然材料。尽管从理论上能够预言材料在介电常数与磁导率小于零时的电磁特性[1]，但直到提出"超材料"的概念并实现后，人们才广泛地对这些材料展开研究和实验验证[2-4]。超材料是指具有特异亚波长结构的人工材料。本案例中主要研究超材料的光学应用，因此文中所提的材料均指光学和电磁超材料。

与普通材料相仿，将超材料中的基本单元称为超原子（meta-atoms）[2]。超原子具有各种不同的形式（见图1），它们的尺寸小于波长，因而其细节无法被电磁波分辨。超材料的性质由超原子电磁响应决定。通过设计超原子的细节结构参数，可以实现对介电常数和磁导率的有效控制，从而制备出能表现出异常物理特性的人工材料。通过构建同时具有负介电常数和负磁导率的超原子，可实现负折射率超材料，并将其应用于近场超衍射极限成像[5-7]。另外，精确设计介电常数和磁导率空间分布，可以实现物体的"隐身"[8]效果甚至可以在光学上将其"变换"为其他物体[9]。还可以利用超材料构建光子拓扑绝缘体（topological insulator），从而实现对电磁波特异行为的调控[10]。

尽管超材料能够人为构造出需要的材料性质，但其也面临着加工工艺复杂的问题。最初的超材料主要针对微波，因此超原子的尺寸通常较大。针对光波的超原子则需要更加精细的加工制备工艺。随着微纳加工技术的发展，激光直写（direct laser writing，DLW）、聚焦离子束刻蚀、电子束光刻（electron beam lithography）等技术使得精细结构加工成为可能；但对于多层结构的超材料，因其要求加工误差小、不能存在尺寸缺陷等，依然具有较高的加工难度[11-12]，从而制约了超材料的应用。

（二）超表面

超表面是一种由二维周期性亚波长结构阵列组成的人工材料，具有高度灵活的光响应能力。通过设计合适的亚波长结构，能实现对入射光的相位、振幅、偏振态进行任意控制。它的出现使超薄微纳光学、微纳等离子器件的设计更加灵活。这些器件不再需要与传统的依赖于折射率变化的光学器件一样，必须经由传播积累光程来引入相应的复振幅透过率的变化。

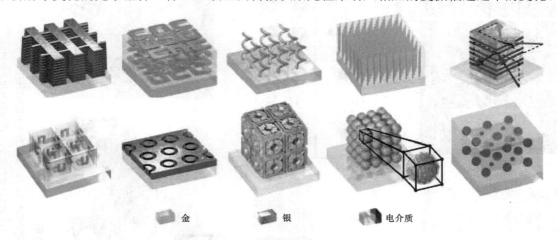

图 1　各种不同的超原子

超表面的优异特性使其可以应用于各种光波调控领域。超表面能够在可以对电磁波忽略厚度的界面上附加沿某个方向的梯度相位分布，使得电磁波的透射与反射方向不再遵循传统的斯涅尔定律[13][见图 2（a）]。当特殊设计的超表面能够补偿各个波长的色散差时，就可以实现消色差透镜的功能［见图 2（b）］。反之，通过精确设计各波长的色散特性，可以利用扩大的色散实现层析成像功能［见图 2（c）］。将超原子设计为各向异性的电磁响应，使得超表面能够有效地控制出射光的偏振态，进而可以制备各种不同的偏振转换器件［见图 2（d）］。除了经典光学外，超表面在量子态调控方面也有巨大的应用前景［见图 2（e）][52]。当各向异性的超原子在空间形成特定排布后，可以控制并产生各种不同的涡旋光束与矢量光束[14][见图 2（f）]，进而可以利用特殊光束形成光镊（optical tweezers，OT），以实现对微小颗粒、细胞的操控［见图 2（g）］。通过设计金属－介质－金属结构的超原子，可以实现超薄的"隐身斗篷"[15]［见图 2（h）］。控制入射光与出射光的对应关系，利用特定的超表面即可实现不同的逻辑运算［见图 2（i）］。在非线性条件下，超表面也有着不同的电磁响应特性［见图 2（j）］。基于超表面的全息显示也是超表面的重要应用方向之一[16–18]。

二、几何相位型超表面

超透镜有三种基本相位调控方法：共振相位调控、传播相位调控、贝里相位调控［又称几何相伴、调控或 PB（Pancharatnam-Berry）相位调控］。共振相位调控通过改变共振频率来实现相位突变，共振频率由纳米级结构的

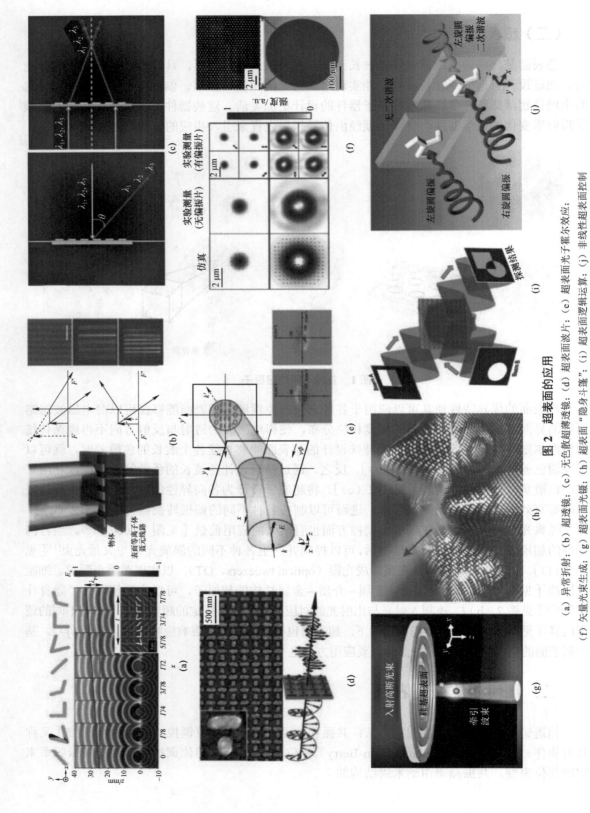

图 2 超表面的应用

(a) 异常折射；(b) 超透镜；(c) 无色散超薄透镜；(d) 超表面波片；(e) 超表面光子霍尔效应；
(f) 矢量光束生成；(g) 超表面光镊；(h) 超表面"隐身斗篷"；(i) 超表面逻辑运算；(j) 非线性超表面控制

几何形状控制。但因为共振相位超表面通常由金、银、铝等金属材料制成，不可避免会引起欧姆损耗，所以难以实现高效率的光场调控。而由低损耗的介质材料制成的超表面可有效解决此问题。由于电磁波在传播的过程中会产生光程差，因此传播相位调控可利用这一特性实现对相位的调控。相位由光程差调节，其中波长为 λ 介质的有效折射率为 n_{eff}，电磁波在均匀介质中传播距离为 d（结构的高度），$k_0 = 2\pi/\lambda$ 为自由空间波矢，则电磁波积累的传播相位可以表示为 $\varphi = n_{\text{eff}} k_0 d$。当微纳结构高度固定时，可通过微纳结构的形状、尺寸和结构单元周期等进行调节。基于传播相位调控原理设计的超表面，通常由各向同性的微纳结构构成，具有高度对称的特点，因此具有超表面偏振不敏感性，即微纳结构的相位响应与入射光的偏振类型无关，因此适用于大多数应用场景。几何相位调控通过调整具有相同尺寸微纳结构的旋转角度，实现光波的相位突变，以及对相位梯度或分布的精确调控，这种方法能极大地降低设计和加工超表面的复杂性。几何相位调控的优点在于它并不受材料色散、结构尺寸以及结构共振的影响。

几何相位由印度拉曼研究所的 S. Pancharatnam 于 1956 年发现[19]。这一现象广泛存在于包括电磁学、量子力学等诸多涉及波动的系统中。波动可以由振幅、相位或者以两者为自变量的函数参数表征。当某一态参量在参数空间中经由一个完整路径回到初态时，会积累一定的相位变化，或初态经由不同路径到达终态的过程中会产生不同的相位差，这种与空间参量有关的相位变化/差称为贝里相位，又称几何相位或 PB 相位。对于超原子同样可以利用 PB 相位进行分析。

单层表面的基于 PB 相位的超表面，偏振转换效率较低。为了提高转换效率，可以采用图 3（b）和图 3（c）所示的两种方式实现超表面的高效率。

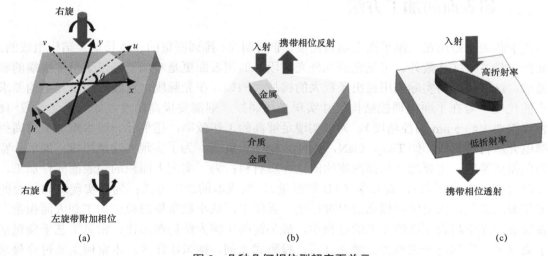

图 3　几种几何相位型超表面单元

基于金属-绝缘体-金属（MIM）结构的反射式超表面，其两个偏振态之间的高效转化源于局域等离子谐振和两个金属部分组成的 F-P 效应之间的相互作用。

基于全介质结构的透射式超表面，其两个偏振态之间的高效转化是由局域等离子谐振和介质柱结构波导效应的传输相位叠加造成的。

相比于其他类型的超表面单元，基于几何相位原理的超表面单元最大的优势在于其波长不敏感,因此对相位的调控是宽带消色差的,对应的器件可宽带工作。

基于 Lorentz-Drude 色散的超原子局域共振分析,使用一种现象学方法(phenomenological method)给出了几何相位超表面的数理模型。通过这一模型能够计算出经过超表面调制的出射光的电场矢量。模型中附加相位产生的过程与偶极子模型相仿。对于一个局部坐标下轴向极化矩阵为 α_0 的超原子,在旋转矩阵 R 的作用下其在全局坐标系下的极化矩阵为

$$\alpha = R^{-1}\alpha_0 R = \begin{bmatrix} \cos\theta & -\sin\theta \\ \sin\theta & \cos\theta \end{bmatrix} \begin{bmatrix} \alpha_{x'} & 0 \\ 0 & \alpha_{y'} \end{bmatrix} \begin{bmatrix} \cos\theta & \sin\theta \\ -\sin\theta & \cos\theta \end{bmatrix}$$

$$= \frac{1}{2}\begin{bmatrix} \alpha_{x'}2\cos^2\theta + \alpha_{y'}2\sin^2\theta & (\alpha_{x'}-\alpha_{y'})\sin 2\theta \\ (\alpha_{x'}-\alpha_{y'})\sin 2\theta & \alpha_{x'}2\sin^2\theta + \alpha_{y'}2\cos^2\theta \end{bmatrix} \quad (1)$$

$$= \frac{(\alpha_{x'}+\alpha_{y'})}{2} + \frac{(\alpha_{x'}-\alpha_{y'})}{2}\begin{bmatrix} \cos 2\theta & \sin 2\theta \\ \sin 2\theta & -\cos 2\theta \end{bmatrix}$$

现象学方法模型在此基础上根据电场、磁场的边界条件讨论不同入射波矢情况下麦克斯韦方程,进而推导得到出射场强度。若入射圆偏振光 $E = E_0 e_x + E_0 j\tau e_y$,则对应偶极矩为

$$p = \alpha E = \frac{(\alpha_{x'}+\alpha_{y'})E_0}{2}(e_x + j\tau e_y) + \frac{(\alpha_{x'}-\alpha_{y'})E_0\exp(j2\tau\theta)}{2}(e_x - j\tau e_y) \quad (2)$$

可以看到,与入射光旋向相反的出射光,其相位值附加了两倍方向角的额外相位。这意味着可以通过改变超原子的方向角,实现对出射正交偏振光的相位调控。将超表面看作一个各向异性的介质,同样可以利用琼斯矩阵的方法分析得到类似的结果。

三、超表面的加工方法

由于超表面是由在二维平面上高自由度、非周期性、排列密集的亚波长单元结构组成的,因此在光学波段(从紫外、可见光到红外光波段)的超表面更是对加工提出了很多极端的参数要求,这对其走向实际应用提出了极大的挑战。例如,在光频段,亚波长单元结构要求极小的尺度,若在平面内调控结构尺寸实现光场调控,则需要极高精度(如可见光波段 16 阶相位需要大约 5 nm 调控精度)。为了实现足够高的工作效率,超单元一般由难加工的高折射率电介质材料构成,如 TiO_2、GaN、Si_3N_4、HfO_2、Si 等;为了实现多功能集成,如单片宽带消色差透镜等,需要加工极高深宽比的电介质材料;为了实现大面积的超表面元件加工,需要跨尺度(纳米到米)、高效率(TB 数据量)、低成本的加工方法;为了实现纵向堆叠的集成超表面系统,需要纵向极高的对准精度。近年来,从小批量原理验证加工到大面积量产制备探索的光学超表面微纳加工的过程中,最关键的步骤为结构图形化,常见工艺手段包括电子束曝光、聚焦离子束刻蚀、激光直写、投影式光刻、纳米压印等。本案例主要讨论最常用的电子束曝光技术和激光直写技术。

(一)电子束曝光技术

电子束曝光技术是一种基本的纳米加工技术,不仅可以直接制备任意的具有亚 10 nm 特征尺寸的二维结构,而且还可以通过加工掩模和模板以实现后续高产量的纳米图形转移加工,目前已经是纳米加工中最重要的基础技术之一。该技术的原理是通过高度聚焦的电子束

对抗蚀剂进行曝光来改变其在随后显影过程中的溶解度，配合后续图形转移工艺以形成设计结构。正性抗蚀剂经过电子束曝光后，可被分解成更小、更易溶解的碎片，其溶解度由低到高；而在负性抗蚀剂中，电子使材料发生交联反应，将较小的聚合物结合成较大的、溶解度较低的聚合物，使溶解度变低。这种电子束曝光具有分辨率极高的优点，并且能够在无掩模的情况下制备任意图形；其缺点是制备大面积复杂图案耗时较多，且有邻近效应的限制。为克服其缺点，研究者也尝试使用了投影式电子束曝光技术和大规模平行电子束技术。正是由于电子束曝光技术具有分辨率高、自由度大的特点，因此，这种技术与二维非周期性纳米结构组成的光学超构表面的加工要求非常契合，导致电子束曝光技术在目前超构表面的加工中应用最广泛。

（二）激光直写技术

激光直写技术利用激光束直接对材料进行扫描加工，从而改变材料的物理、化学性质，如折射率、消光系数、带隙、电导率和表面浸润特性（亲水性或疏水性）等，具有无掩模、自由度高和成本低的优势。根据其不同的材料加工机理，激光直写技术又可以分为激光直写光刻技术、超快激光直写刻蚀技术和双（多）光子聚合打印技术。但是，激光直写技术的加工分辨率受到光学衍射极限的限制，使其对光学超构表面的应用局限在红外到太赫兹波段。利用双（多）光子聚合的非线性效应，不仅可以将分辨率提升至百纳米级，还能实现 3D 打印，因此有望成为未来光学超构表面集成的重要加工技术。

激光直写光刻技术是指利用强度可变的激光光束对基片表面的光敏材料实施扫描曝光，通过显影在材料表面形成所要求的图形，可再经过刻蚀沉积等薄膜工艺，将设计的图形转移到基片上。采用激光直写光刻技术加工的超构器件具有小型化、集成化以及易于设计和制造的优点。

超快激光直写刻蚀技术是指飞秒级超短脉冲能量在空间中被紧聚焦之后，通过材料双光子吸收引发光聚合。这种技术可将加工区域限制在焦点中心位置，在作用区域引发物理、化学性能变化，通过控制光束扫描实现二维或三维成形加工。而且超短脉冲与材料作用时间远低于材料热弛豫时间。超快激光直写刻蚀技术避免了光热效应，其具有独特的三维处理能力、任意形状的灵活设计、热效应最小性、损伤阈值低等特点，因此可用于制作高性能、可集成、灵活便携的多功能、高精度分辨率器件。

双（多）光子聚合打印技术是指利用材料双（多）光子吸收的特性实现光敏材料内部的任意区域的聚合。双光子聚合技术是一种能够实现亚微米尺度和纳米尺度结构制造的按量技术，不像其他高分辨微纳制造技术（如电子束曝光）受限于表面效应。双光子吸收是一种非线性现象，且双光子吸收率与入射光强度的平方成正比。如果辐照足够高并且在基态和激发态之间的跃迁能与两个光子的结合相匹配，则任何材料都能发生双光子吸收。因此，双光子聚合打印技术拥有材料穿透性好、空间选择性高、三维结构分辨率高的特点。然而，虽然双光子聚合 3D 打印技术在微纳尺度加工领域具有极大的优势，但并非全无缺点。例如，与胶片拍摄图像类似，应用双光子聚合技术的光敏材料需要进行显影和定影等过程，从而将打印的 3D 物体固定下来，因此其加工过程更烦琐。

四、全息术

1948 年匈牙利籍英国科学家 Gabor 在提高电子显微镜的成像分辨率时提出了一种通过记录重建波前的方法[20]：记录图像时不再仅利用成像系统记录图像强度分布本身，而是记录与参考波的干涉场条纹分布，从而使得振幅与相位能够同时记录在同一张底片上。Gabor 也因此获得了 1971 年诺贝尔物理学奖。然而，早期使用全息术进行光学验证时，没有较高相干性的光源，只能使用汞灯作为光源，干涉条纹反衬度低；且 Gabor 提出的同轴全息术中孪生像重叠，再现像质量差。直到 20 世纪 60 年代，激光器诞生之后，美国密歇根大学科学家 Leith 和 Upatnieks 提出并实现了可见光离轴全息的记录与重建[21]，提高了图像重建质量，增强了全息术的实用性，受到了人们广泛关注，由此全息术迅速发展起来。随后苏联科学家 Denisyuk 提出了反射全息术[22]，利用干涉场在体材料中形成三维光栅，根据布拉格条件控制波前形成针对特定波长才能进行反射的衍射光场，这一成果使得全息的白光再现成为可能。Benton 提出了两步法彩虹全息术[23]，并根据全息色散理论，通过牺牲记录竖直方向视差信息实现了白光重建彩色全息。受到全息术干涉记录、衍射重建基本原理的限制，利用相干光源将物光记录到底片上并利用相干参考光重建的光学全息，面临着对系统稳定性要求高、需要进行光化学处理等问题。Goodman 等人于 1967 年利用光敏电子元件（如 CMOS，CCD）取代光学全息中的光化学底片记录全息图，并借助计算机重建出原始物体[24]。Schnars 和 Jüptner 利用器件直接记录离轴全息图并完成了对物体的数值再现[25]。至此，数字全息术成为光学领域中的研究热点，结合全息术、光电技术、计算机等相关技术诞生的数字全息术解决了光学全息术中存在的问题。

早在 20 世纪 60 年代初期，Kozma 和 Kelly 在信号去噪中首次将计算机与空频域滤波技术结合，人工设计出了匹配滤波器[26]，为计算全息术的诞生奠定了基础。1966 年 Lohmann 和 Brown 提出了迂回编码方式，完全利用计算机将光波的波前编码成全息图，实现对空间滤波器的设计[27]。此后，人们针对不同的介质、器件提出了不同的全息图编码方式，包括相息图[28]、无参考光同轴全息图[29]和等相位干涉图等。计算全息术可以在计算机中完全模拟光波记录的过程，避免了全息图干涉记录过程中对系统稳定性的要求；同时，记录过程的数字化使得计算全息术能够记录虚拟的物体，全息图获取方式也更加灵活，扩展了计算全息术的适用性。计算全息图（computer-generated hologram，CGH）的编码记录方式按照记录原始物体信息的维度可以分为二维全息算法与三维全息算法两类。其中，二维全息算法主要应用于二维全息投影，该算法将二维图像的波前编码记录为一张全息图（通常设计为相息图），常用数值方法进行运算。其根据编码算法的类型可以分为迭代算法与搜索优化算法。三维全息算法则主要针对三维显示，记录、编码三维物体或者场景的波前，可以分为点源法（point source method）、面元法（polygon based method）以及其他算法。

在二维全息算法的迭代算法中，较为经典的算法是由 R. W. Gerchberg 和 W. Saxton 提出的一种适用于幺正光学系统的相位恢复算法（Gerchberg-Saxton，GS）算法[30]。该算法通过限制记录平面与物平面之间的振幅，反复迭代获取记录平面上的相位分布。此外，不同于迭代优化算法，人们还提出了各种优化搜索算法，如直接搜索算法、模拟退火算法、遗传算法[31]和神经网络算法[32]等，通过优化算法求解可以得到满足要求的全息图。

五、超表面全息

超表面丰富的电磁响应和操控特性可以与全息术相结合,使其既具有光学全息的优势,又发挥了超原子亚波长尺寸带来的大衍射角的特色,产生了前所未有的光波场调控能力。从全息术的角度,超表面全息同样可以分为振幅型超全息、相位型超全息与复振幅型超全息,表 1 中列举了典型超表面全息及其实现原理、代表性成果及其工作波长/效率。超表面全息源自计算全息术,大量的计算全息术在超表面全息的设计中得以应用。由于设计不同的超原子结构可以人为地控制各向异性或各向同性响应,因此无须使用特殊的构成材料也能够实现超表面全息对偏振光的敏感,进而实现特定的调控。

表 1 典型超表面全息

种类	实现原理	代表性成果	工作波长/效率
振幅型超表面全息	二值振幅共振效应	随机纳米孔光子筛	可见光范围/47%
	光学共振效应	特定几何参数的 V 形天线[33]	676 nm/10%
相位型超表面全息	有效介质理论	多层 I 型超材料	10.6 μm/1.14%
	几何相位原理	80%效率超表面全息[34]	红光到近红外光/80%
	惠更斯超表面	纳米盘惠更斯超表面[35]	1 600 nm/90%
复振幅型超表面全息	共振效应与几何相位原理	弧长和定向角调控的 C 形天线阵列[36]	300~1 000 μm/6.4%
	惠更斯超表面	变化周期的纳米盘[37]	1 477 nm/40%

(一)振幅型超表面全息

通过精心设计超原子的调控特性,使其主要作用于光波的振幅信息,这一设计过程相对简单。同时,这种设计可以由纳米孔阵列实现,结构更复杂的各型光学天线也同样可以实现这一目标。振幅型超表面全息与传统计算全息术相同,为了简化运算需要进行振幅透射系数的量化,将归一化的系数划分为多个台阶。二进制振幅调制的最简单策略是采用二值振幅超表面全息。该策略振幅透射系数编码上采用 0 和 1 两个变量元素,通过优化过程实现高质量图像的重建。Huang 等人通过大量分析亚波长尺寸光子筛的衍射场分布,利用遗传搜索算法优化纳米孔分布,最终实现均匀、无孪生像的二值全息。2019 年 Xu 等人研究了不同光子筛分布之间的相关性,提出了一种实现不同重建图像的二值振幅超表面全息方法。这一方法利用了改进的 GS 算法,生成两个具有关联性的二值振幅分布信息。此时,两组光子筛的差可以视为"开关"或者"快门",通过"开"和"关"可以在傅里叶平面空间生成两幅完全不同的图像。这种 0 和 1 的二值组合并非唯一的振幅调控方式,对于 [0,1] 区间取值的振幅透射系数而言,中间态信息同样可以用于振幅调控。

(二)相位型超表面全息

与折反射光学元件和衍射光学元件不同,人工超材料与超表面的相位调控不是由光程积累产生。相位型超表面全息的实现仅需要通过轻薄的一层波长甚至亚波长量级厚度的微纳结构即可实现。相比于传统光学相位全息术，超表面上每一个单元结构都可以人为调控，具有极高的灵活性。相比于利用空间光调制器实现的相位全息，超表面的亚波长像素间隔，既提供了大衍射角，避免了高级衍射噪声的干扰，进而可以实现大视场角显示，又能够避免空间光调制器的像素死区带来的极强的零级背景噪声。诸多优势使得相位型超表面全息受到了广泛的关注与研究。学者们提出了基于共振相位、几何相位、传播相位等的多种技术方法用于实现相位调控。

几何相位超表面是最早与全息术相结合的技术之一。Huang 等人在 2013 年即提出利用纳米金属天线实现几何相位全息重建[38]。根据几何相位原理，利用出射光与入射光正交的圆偏振光上携带编码的计算全息相位信息，可以实现三维图像的重建。几何相位的宽谱调控性能也实现全息编码信息在较大的工作波长范围内的重建，其重建距离与波长成反比，符合平面全息的物像关系。微纳天线结构构成材料的自身损耗导致了单一微纳天线结构无法在全部波段都能实现较高的调控效率，而金属材料的欧姆损耗使这种情况更为明显。为了提高效率，Zheng 等人设计了 MIM 的反射式结构，利用法－珀腔谐振能够有效地提升调控效率，在 825 nm 的工作波长下调控效率能够达到 80%[34]。他们在 630～1 050 nm 的范围内都观察到了高效率的全息重建。同时，几何相位与旋转角度相对应，因此理论上能实现连续相位可调，这也降低了全息编码过程的优化难度。需要特别指出的是，正是由于几何相位原理中只有与入射方向正交的圆偏振光才携带编码信息，因此可以通过圆偏振检偏器（组）有效滤除加工公差与材料光学参数偏差导致的零级背景噪声，大幅提升全息重建质量，这是传统的光学全息术与计算全息术重建中无法实现的。

针对线偏振光以及偏振不敏感的相位型超表面全息也被学者们提出，基于广义惠更斯原理的多谐振腔响应，Wang 等人提出了由不同半径 Si 纳米盘构成的介质超表面全息，能够实现高分辨率灰阶图像的编码记录与重建[39]。强电偶极子与磁偶极子共振使惠更斯超表面同样能够保证在出射强度均匀的情况下实现 2π 范围的相位调控，而且衍射效率能够在 1 600 nm 的工作波长下超过 90%。此外，基于惠更斯原理设计的具有多重旋转对称性的超原子具有与偏振态无关的响应，且单元结构失配引起的畸变也很微小[40]。

（三）复振幅型超表面全息

传统全息元器件无法实现单元结构的振幅与相位独立调控，但超表面全息却可以通过优化设计超原子的几何形状实现该功能。双独立几何相位模式[41]、谐振特性的复振幅调制方法[42]与混合谐振几何相位原理的方法[43-44]相继被提出。

双独立几何相位模式由两个在空间位置上重叠的纳米天线构成，两个天线可近似为独立的正交电偶极子，即各自具有几何相位特性。Lee 等人设计了交叉的 Si 纳米棒形成 X 形结构[41]，其正交的圆偏振透射光的复振幅可以表示为

$$\begin{aligned} E_{-\sigma} &\propto \exp(j2\sigma\theta_1) + \exp(j2\sigma\theta_2) \\ &= \{\exp[j\sigma(\theta_1-\theta_2)] + \exp[-j\sigma(\theta_1-\theta_2)]\}\exp[j\sigma(\theta_1+\theta_2)] \\ &= 2\cos(\theta_1-\theta_2)\exp[j\sigma(\theta_1+\theta_2)] \end{aligned} \tag{3}$$

式中，θ_1 和 θ_2 分别为两个纳米棒的取向角；σ 为极化状态；$\cos(\theta_1-\theta_2)$ 项调制复振幅的振幅，而 $\exp[j\sigma(\theta_1+\theta_2)]$ 项控制相位变化。因此任意目标复电磁场的幅度和相位可以仅由 θ_1 和 θ_2 确定。

通常采用 V 形纳米天线和 C 形开口环谐振器（CSRR）的结构实现复振幅调制。利用 V 形纳米天线的对称和反对称共振模式，可以实现两阶振幅和八阶相位调制，并可用于在可见光范围重建高分辨率和低噪声的图像[43]。Overvig 等人提出使用具有不同程度双折射和取向角的超原子来控制一个或两个频率的复振幅，通过调整双折射超原子的大小来改变正交圆偏振光的转换效率，从而控制振幅，而调控的相位是传播相位和几何相位的总和。Song 等人也提出了类似的方法[43]。Jiang 等人则进一步提出了十字结构，通过改变共振控制振幅，并对方位角进行几何相位的调控，进一步提高结构与光的相互作用，使结构的厚度减小，进而降低加工难度[44]。

（四）复用超表面全息

超表面的调控单元尺寸属于亚波长量级，在这种尺寸下光与物质的相互作用更显著，振幅、相位、频率、偏振、轨道角动量等光的基本属性均可以作为调控参数进行设计和编码，因此超表面全息在具有传统光学全息术特性的基础上，展现出了更加丰富的调控能力。复用超表面全息即基于超表面全息的多维度调控，在一片超表面上实现了不同波长、不同偏振态、不同拓扑荷的光入射下的图像重建。

1. 偏振复用

与通常对偏振不敏感或仅具有弱偏振旋转能力的天然材料相比，超表面在改变与之相互作用的光波的偏振态方面具有极强的灵活性。通过不同的偏振态编码截然不同的光学信息，超表面能够实现偏振复用。各向异性结构因具有双折射现象被广泛采用，以实现偏振复用超表面全息。Montelongo 等人通过利用等离子体纳米天线的辐射，从理论和实验上证明了偏振全息的概念[45]。

通过设计介电椭圆形纳米柱介电超表面的特征向量与旋转介电共振矩阵，可以同时控制输出光的偏振和相位。基于这种波前调控方法，可以在 915 nm 的近红外波长下以超过 80% 的衍射效率实现 x 和 y 两个不同图案的偏振可切换相位全息[46]。此外，Mueller 等人通过结合传播和几何相位，利用双折射超表面实现了在任意一对正交偏振态（线偏振、圆偏振或椭圆偏振）上对两个独立且任意的相位分布进行编码[47]。该方法打破了圆偏振复用超表面全息的限制，使改变入射光的旋性偏振态时能获得两幅孪生像。

2. 彩色复用与光谱复用

彩色显示是最为广泛熟知的多波长调控之一。彩色复用（多波长复用）需要实现对不同入射波长的波前进行完全独立的光学参量调控，在实空间（空域空间）与动量空间（空频域）都可以进行各自独立的调节，进而提高信息容量。这种技术广泛应用于信息展示、加密与防伪等领域。

蔡定平等人用铝纳米棒、中间介质层和底部铝反射层构成的 MIM 结构设计了超表面单元，利用该种结构实现了工作在红、绿、蓝三基色的二元相位全息。三种不同结构参数的铝纳米柱分别在 405 nm、532 nm 和 658 nm 存在谐振峰。通过控制纳米棒的长度可实现相位调控。每个超像素单元包含两个红光单元、一个绿光单元和一个蓝光单元。由于波长复用和相位调制都依赖于纳米柱的谐振特性，因此，该工作只使用了二阶相位调制。也正是由于低阶相位调制和较大的集成单元尺寸，导致再现像中出现高阶衍射图像[48]。

除了利用规则的几何体单元做超表面单元以实现彩色相位全息，利于金属纳米粒子散射和网状超材料透射的双色振幅调制全息也被实验证实过。文献[49]设计了由银纳米颗粒构成的四类能实现二阶振幅调控（红光和蓝光）的像素单元。利用类似的结构，文献[50]实现了905 nm 和 1 385 nm的双图像振幅型超表面全息。更进一步，利用该种结构设计成八类像素单元时，可实现三色全息。

通过前面提到的超像素方法，的确可以实现全彩色全息，但每个像素元包含多个超表面单元，这牺牲了分辨率。利用简单像素的超表面则可以去除不需要的高阶衍射图像，且能增大视场角。但该方法会带来颜色串扰，例如，用红光照射时，再现像中除了红光对应的再现像，还会出现其他波长对应的再现像。此时可以通过给不同波长的光配置不同的入射角来消除该影响，从而分开轴上图像和轴外图像。文献[51]用等离子超表面，通过对振幅和相位的同时调控实现了2D/3D的高分辨率全息，该方法给每种颜色对应的全息图赋予了额外的相移。三束不同颜色的激光以不同角度入射来实现不同颜色的图像分量的解码。该方法所使用的结构是金属纳米孔隙，通过控制纳米孔隙的长度和旋向来调制振幅和相位。该方法使用了二阶振幅和八阶相位调制，并利用三基色产生了青色、品红、黄色和白色。

六、超表面全息设计加工实例

超表面全息设计流程包括基于衍射算法的全息图计算、基于时域有限差分方法的超表面设计、超表面全息器件加工和实验表征等，如图4所示。

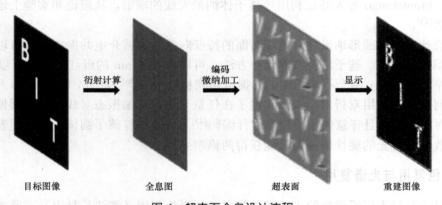

图4　超表面全息设计流程

根据前文可知，有多种衍射算法都可以计算全息图，使得全息图在合适的入射波长照射下，在特定位置可以重建全息图像。在此案例中，将像面设置到无限远，采用夫琅禾费衍射来计算全息面到像面的传播过程，进而可以通过GS算法进行计算。在平面波的照射下，GS算法的过程可以简化如下，如图5所示。

（1）用一个随机相位矩阵φ_0代替像平面中的相位，而振幅A_0保持不变。

（2）光场从像平面传播到物平面后，振幅A_1被置为1，而相位φ_1被保留。

（3）光场E_2从物平面传播到像平面。

（4）将得到的重建图像的振幅A_3与原物体图像的振幅A_0进行比较。通过计算两个图像之间的相关性来决定终止还是继续该过程。

（5）将重建图像的相位 φ_3 与振幅 A_0 合并成新的复振幅。然后从步骤（2）开始重复该过程。

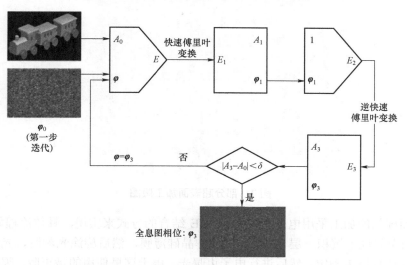

图 5　GS 算法的过程

使用 BIT 三个字母作为物体，采用 GS 算法，将像素大小设为 $1\,000 \times 1\,000$，得到相位全息图和重建图，如图 6 所示。

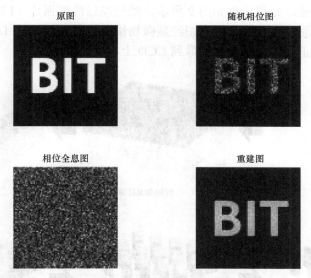

图 6　根据目标图像计算出相位全息图以及重建图

如何使用超表面来实现全息图是下一个关键问题。本案例采用 PB 相位来设计超表面全息。采用的超原子结构是一种矩形柱结构，这种结构具有相位和面内旋转角相关的性质，具体表现为对光波施加的相位是面内旋转角的两倍。因此将图 6 中相位全息图的所有单元的相位值除以二就可以得到超表面中每个超原子的旋转角度。采用 FDTD 软件对超原子进行优化，优化设计的目标是在改变超原子的长、宽、高时，实现偏振转换效率的最大化。将相位编码到超表面后，对应的部分超表面加工版图如图 7 所示。

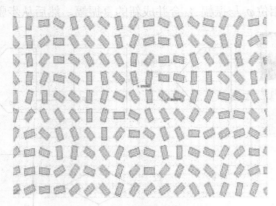

图 7　部分超表面加工版图

对超表面样品的加工采用电子束曝光和 RIE 结合的方式来实现，具体流程如图 8（a）所示。首先在石英衬底上沉积一层 290 nm 厚的非晶硅薄膜，然后旋涂光刻胶，光刻胶的厚度根据 RIE 的刻蚀选择比来确定。然后进行电子束曝光，由于这里使用的是正胶，因此曝光的区域将被保留下来，作为后续刻蚀的掩模。接着进行 RIE，将结构以外的非晶硅刻蚀掉，形成周期性的结构分布。最后去除多余的光刻胶，即得到了超表面。经过扫描电子显微镜表征，得到的结果如图 8（b）所示。

最后进行实验验证，光路示意如图 9 所示。激光经过线偏振片（LP）和 1/4 波片转化圆偏振光，入射到超表面后，重建的全息图经显微物镜放大之后，再由 1/4 波片和线偏振片构成的检偏系统来检测正交偏振光，并成像到 CCD 上接收记录。

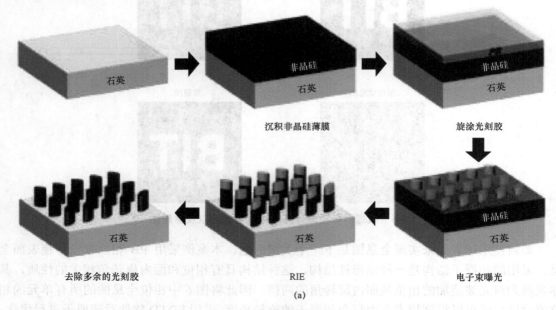

(a)

图 8　超表面加工

（a）加工流程

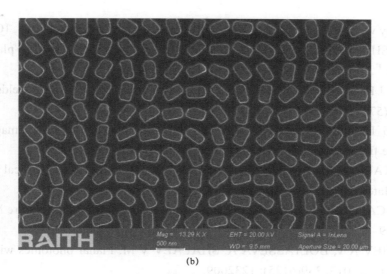

图 8 超表面加工（续）
(b) 样品的扫描电子显微镜表征结果

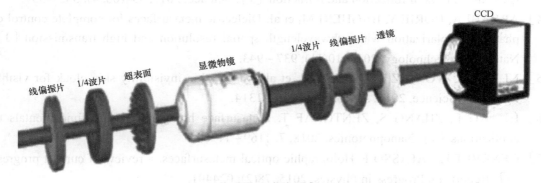

图 9 光路示意

参 考 文 献

[1] VESELAGO V G. The electrodynamics of substances with simultaneously negative values of ε and μ [J]. Physics-Uspekhi, 1986, 10(4): 509.

[2] SHELBY R A, SMITH D R, SCHULTZ S. Experimental verification of a negative index of refraction [J]. Science, 2001, 292(5514): 77–79.

[3] SMITH D R, PENDRY J B, WILTSHIRE M CK. Metamaterials and negative refractive index [J]. Science, 2004, 305(5685): 788–792.

[4] GUO Y, PU M, MA X, et al. Advances of dispersion-engineered metamaterials [J]. Opto-Electronic Engineering, 2017, 44(1): 3–22.

[5] LUO X, ISHIHARA T. Surface plasmon resonant interference nanolithography technique [J]. Applied Physics Letters, 2004, 84(23): 4780–4782.

[6] GAO P, YAO N, WANG C, et al. Enhancing aspect profile of half-pitch 32nm and 22nm

lithography with plasmonic cavity lens [J]. Applied Physics Letters, 2015, 106(9): 093110.

[7] LUO X, ISHIHARA T. Subwavelength photolithography based on surface-plasmon polariton resonance [J]. Optics Express, 2004, 12(14): 3055−3065.

[8] PENDRY J B, SCHURIG D, SMITH D R. Controlling electromagnetic fields [J]. Science, 2006, 312(5781): 1780−1782.

[9] SCHURIG D, MOCK J J, JUSTICE B J, et al. Metamaterial electromagnetic cloak at microwave frequencies [J]. Science, 2006, 314(5801): 977−980.

[10] KHANIKAEV A B, MOUSAVI S H, TSE W K, et al. Photonic topological insulators [J]. Nature Materials, 2013, 12(3): 233−239.

[11] YU N F, CAOASSO F. Flat optics with designer metasurfaces [J]. Nature Materials, 2014, 13(2): 139−150.

[12] KILDISHEV A V, BOLTASSEVA A, SHALAEV V M. Planar photonics with metasurfaces [J]. Science, 2013, 339(6125): 1232009.

[13] YU N, GENEVET P, KATS M A, et al. Light propagation with phase discontinuities: generalized laws of reflection and refraction [J]. Science, 2011, 334(6054): 333−337.

[14] ARBABI A, HORIE Y, BAGHERI M, et al. Dielectric metasurfaces for complete control of phase and polarization with subwavelength spatial resolution and high transmission [J]. Nature Nanotechnology, 2015, 10(11): 937−943.

[15] NI Xingjie, WONG Z J, MREJEN M, et al. An ultrathin invisibility skin cloak for visible light [J]. Science, 2015, 349(6254): 1310−1314.

[16] HUANG L, ZHANG S, ZENTGRAF T. Metasurface holography: from fundamentals to applications [J]. Nanophotonics, 2018, 7: 1169−1190.

[17] GENEVET P, CAPASSO F. Holographic optical metasurfaces: a review of current progress [J]. Reports on Progress in Physics, 2015, 78(2): 024401.

[18] MARTINS A, LI J, MOTA A F D, et al. Highly efficient holograms based on c-Si metasurfaces in the visible range [J]. Optics Express, 2018, 26(8): 9573−9583.

[19] PANCHARATNAM S. Generalized theory of interference, and its applications [J]. Proceedings of the Indian Academy of Sciences-Section A, 1956, 44(5): 247−262.

[20] GABOR D. A new microscopic principle [J]. Nature, 1948, 161: 777−778.

[21] LEITH E N, UPATNIEKS J. Wavefront reconstruction with diffused illumination and three-dimensional objects [J]. Journal of the Optical Society of America, 1964, 54: 1295−1301.

[22] DENISYUK Y N. On the reflection of optical properties of an object in a wave field of light scattered by it [J]. Dokl. Akad. Nauk SSSR, 1962, 144: 1275−1278.

[23] BENTON S A. Survey of holographic stereograms [J]. Processing & Display of Three-Dimensional Data, 1983, 367(12): 15−19.

[24] GOODMAN J W, Lawrence R W. Digital image formation from electronically detected holograms [J]. Applied Physics Letters, 1967, 11(3): 77−79.

[25] SCHNARS U, JüPTNER W. Direct recording of holograms by a CCD target and numerical

reconstruction [J]. Applied Optics, 1994, 33(2): 179–181.

[26] KOZMA A, KELLY D L. Spatial filtering for detection of signals submerged in Noise [J]. Applied Optics, 1965, 4(4): 387–392.

[27] BROWN B R, LOHMANN A W. Complex spatial filtering with binary masks [J]. Applied Optics, 1966, 5(6): 967–969.

[28] LESEM L B, HIRSCH P M, JORDAN J A. The kinoform: a new wavefront reconstruction device [J]. IBM Journal of Research and Development, 1969, 13(2): 150–155.

[29] CHU D C, FIENUP J R, GOODMAN J W. Multiemulsion on-axis computer generated hologram [J]. Applied Optics, 1973, 12(7): 1386–1388.

[30] GERCHBERG R W. A practical algorithm for the determination of phase from image and diffraction plane pictures [J]. Optik, 1972, 35: 237.

[31] ZHOU G, CHEN Y, WANG Z, et al. Genetic local search algorithm for optimization design of diffractive optical elements [J]. Applied Optics, 1999, 38(20): 4281–4290.

[32] RIVENSON Y, ZHANG Y B, GÜNAYDIN H, et al. Phase recovery and holographic image reconstruction using deep learning in neural networks [J]. Light: Science & Applications, 2018, 7(2): 17141.

[33] NI X, KILDISHEV A V, SHALAEV V M. Metasurface holograms for visible light [J]. Nature Communications, 2013, 4: 2807.

[34] ZHENG G, MUHLENBERND H, KENNEY M, et al. Metasurface holograms reaching 80% efficiency [J]. Nature Nanotechnol, 2015, 10: 308–312.

[35] WANG L, KRUK S, TANG H, et al. Grayscale transparent metasurface holograms [J]. Optica, 2016, 3: 1504–1505.

[36] LIU L, ZHANG X, KENNEY M, et al. Broadband metasurfaces with simultaneous control of phase and amplitude [J]. Advanced Materials, 2014, 26(29): 5031–5036.

[37] CHONG K E, WANG L, STAUDE I, et al. Efficient polarization-insensitive complex wavefront control using Huygens' metasurfaces based on dielectric resonant meta-atoms [J]. ACS Photonics, 2016, 3: 514–519.

[38] HUANG L, CHEN X, MÜHLENBERND H, et al. Three-dimensional optical holography using a plasmonic metasurface [J]. Nat. Commun, 2013, 4: 2808.

[39] WANG L, KRUK S, TANG H, et al. Grayscale transparent metasurface holograms [J]. Optica, 2016, 3: 1504–1505.

[40] CHONG K E, WANG L, STAUDE I, et al. Efficient polarization-insensitive complex wavefront control using Huygens' metasurfaces based on dielectric resonant meta-atoms [J]. ACS Photonics, 2016, 3: 514–519.

[41] LEE G Y, YOON G, LEE S Y, et al. Complete amplitude and phase control of light using broadband holographic metasurfaces [J]. Nanoscale, 2018, 10: 4237–4245.

[42] YU N F, GENEVET P, KATS M A, et al. Light propagation with phase discontinuities: generalized laws of reflection and refraction [J]. Science, 2011, 334(6054): 333–337.

[43] SONG X, HUANG L, TANG C, et al. Selective diffraction with complex amplitude

modulation by dielectric metasurfaces [J]. Adv. Opt. Mater., 2018, 6: 1701181.

[44] JIANG Q, HE Z, JIN G, et al. Complex amplitude modulation metasurface with dual resonance in transmission mode [C]. Proc. SPIE 10944, 109440A, 2019.

[45] MONTELONGO Y, TENORIO-PEARL J O, MILNE W I, et al. Polarization switchable diffraction based on subwavelength plasmonic nanoantennas [J]. Nano Letters, 2013, 14(1): 294–298.

[46] ARBABI A, HORIE Y, BAGHERI M, et al. Dielectric metasurfaces for complete control of phase and polarization with subwavelength spatial resolution and high transmission [J]. Nat. Nanotechnol., 2015, 10: 937–943.

[47] BALTHASAR MUELLER J P, RUBIN N A, DEVLIN R C, et al. Metasurface polarization optics: independent phase control of arbitrary orthogonal states of polarization [J]. Physical Review Letters, 2017, 118: 113901.

[48] HUANG Y W, CHEN W T, TSAI W Y, et al. Aluminum plasmonic multicolor meta-hologram [J]. Nano Letters, 2015, 15: 3122–3127.

[49] MONTELONGO Y, TENORIO-PEARL J O, WILLIAMS C, et al. Plasmonic nanoparticle scattering for color holograms [J]. Proceedings of the National Academy of Sciences, 2014, 111(35): 12679–12683.

[50] WALTHER B, HELGERT C, ROCKSTUHL C, et al. Spatial and spectral light shaping with metamaterials [J]. Advanced Materials, 2012, 24(47): 6300–6304.

[51] WAN W, GAO J, YANG X. Full-color plasmonic metasurface holograms [J]. ACS Nano, 2016, 10: 10671–10680.

[52] Tomás Santiago-Cruz et al., Resonant metasurfaces for generating complex quantum states [J]. Science377, 2022, 991–995.

案例 3
面向生物医疗应用的薄膜微型 LED 器件

丁 贺

（北京理工大学 光电学院）

生物体的诊断与治疗可以采用多种方法，其中包括光学、电学和化学方法。使用这些方法能够刺激特定部位，进而收集与电位、荧光、温度及化学成分相关的信息。相较于电学方法和化学方法，光学方法因其具有高空间分辨率、出色的目标选择性和非侵入性特点，在实际应用中展现出显著的优越性。目前，具有代表性的植入式解决方案基于光波导技术，它能够传输激发光并收集返回的光信号，从而解决深层组织中荧光信号的激发和记录难题。但植入式光纤在生物体内的应用仍然存在局限性，如需进行有线传输、可能导致较大的生物损伤等。而且，当前的传感系统中，关键的光电器件（如光源、滤光片、光电探测器等）仍主要由商用元件组成，这导致其体积和质量较大，并通常需要放置在体外，因此限制了其应用。

随着微电子和光电子技术进入"后摩尔时代"，高性能光电器件与生物系统的整合逐渐受到重视。基于硅和其他半导体材料（如砷化镓（GaAs）、氮化镓（GaN））设计的半导体光电器件已在微电子芯片、光电探测、成像和光伏电池等领域得到了广泛应用，它们具有小尺寸、多功能和高性能等特点。值得注意的是，由于这些设备具有出色的生物相容性，因此近年来它们也被集成到了各种柔性、可伸展甚至可降解的衬底中，为生物医学领域的穿戴式和植入式传感器开辟了新道路。微尺度薄膜设备的前沿制造技术和柔性基材的完美结合，使其与生物组织的特性高度契合。这种结合在生物医学领域带具有巨大的应用前景。例如，将微尺度薄膜发光二极管（LED）作为高效光源进行集成应用，为生物医学研究提供了革命性的解决方案。利用光电半导体结构的创新设计、先进制造技术、生物相容封装技术、远程控制电路和无线电力供应技术，可以实现精确的光刺激、高灵敏度的检测以及高效的光疗，进一步拓展了植入式光电系统在生物医学领域的应用。

一、薄膜微型光电器件的加工制作与异质集成

微型 LED 的发展带来了若干技术挑战，尤其是与生产过程、效率和颜色可调性相关的挑战。为了应对这些挑战，研究者们探索了各种方法，包括晶片级转移、表面粗糙化和多色集成[1-4]。其中，使用外延剥离和转移印刷技术制造薄膜微型 LED 极具吸引力。首先，可以通过转移印刷技术将薄膜 LED 与衬底结合，确保规模化的产量[5-6]。其次，微型 LED 可以通过各种沉积技术在极薄的层中制造，从而在设计和制造中提供出色的灵活性，这意味着可以进

行多层叠加[7-9]。此外，在微型 LED 的制造中使用传统的 LED 生长技术可以得到出色的光电性能。转移技术为在集成电路或其他应用中保留和利用这些卓越的特性提供了一种方法，从而使微型 LED 能够结合传统 LED 的性能优势。因此，转移技术扩大了微型 LED 在各个领域的潜在应用。

几种代表性的薄膜设备制造技术，如化学剥离（CLO）[10-14]、激光剥离（LLO）[14-17]和受控剥离技术（CST）[18-19]，以及其他面向工业级制造的外延剥离流程都获得研发，用于制备无衬底的外延器件结构。图 1（a）描绘了红色、黄色和红外 GaAs 基 LED 的制造及转印流程[8]，其中位于 LED 器件结构和生长衬底之间的"牺牲层"部分会在刻蚀溶液中被选择性地移除。具体而言，即利用氢氟酸来刻蚀位于 LED 结构与 GaAs 基板之间的牺牲性 AlAs 层。为确保 LED 在刻蚀过程中不会掉落，其边缘部分涂有经过图案化处理的光刻胶作为黏附结构来固定 LED。然后，采用经过图案化的 PDMS 弹性印章，依赖 LED 器件与 PDMS 弹性印章之间范德华力的作用，提取微尺寸的 LED 并迅速将其从原始晶圆上剥离。接下来，将该印章与目标基板对齐，并将其压合到异构基板上。通过控制印章的移动速度，可以调节设备与印章之间的黏合力，从而确保微器件能够成功转印到异构基板上。图 1（b）展示了蓝色、绿色及紫色 GaN 基 LED 在蓝宝石基板上的生长、制造及转印流程。通过激光剥离技术分解位于 LED 器件底部的 GaN 缓冲层，从而生成镓金属和氮气。由于激光具有冲击作用，因此选择使用热释放胶带而非光阻来固定待释放的设备。在 70 ℃的条件下（高于镓的熔点温度，约为 29.7 ℃），轻轻施加机械力将微型 LED 从蓝宝石基板上剥离。然后将样品在室温下浸于 1:5 稀释的氨水中约 30 min 以清除残留的镓。随后，在 120 ℃的温度下（热释放胶带的剥离温度约为 110 ℃）将薄膜微型 LED 从热释放胶带上剥离，并通过 PDMS 转印到异构基板上。图 1（c）展示了基于上述方法制备的薄膜微型 LED 在玻璃基板上的显微镜图像，分别处于点亮发光和不发光两种状态。图 1（d）展示了薄膜微型 LED 的电致发光光谱，发光波长从蓝色至红色，这证明了转移后的薄膜微型 LED 的发光性质未受到影响。

此外，借助弹性印章与微器件之间范德华力转印的方法，可以实现一次性转印数十个器件，而且印章能够经受数万次的重复使用，目前已实现大面积的转移集成应用[5]。此外，还存在基于电磁阵列的技术，它利用电磁力来转移磁性微型 LED，并通过正负电极组成的专门头部采用静电力转印的技术，实现精准、稳定的异质集成[1]。除了上述技术，微型 LED 生产中还有其他多种策略。例如晶圆键合技术，它适合大规模生产并能直接将Ⅲ－Ⅴ晶圆与硅晶圆整合，而不仅仅是集成预制的设备[3-4]；还有基于范德华力的多层堆叠技术，它可以实现多层 2D 材料的构建，并且有着高度的灵活性和低功耗特性[20-22]。这些技术不仅大幅推动了微型 LED 的商业化和工业化进程，还通过结合印刷电路板、柔性载体以及生物兼容膜等特殊材料作为创新衬底[8,23-27]，显著拓展了其在显示技术、光学治疗及生物传感等领域的应用。

二、基于 LED 光源的植入式光遗传学神经调控

生物组织对可见光具有显著的散射和吸收能力，这为深部生物组织的光传输带来了严峻的挑战[28-29]。虽然目前已有众多先进的材料、设备和系统，但将光源直接注射到指定部位似乎更具效率和稳定性。传统的植入式光纤虽然能够将光传输到组织的深处，但它面临的问题（如有线连接和较大的生物损伤等）不容忽视。新型的植入式光源探针技术，以薄膜微型 LED

为代表，结合无线供电和远程控制，展现出了卓越的生物相容性、低侵入性、高精确度和便携性。这种光电器件与柔性电子技术的结合，为开发柔软、可伸展和可植入的生物医学工具提供了坚实的基础，从而拓展了其在生物医学（如神经刺激、光疗和生理参数监测等）领域的应用前景。

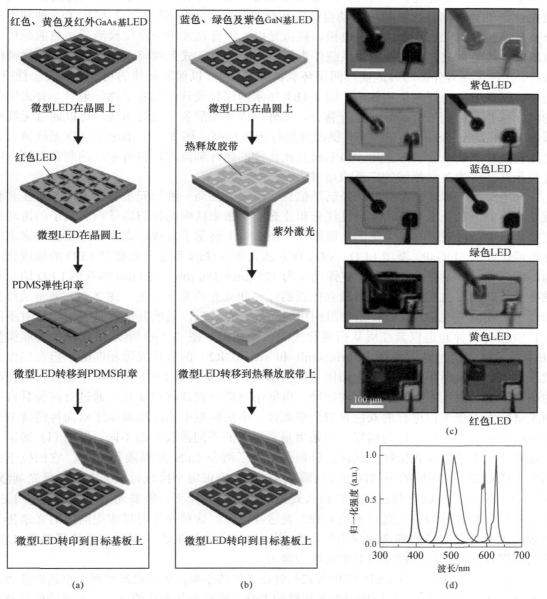

图1 薄膜微型 LED 器件制造过程

（a）红色、黄色和红外 GaAs 基 LED 的制造和转印流程；（b）蓝色、绿色及紫色 GaN 基 LED 在蓝宝石基板上的生长、制造和转印流程；（c）不同颜色发光薄膜微型 LED 的显微镜图像，左侧为无电致发光图像，右侧为有电致发光图像；（d）不同颜色薄膜微型 LED 的电致发光光谱[8]

与传统的电学或化学神经调控手段显著不同,光遗传学为脑科学神经调控研究提供了一种独特的方法。该方法通过遗传修饰特定的神经元,使其表达光敏蛋白,从而研究神经回路功能[30]。当表达光敏蛋白的神经元暴露于特定波长的光时,神经活动可以以非侵入和可逆转的方式被选择性地激活或抑制。基于薄膜微型 LED 的植入式光源为神经科学,尤其是光遗传学,提供了与组织杨氏模量相似的工具,它具有减少生物损伤、提供精确光刺激和多种传感功能等优势。同时,借助无线电路系统,可以控制位于小鼠头部的植入式光源探针,不会干扰目标动物的活动自由度和社交行为[31-32]。图 2(a)展示了一种基于 4 个蓝色薄膜微型 LED 器件、铂电极、硅微光电二极管以及用于温度检测或加热的蛇形电阻器的无线植入式光源系统。该系统作为细胞尺度的植入式光源可实现光遗传学生物神经调控。所有这些器件都巧妙地嵌入四层环氧树脂材料中,以保障器件的功能性和安全性[31]。为了确保其可成功植入生物体内,图 2(b)所示的探针设计上配备了微注射针,并采用生物可降解的胶黏剂与目标组织进行黏合。此外,该系统配备了无线模块,可以通过无线电频率(radio frequency,RF)为其供能并进行无线控制。图 2(c)给出了这款无线植入式光源系统在小鼠中的实际应用,显示出其比传统的光纤刺激方法具有更广的刺激范围,同时预示其在生物医学领域的广泛应用潜力。

为了深入了解复杂多样的神经活动信息,研究者在同一神经元上分别表达了对红光和蓝光敏感的两种光敏蛋白,并通过红光和蓝光的刺激来精确调控阳离子和阴离子的流动及超极化,实现对细胞的精确光诱导调控[33]。图 2(d)展示了集成于柔性聚酰亚胺衬底上的红色磷化镓铟(InGaP)微型 LED、SiO_2/TiO_2 滤光和 InGaN 蓝色薄膜微型 LED 的集成化结构的探针光源。图 2(e)呈现了整体尺寸为 125 μm × 180 μm × 120 μm 的双色 LED 的垂直堆叠设计,允许在同一位置提供独立控制的红光和蓝光的光学刺激。图 2(f)展示了蓝色和红色薄膜微型 LED 探针在生物组织中的光场分布情况,说明其能够精确地激活对不同波长敏感的两种通道视紫红质从而进行光遗传学调控。图 2(g)展示了这两种薄膜微型 LED 的发射光谱与光敏蛋白(ChrimsonR 和 stGtACR2)的吸收光谱相匹配,旨在确保光敏蛋白的有效激活并减少干扰。如图 2(h)所示,薄膜微型 LED 探针可以植入自由行动的小鼠头部,并且不会影响其正常行动。根据小鼠的位置选择性实验,通过对两种具有不同光谱特性的视蛋白进行的双色光遗传学刺激,小鼠模型中清晰地展现了双向神经调节影响下的个体运动和社交行为偏好。与采用垂直堆叠的不同波长光源不同,图 2(i)展示了一款特殊的柔性植入式探针。这款探针内部配备了两个 GaN 薄膜微型 LED,它们位于大脑中表达 ChR2 的区域的不同深度(间隔 0.6 mm),确保每个区域可以独立地接受光刺激。在图 2(j)中,可以看到这款柔性植入式探针在遥控操作下,能够通过其薄膜微型 LED 在不同位置激活或抑制上视丘中的 ChR2 表达神经元。这种操作可以实现同步的光遗传学刺激,进而诱发明显的逃逸和攻击性行为[34]。这些实验结果进一步强调了薄膜微型 LED 植入式探针在光遗传学神经调节中的巨大潜力。

总之,基于薄膜微型 LED 的植入式探针在光遗传学刺激领域已经展现出卓越的潜力,逐渐成为具有前景的、针对体内组织光传输的工具。得益于其小巧的设计、节能特性以及与各类光学和电子设备的卓越兼容性,它赢得了众多研究者的青睐。然而,为了达到更加精细、立体和丰富功能的光遗传学刺激效果,仍然需要对精准化的光遗传学刺激技术进行深入研究和持续创新。

案例 3 面向生物医疗应用的薄膜微型 LED 器件

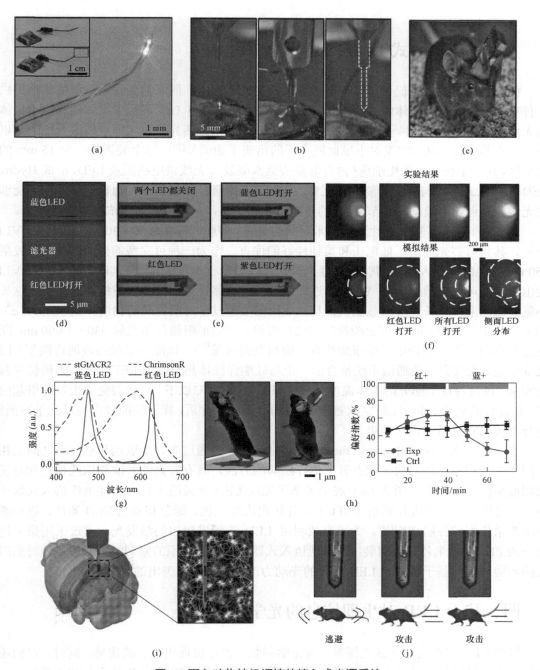

图 2 面向动物神经调控的植入式光源系统

(a) 薄膜微型 LED 光遗传学探针型刺激器的照片以及设备未连接（顶部）和连接（底部）到电源系统的照片；(b) 微注射针注射和释放过程的照片；(c) 脑部携带无线植入式光源系统自由移动小鼠的照片[31]；(d) 集成化结构的探针光源；(e) 独立控制双色光源探针中的不同颜色薄膜微型 LED，实现了四种不同颜色的控制模式；(f) 蓝色和红光色薄膜微型 LED 探针光场分布的实验和模拟结果[33]；(g) 双色光源的发射光谱和光敏蛋白（ChrimsonR 和 stGtACR2）的吸收光谱；(h) 植入光源探针自由移动的小鼠模型，获得了个体运动和社交行为偏好的双向神经调节；(i) 双点位置分布的蓝光柔性植入式探针，实现植入式空间光源的光遗传学刺激；(j) 控制不同位置的 LED 光源实现双通道光遗传学刺激控制，小鼠表现出明显的逃逸和攻击性行为[34]

145

三、基于植入式 LED 微光源的疾病治疗

植入式光源系统不仅可以实现对神经组织的光学调控,同时也为深部组织的光疗提供了一种有效手段,这对于体内某些病变的治疗至关重要。图 3(a)展示了植入糖尿病小鼠体内的无线供电的 LED 器件,其发射波长为 730 nm 的光来激活光受体(即单磷酸合成酶)以触发胰岛素基因的表达,实现对小鼠血糖水平的迅速平稳调节[35]。这个装置为一个 15 mm 的螺旋形柱,其中整合了工程化细胞(内含海藻酸盐水凝胶)、无线供电线圈及 LED,形成 Hydrogel LED 的植入式系统与外部智能设备互联。同时,基于智能装置搭载的血糖检测系统,能够通过无线电发射器半自动地调节 LED 的光照强度和时长,从而根据血糖浓度释放胰岛素。

图 3(b)展示了基于单片互连技术研制的柔性、薄膜、高效的 30×30 AlGaInP 基 f-VLED 阵列,其具有高光输出、低电压和柔韧性好的优点。作为一种可穿戴的光疗器件,其发射的 650 nm 红光能够深入皮肤,刺激真皮层下的毛囊,有助于毛发生长[36]。实验数据表明,f-VLED 发出的红光可以有效地刺激 Wnt/β–连环蛋白信号通路,进而推动毛囊细胞的生长。这导致小鼠背部的毛发生长速度明显加快,且其效果明显超过了对照组及药物治疗组。图 3(c)展示了一款配备微型 LED、可无线控制的隐形眼镜。此隐形眼镜具备发射 630~1 000 nm 的远/近红外光的功能,专为治疗糖尿病性视网膜病变而研发[37]。该隐形眼镜巧妙地将微型 LED、集成电路、无线供电及通信系统整合于一个与硅酮弹性体热交联的 PET 膜中。为确保穿戴者的安全,该设备每个部分的工作温度都被严格控制在 40 ℃ 以下,有效避免了由发热引起的损伤。在进行的兔眼实验中,经这款智能 LED 隐形眼镜治疗后,视网膜的厚度明显优于对照组,充分证实了它卓越的治疗效果。

光动力疗法(photodynamic therapy,PDT)是一种通过光、光敏剂和氧三者之间的相互作用产生具有杀伤能力的单线态氧来治疗疾病的方法,具有较高的肿瘤组织选择性和对正常组织低损伤性等优势。图 3(d)展示了基于无线 LED 光源的光动力癌症治疗植入式器件系统,通过植入体内的近场通信(NFC)设计供电点亮红色、绿色和蓝色 LED 器件,进而激活光敏剂杀伤组织肿瘤细胞[38]。为了有效利用 LED 光源发射出的激发光,通过采用聚多巴胺修饰的 PDMS 纳米片进行封装,以实现植入式器件与生物组织的紧密结合。与多种对照组进行的实验相比,基于植入式 LED 设备的光动力治疗表现出了突出的抗肿瘤效果。

四、基于 LED 对生理信息的光学传感

微型 LED 在作为植入式光源时,对光学刺激和治疗展现出显著的优势,同时,它们还可以作为无线传感器,捕捉并响应环境中的信息变化。得益于微型 LED 的电学和光学属性,如电流、电压、电阻、中心发射波长以及光强度,它们可以对外部因子(如压力、温度和接触电阻)产生的影响进行敏感响应。因此,将微型 LED 用作传感器来检测这些环境变化极具潜力和前景。通过外延剥离和转印技术,微型 LED 能够与生物相容的柔性基材或其他功能器件实现异质集成,这进一步拓宽了其应用范围。得益于其微小的体积、出色的发光性能以及低能耗等显著优势,微型 LED 已经成为生物传感及众多其他应用场景的首选。

案例 3　面向生物医疗应用的薄膜微型 LED 器件

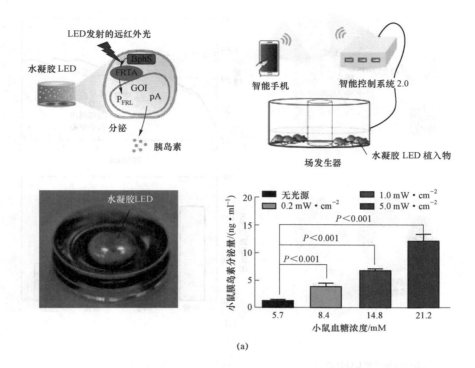

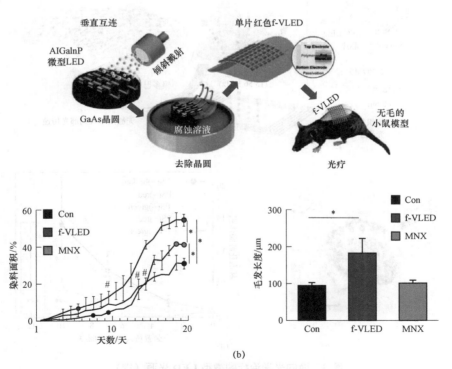

图 3　面向光学治疗的微型 LED 光源

（a）无线化微光源系统控制光工程细胞释放降血糖激素，通过光强变化可以显著降低小鼠的血糖含量[35]；
（b）阵列化的微型 AlGaInP 垂直 LED 光源整体集成于柔性衬底上，光刺激小鼠表皮后显著改善了毛发生长[36]

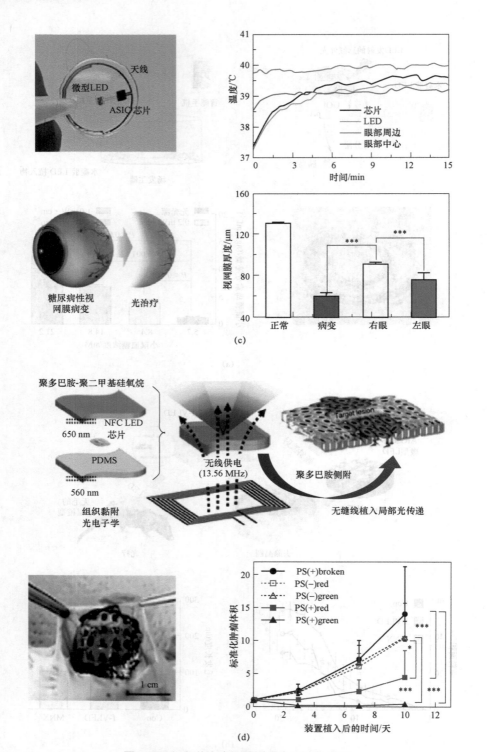

图 3　面向光学治疗的微型 LED 光源（续）
（c）线圈无线供能 LED 光源的隐形眼镜设计，通过光生物调节显著减少了新生血管生成和视网膜出血，治疗糖尿病性视网膜病变[37]；
（d）通过使用组织黏附的、无线供电的 LED 光源来激活光敏剂，从而产生单线态氧用于进行节律性光动力治疗，实现了肿瘤组织的显著减少[38]

传统的可穿戴设备主要由金属电极、放大电路和电池等组成,并依赖于有线(如电缆和光纤)或无线(如蓝牙、Wi-Fi、NFC)方式来交换和展示数据[39-41]。然而,由于复杂的电路、电源供应方式和附加的显示方式,传统的方案设计在生理信息传感应用中的微型化、便携化和低功耗应用方面受到了限制。基于微型 LED 的光子回收效应不仅可以实现光学能量的采集(光伏效应)、电信号的放大(基于二极管特性)和光信号的传输(光致发光)[42-44],半导体光电器件还能够在单一设备中实现"光子"与"电子"的转换,大幅提高了其功能性和灵活性。将生物信号引入光电器件的"光-电"转换过程中,可以利用半导体光电器件二极管的不同状态来对这些生物信号实现无线传感,从而为生物医学领域提供全新的无线传感解决方案。图 4(a)展示了一个基于 InGaP 制成的红色微型 LED,这个 LED 可以贴在皮肤表面上,并基于光子回收(PR)技术对皮肤电阻进行光学响应,其禁带宽度为 2.0 eV,当受到绿光(约 545 nm)激发时,会发出红光(约 630 nm)。图 4(b)展示了外部电路的电阻(R)会影响二极管的内置电势,从而调制其发光强度(PL 强度会随着 R 的增加而增强)。当受试者进行某种特定活动时[见图 4(c)],如深呼吸等,会引起皮肤阻值的下降,从而导致 LED 的发光强度降低。此外,通过与其他电阻依赖型设备连接,微型 LED 也可用于测量温度和压力的变化。例如,当连接到热敏电阻或压阻时,微型 LED 的发光强度会随着温度或压力的变化而变化,如图 4(d)、图 4(e)所示。这为未来的生物医学应用、环境监测和其他相关领域提供了一个有力的工具。

与微型 LED 的光致发光性质不同,纳米线 LED 的压电-光电效应已被用于开发具有高分辨率的压力映射传感器。如图 4(f)所示,该传感器由一个 p-GaN 薄膜/n-ZnO 纳米线 LED 阵列组成,然后集成到一个 200 μm 的 PET 膜上,并使用一个涂覆 300 μm 的铟锡氧化物(ITO)膜作为透明电极。当压力施加到传感器上时,压电-光电效应在 PN 结界面产生极化电荷,这影响了能带隙,并与光强度的增强呈线性关系[见图 4(g)]。一个形状为 BINN 的蓝宝石印章放置在设备的顶部,以验证传感器的有效性。当向印章施加外部压力时,蓝宝石印章下的 LED 强度增加,而其余部分保持暗淡[见图 4(h)]。实验结果证明了传感器检测压力的能力,并预示了其在触摸面板、智能皮肤和其他领域的潜在应用。

温度是反映生物体状况的关键参数,其波动可能导致多种生物效应,而极端的温度变化可能对生命构成威胁。光学传感技术因其无线、便携、高分辨率及无创或微创特性而备受青睐。不同于传统的荧光(下转换发光)转换方式,上转换发光可以将低能量的光子(如近红外光)转换为高能量的光子(如可见光),具有激发光对生物组织穿透深度高、不易导致自发荧光和发射光可视化等一系列优势。通过温度变化影响转换发光性能,可有效实现对生物组织的温度传感响应。图 4(i)和图 4(j)展示了基于Ⅲ-Ⅴ族半导体砷化镓双结光伏电池(PD1,PD2)与 LED 结构的一体化集成设计,通过微纳加工技术制备了从近红外光(约 810 nm)到红光(630 nm)的上转换发光器件。通过充分利用半导体材料的能带特性和集成电路与温度之间的关系,巧妙地借助温度变化过程中光电半导体上转换结构中 LED 和光电池电流、电压的自适应调整现象,实现了上转换发光波长和峰值与温度变化的高灵敏双重响应[见图 4(k)]。

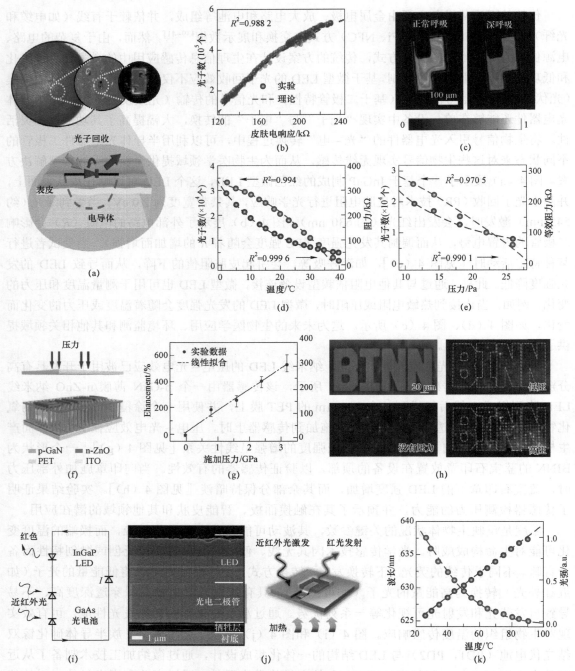

图 4 面向生物传感的微型 LED 设计

（a）基于光子回收技术的微型 LED，通过贴敷皮肤表面的红光 LED 实现无线传感示意；（b）微型 LED 的 PL 强度随 R 变化的实验和理论结果；（c）微型 LED 的光子发光强度在正常呼吸（左）和深呼吸（右）条件下不同的发光强度对比；（d）光子发光强度和等效电阻随温度变化的实验（点）和理论（线）结果；（e）LED 发光强度和等效电阻随压力变化的实验（点）和理论（线）结果[27]；（f）使用纳米线 LED 的压电-光电效应进行压力映射的示意；（g）LED 发光强度的增强因子与应变传感器施加的压力值之间的线性拟合；（h）放置在顶部 BINN 形状的蓝宝石印章图形，蓝宝石下方的 LED 的发光强度随着压力的增加而增强；（i）基于Ⅲ-Ⅴ族光电半导体结构的上转换发光设计电路的原理图；（j）上转换发光器件外延结构的截面扫描电子显微镜图像及其形貌示意；（k）发光的波长和峰值随温度变化呈现的双重响应总之，薄膜微型 LED 因其有对发光强度变化的高敏感性、排列的灵活性以及与无线及植入式技术的出色兼容性特征，在生物传感领域作为新型无线传感工具引起了广泛关注。借助外延剥离和转移印刷技术，薄膜微型 LED 能与各种柔性基材、其他光电设备和传感器集成，进一步拓展了其在传感技术中的应用潜力。

五、结论和展望

本案例总结了光电半导体器件与生物医疗交叉应用的前沿发展，针对器件的光电原理、结构设计、加工工艺和集成封装等方面的研究进展进行一一介绍，这些技术成功地弥补了生物医学系统与光电半导体器件之间的属性差异，实现了薄膜微型 LED 的无线植入式光源在生物的光学刺激、治疗与传感等多个领域的应用。一方面，研制微型、薄膜式的半导体光电材料与器件，通过运用新型的光电器件工艺技术，可以在柔性、可延展、生物体相容的衬底上制备光电器件，与生物体进行集成，产生光子、电子信号与生物组织直接进行相互作用，为实现新型的植入式光电器件系统提供了思路。将薄膜微型 LED 作为核心器件形成植入式探针系统作用于小鼠等动物体内，成为动物神经调控和医学治疗的重要工具。另一方面，从基本的光电子原理出发，探索光与材料、生物组织的相互作用，设计新型的光学结构，发展新型的光电器件，优化先进器件集成技术，并与生命系统交叉融合，可以实现对生物信号（光、电、热、力学、化学等）的无线化传感，为低侵入、便携的光－生物交互医疗设备的临床应用提供了新机遇。

尽管薄膜微型 LED 已经在生物医学领域取得了一系列显著进展，但实际应用中仍面临诸多挑战。首先，急需研发与生物组织特性相匹配的、生物相容性好的、超薄、超柔软且稳定性强的 LED，实现长期的体内使用；其次，在生物体内变化多端的环境中，需要探索可靠而高效的无线能源传输策略，以确保植入式器件和系统的高效稳定性；最后，薄膜微型 LED 需要与电生理、压力和温度等其他传感器技术的融合，为构建集检测、感应、刺激、治疗于一体的闭环系统奠定坚实的基础。未来，这种微型植入式光电器件在科研和临床治疗中会扮演越来越重要的角色，并带来深远的影响。

参 考 文 献

［1］WU T, SHER C W, LIN Y, et al. Mini-LED and micro-LED: promising candidates for the next generation display technology［J］. Applied Sciences, 2018, 8(9): 1557.

［2］LEE V W, TWU N, KYMISSIS I. Micro-LED technologies and applications［J］. Information Display, 2016, 32(6): 16－23.

［3］CORBETT B, LOI R, ZHOU W, et al. Transfer print techniques for heterogeneous integration of photonic components［J］. Progress in Quantum Electronics, 2017, 52: 1－17.

［4］ZHANG L, OU F, CHONG W C, et al. Wafer-scale monolithic hybrid integration of Si-based IC and Ⅲ-Ⅴ epi-layers—a mass manufacturable approach for active matrix micro-LED micro-displays［J］. Journal of the Society for Information Display, 2018, 26(3): 137－45.

［5］COK R S, MEITL M, ROTZOLL R, et al. Inorganic light-emitting diode displays using micro-transfer printing [J]. Journal of the Society for Information Display, 2017, 25(10): 589–609.

[6] PARK S I, XIONG Y, KIM R H, et al. Printed assemblies of inorganic light-emitting diodes for deformable and semitransparent displays [J]. Science, 2009, 325(5943): 977–81.

[7] GEUM D M, KIM S K, KANG C M, et al. Strategy toward the fabrication of ultrahigh-resolution micro-LED displays by bonding-interface-engineered vertical stacking and surface passivation [J]. Nanoscale, 2019, 11(48): 23139–48.

[8] LI L, TANG G, SHI Z, et al. Transfer-printed, tandem microscale light-emitting diodes for full-color displays [J]. Proceedings of the National Academy of Sciences, 2021, 118(18): e2023436118.

[9] KANG C M, KONG D J, SHIM J P, et al. Fabrication of a vertically-stacked passive-matrix micro-LED array structure for a dual color display [J]. Optics Express, 2017, 25(3): 2489–95.

[10] YOON J, JO S, CHUN I S, et al. GaAs photovoltaics and optoelectronics using releasable multilayer epitaxial assemblies [J]. Nature, 2010, 465(7296): 329–33.

[11] KIM H S, BRUECKNER E, SONG J, et al. Unusual strategies for using indium gallium nitride grown on silicon (111) for solid-state lighting [J]. Proceedings of the National Academy of Sciences, 2011, 108(25): 10072–7.

[12] LIU C, ZHANG Q, WANG D, et al. High Performance, Biocompatible Dielectric Thin-Film Optical Filters Integrated with Flexible Substrates and Microscale Optoelectronic Devices [J]. Advanced Optical Materials, 2018, 6(15): 1800146.

[13] Ko H C, BACA A J, ROGERS J A. Bulk quantities of single-crystal silicon micro-/nanoribbons generated from bulk wafers [J]. Nano letters, 2006, 6(10): 2318–24.

[14] BIAN J, ZHOU L, WAN X, et al. Laser transfer, printing, and assembly techniques for flexible electronics [J]. Advanced Electronic Materials, 2019, 5(7): 1800900.

[15] KIM J, KIM J H, CHO S H, et al. Selective lift-off of GaN light-emitting diode from a sapphire substrate using 266-nm diode-pumped solid-state laser irradiation [J]. Applied Physics A, 2016, 122: 1–6.

[16] CHUN J, HWANG Y, CHOI Y S, et al. Laser lift-off transfer printing of patterned GaN light-emitting diodes from sapphire to flexible substrates using a Cr/Au laser blocking layer [J]. Scripta Materialia, 2014, 77: 13–6.

[17] ZHOU C, TONG X, MAO Y, et al. Study on a high-temperature optical fiber F-P acceleration sensing system based on MEMS [J]. Optics and Lasers in Engineering, 2019, 120: 95–100.

[18] BEDELL S, LAURO P, OTT J A, et al. Layer transfer of bulk gallium nitride by controlled spalling [J]. Journal of Applied Physics, 2017, 122(2).

[19] ZHANG G, SHEN B, CHEN Z, et al. GaN-based substrates and optoelectronic materials and devices [J]. Chinese Science Bulletin, 2014, 59: 1201–18.

[20] HE Q, ZENG Z, YIN Z, et al. Fabrication of flexible MoS2 thin-film transistor arrays for

practical gas-sensing applications [J]. Small, 2012, 8(19): 2994-9.

[21] LIN Z, LIU Y, HALIM U, et al. Solution-processable 2D semiconductors for high-performance large-area electronics [J]. Nature, 2018, 562(7726): 254-8.

[22] HWANGBO S, HU L, HOANG A T, et al. Wafer-scale monolithic integration of full-colour micro-LED display using MoS2 transistor [J]. Nature Nanotechnology, 2022, 17(5): 500-6.

[23] ZHAO Y, LIU C, LIU Z, et al. Wirelessly operated, implantable optoelectronic probes for optogenetics in freely moving animals [J]. IEEE Transactions on Electron Devices, 2018, 66(1): 785-92.

[24] LIU C, ZHAO Y, CAI X, et al. A wireless, implantable optoelectrochemical probe for optogenetic stimulation and dopamine detection [J]. Microsystems & Nanoengineering, 2020, 6(1): 64.

[25] LI B, DENG A, LI K, et al. Viral infection and transmission in a large, well-traced outbreak caused by the SARS-CoV-2 Delta variant [J]. Nature communications, 2022, 13(1): 460.

[26] XIE Y, WANG H, CHENG D, et al. Diamond thin films integrated with flexible substrates and their physical, chemical and biological characteristics [J]. Journal of Physics D: Applied Physics, 2021, 54(38): 384004.

[27] DING H, LV G, SHI Z, et al. Optoelectronic sensing of biophysical and biochemical signals based on photon recycling of a micro-LED [J]. Nano Research, 2021, 14: 3208-13.

[28] ZHAO J, GHANNAM R, HTET K O, et al. Self-Powered implantable medical devices: photovoltaic energy harvesting review [J]. Advanced Healthcare Materials, 2020, 9(17): 2000779.

[29] LU L, YANG Z, MEACHAM K, et al. Biodegradable monocrystalline silicon photovoltaic microcells as power supplies for transient biomedical implants [J]. Advanced Energy Materials, 2018, 8(16): 1703035.

[30] ZHANG F, WANG L P, BRAUNER M, et al. Multimodal fast optical interrogation of neural circuitry [J]. Nature, 2007, 446(7136): 633-9.

[31] KIM T I, MCCALL J G, JUNG Y H, et al. Injectable, cellular-scale optoelectronics with applications for wireless optogenetics [J]. Science, 2013, 340(6129): 211-6.

[32] EDWARD E S, KOUZANI A Z, TYE S J. Towards miniaturized closed-loop optogenetic stimulation devices [J]. Journal of Neural Engineering, 2018, 15(2): 021002.

[33] LI L, LU L, REN Y, et al. Colocalized, bidirectional optogenetic modulations in freely behaving mice with a wireless dual-color optoelectronic probe [J]. Nature Communications, 2022, 13(1): 839.

[34] CAI X, LI L, LIU W, et al. A dual-channel optogenetic stimulator selectively modulates distinct defensive behaviors [J]. iScience, 2022, 25(1).

[35] SHAO J, XUE S, YU G, et al. Smartphone-controlled optogenetically engineered cells enable semiautomatic glucose homeostasis in diabetic mice [J]. Science Translational Medicine, 2017, 9(387): eaal2298.

[36] LEE H E, LEE S H, JEONG M, et al. Trichogenic photostimulation using monolithic

flexible vertical AlGaInP light-emitting diodes [J]. ACS nano, 2018, 12(9): 9587 – 95.

[37] LEE G H, JEON C, MOK J W, et al. Smart wireless near-infrared light emitting contact lens for the treatment of diabetic retinopathy [J]. Advanced Science, 2022, 9(9): 2103254.

[38] YAMAGISHI K, KIRINO I, TAKAHASHI I, et al. Tissue-adhesive wirelessly powered optoelectronic device for metronomic photodynamic cancer therapy [J]. Nature Biomedical Engineering, 2019, 3(1): 27 – 36.

[39] WON S M, CAI L, GUTRUF P, et al. Wireless and battery-free technologies for neuroengineering [J]. Nature Biomedical Engineering, 2023, 7(4): 405 – 423.

[40] CHUNG H U, KIM B H, LEE J Y, et al. Binodal, wireless epidermal electronic systems with in-sensor analytics for neonatal intensive care [J]. Science, 2019, 363(6430): eaau0780.

[41] BARIYA M, NYEIN H Y Y, JAVEY A. Wearable sweat sensors [J]. Nature Electronics, 2018, 1(3): 160 – 71.

[42] SHENG X, YUN M H, ZHANG C, et al. Device architectures for enhanced photon recycling in thin-film multijunction solar cells [J]. Advanced Energy Materials, 2015, 5(1): 1400919.

[43] DING H, HONG H, CHENG D, et al. Power-and spectral-dependent photon-recycling effects in a double-junction gallium arsenide photodiode [J]. ACS Photonics, 2019, 6(1): 59 – 65.

[44] MARTI A, BALENZATEGUI J L, REYNA R F. Photon recycling and Shockley's diode equation [J]. Journal of Applied Physics, 1997, 82(8): 4067 – 4075.

案例 4
微纳形变制造技术及纳米光机电系统应用

李家方

（北京理工大学　物理学院）

一、背景介绍

20 世纪 80 年代前后，随着大规模集成电路制造技术的发展，微型机械已经完成了从单元到系统的发展过程，传感器、控制器等都被集成到一个非常小的几何空间，这样一种完备的 MEMS 应运而生。随着微纳加工技术的日益精细，MEMS 领域迅速发展，器件尺寸不断缩小，MEMS 领域正逐步向纳米机电系统（NOEMS）发展。当器件的尺寸缩小到与光的波长相匹配时，一些新型的微/纳米结构相继被设计出来，并与纳米光子学领域相结合，形成了国际前沿的纳米光机电系统。

纳米光机电系统是 MEMS 技术的跨尺度延伸，即当微系统结构中工作的特征尺度达到了纳米尺度，与光场调控相结合，MEMS 就演变成纳米光机电系统，它是一种多学科交叉后的融合技术，是继集成电路技术之后，信息产业中又一个高新技术领域。该技术既是集成电路技术在器件功能上的扩展和延伸，也是微电子"超越摩尔"之路向前发展的主要技术途径之一。例如，纳米光机电系统可以将各种纳米机电系统结构与微光学器件、光波导器件、半导体激光器等集合在一起，形成一种全新功能的部件或系统，并应用于多个领域，如光通信、微小卫星、工控系统、智能家电以及大型投影设备等领域。

但是，要利用纳米光机电系统体积小、驱动精准和控制方便等优点，需要发展精密的微纳加工技术，这也是目前我国微机电和纳米光机电领域共同面临的瓶颈。例如，DMD 在数字光处理（DLP）、数字投影、虚拟现实、空间光调制等领域应用广泛，但全球只有美国德州仪器（工厂）公司能够生产，是我国急需突破的一项"卡脖子"技术。

在众多新兴微纳加工技术中，一种基于纳米剪纸的三维微纳形变方法逐渐引起人们的兴趣。近年，随着现代科学技术领域的不断扩展，中国古老的传统民间艺术——剪纸和折纸逐渐发展为一门形变科学和技术。2010 年以来剪纸技术广泛应用于机械、医疗、微电子、声学、光学等领域，并在各个空间尺度得到了开拓性的发展，如外太空飞行器的太阳能帆板折叠技术、微纳机电系统、生物医学设备以及微纳米级机械和光子材料等。研究发现，将聚焦离子束作为加工手段引入三维纳米剪纸技术中，可以突破传统自下而上、自上而下以及自组装的微纳加工方式，仅仅依靠纳米几何形变就能实现二维图案到三维结构的大尺度转化，这种技术在结构的连续性、复杂性、几何构造演化、动态调谐等方面显示出巨大的发展空间和应用潜能。本案例将主要介绍这种纳米光机电系统中的微纳形变制造技术。

二、聚焦离子束加工原理

本案例涉及的纳米剪纸技术主要基于聚焦离子束加工原理。目前常见的适合微纳加工的聚焦离子束系统通常指的是聚焦离子束-扫描电子显微镜（FIB-SEM）双束系统，即在聚焦离子束基础上结合了标准的扫描电子显微镜系统。其中，离子束与电子束集成于一个操作平台并存在一个夹角，通过将样品调整至双束共焦位置，即可进行原位的离子束加工和实时的电子束成像，从而实现对加工过程的原位监测并提高加工精度。

聚焦离子束系统的主要工作原理如图 1 所示[1]。液态金属离子源产生的离子经过高压抽取和加速后，可通过电透镜和偏转透镜照射到样品表面的指定位置，在撞击过程中可剥离样品表面的原子，以达到切割或研磨的目的，最终实现纳米分辨率的样品加工。

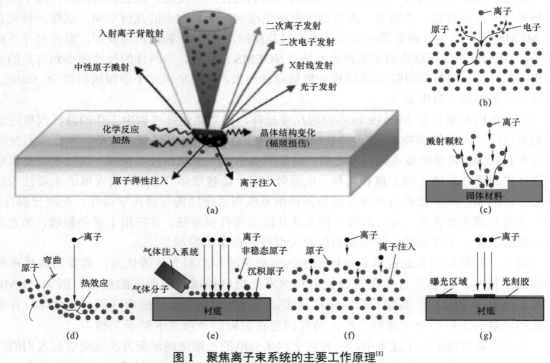

图 1　聚焦离子束系统的主要工作原理[1]
(a) 高能离子和固体材料的相互作用；(b) 离子束成像；(c) 离子束刻蚀；(d) 离子束辐照；
(e) 离子束辅助沉积；(f) 离子注入；(g) 离子束曝光

聚焦离子束系统由离子源、静电透镜、扫描电极、探测器、样品基台、真空系统、气体注入系统以及计算机等硬件设备组成。液态金属离子源的诞生使得聚焦离子束真正得到了广泛的应用，目前商业化的聚焦离子束系统也大多采用液态金属离子源，其中液态金属黏附在尖端直径为 5～10 μm 的钨针针尖上，通过外加电场，液态金属会在针尖处形成一个尺寸在 5 nm 左右的极小尖端，此时附加电场会牵引尖端金属以蒸发形式脱离针尖，最终产生金属离子束流。镓的熔融温度仅为 29.8 ℃，不易挥发，且有良好的附着能力以及抗氧化能力，因此成为目前液态金属离子源的首选材料。本案例中使用的两种设备均为液态镓离子源。

随着加工效率和加工精度的进一步提高，除了液态金属离子源外，等离子源和气体离子源也开始投入使用，其中 Xe 等离子源的离子束在通过光阑后的最大束流在微米级，相较于液态镓离子源的 10～100 nA 有了几十倍的提高，可以极大地缩短材料的刻蚀时间，更适用于大体积表征，可提高聚焦离子束的加工效率；而以氦离子（He^+）和氖离子（Ne^+）源为代表的气相离子源则因为离子尺寸的降低可以减少对材料的污染，进而获得更高的成像和加工分辨率。本案例中基于聚焦离子束纳米剪纸技术的主要工具是一套标准的聚焦离子束刻蚀系统，即一台双束聚焦离子束－扫描电子显微镜系统（型号为 FEI Helios 600i），其液态金属离子源为镓离子（Ga^+），加速电压范围为 8～30 kV，束流范围为 4～80 pA。

三、基于聚焦离子束的形变加工原理

利用聚焦离子束系统发射高能量的镓离子辐照金纳米薄膜，可以产生需要的残余应力，如果合理规划应力产生的位置、大小和方向，就可以诱导样品产生微纳形变。金纳米薄膜受到高能离子束照射时，会发生若干物理过程，可以总结为以下 4 个方面[2]。

（1）一部分金原子溅射离开表面从而产生空隙，周围的金原子由于表面束缚能的作用而发生颗粒聚合，导致在薄膜表面附近产生张应力。

（2）一部分镓离子注入金纳米薄膜内部，产生压应力。

（3）镓离子的撞击使一些未溅射出的金原子发生位移。

（4）逃逸的金原子和镓离子发生再沉积现象。

对于微纳形变，当薄膜受到的合外力 $F = \int_0^R \sigma(r)\,dr = 0$ 且合外力矩 $M = \int_0^R r\sigma(r)\,dr = 0$ 时，系统达到应力平衡状态。想要得到可预测的最终形式的结构，纳米剪纸过程中的精确建模至关重要。在纳米尺度，聚焦离子束诱导的结构变化同时包括弹性形变和塑性形变，且材料也发生了复杂变化，为此需要建立一个综合的力学系统——双层应力模型，如图 2（a）所示。这个模型包括塑性流动引起主导顶层形变的拉应力（σ_t）和上层收缩引起的呈线性分布的底层弹性应力（σ_b），拉应力和底层弹性应力共同作用导致结构的形变，整个残余应力的双层应力模型可以简化为如下形式[2]

$$\sigma^{\text{in-plane}}(x_3) = \begin{cases} \sigma_t = \text{const}, & h_b < x_3 \leq h_b + h_t \\ \sigma_b = \sigma_0^{\text{in-plane}} + kx_3 + o(x_3), & 0 \leq x_3 \leq h_b \end{cases}$$

式中，x_3 是厚度方向即垂直方向的坐标；h_b，h_t 分别是底层和顶层的金纳米薄膜厚度；σ_t 和 σ_b 分别是顶层结构和底层结构的残余应力；$\sigma_0^{\text{in-plane}}$ 和 k 分别是底层应力渐级展开的一阶系数和二阶系数，并使用 $o(x_3)$ 来表示高阶项。考虑到金纳米薄膜的超小厚度，高阶项可以忽略。利用双层应力模型可以准确地计算和预测聚焦离子束的加工结果，如图 2（b）、图 2（c）、图 2（d）所示。

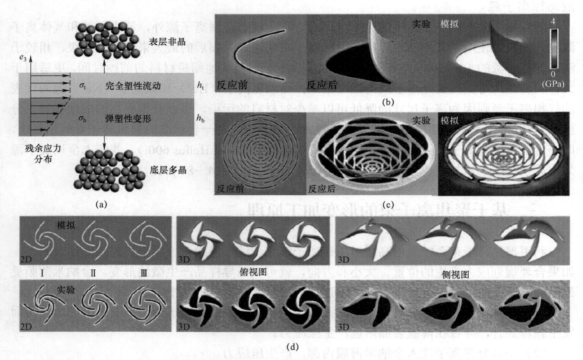

图 2　聚焦离子束加工剪纸结构与模拟结果[2]

四、基于可形变结构的纳米光机电系统的特征及应用

利用静电库仑力可以实现纳米剪纸结构机电可重构调控[3]，如图 3 所示。上层的金纳米薄膜和下层的硅衬底形成简单的电容器，将其看作平面导电板，利用初始静电力 $F_e = \frac{1}{2}V^2\frac{\partial C}{\partial d} = -\frac{1}{2}V^2\frac{\varepsilon A}{d^2}$ 可以实现纳米剪纸结构的形变调控，简谐运动的驱动速度从根本上受到 $\omega = \sqrt{k_{eff}/m_{eff}}$ 的限制，其中 k_{eff} 和 m_{eff} 是等效质量弹簧系统的有效硬度和有效质量。但由于纳米剪纸结构的较小体积和较小质量，因此可以实现较高的调制频率。由纳米剪纸结构制成纳米光机电系统的特征结构[3]及光学信号调控如图 4 所示。该结构可以实现像素 ＜1μm，调制频率高达 200 kHz，这些特征相比于传统的 DMD（像素 ＞5μm，调制频率 ＜125 kHz），具有更小的体积、更高的像素密度和更高的调制频率。同时，传统数字微镜芯片制造工艺复杂，纳米光机电系统的特征结构很好地解决了这个问题，除调控光的信号强度之外，还可以控制光的波长和相位，实现光学全息动态调控[4]。

案例 4　微纳形变制造技术及纳米光机电系统应用

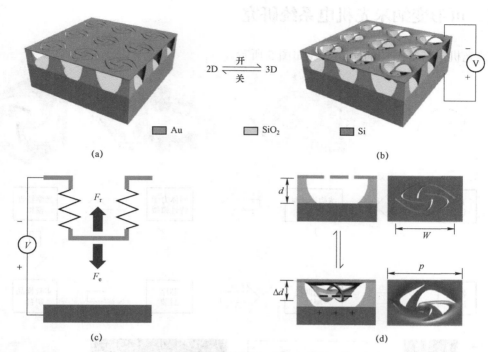

图 3　纳米剪纸结构机电可重构调控[3]

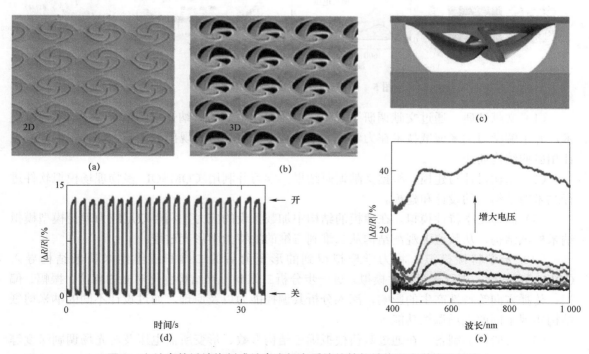

图 4　由纳米剪纸结构制成纳米光机电系统的特征结构及光学信号调控

五、可形变纳米光机电系统研究

微纳光机电特征结构的研究路线如图 5 所示。

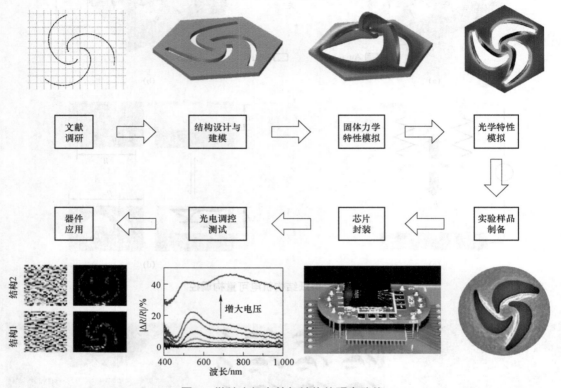

图 5 微纳光机电特征结构的研究路线

（1）文献调研。通过文献调研了解中国传统文化剪纸与微纳光学的结合——纳米剪纸技术，并了解学习纳米剪纸技术在力学、光学等诸多应用领域表现出的优异性能，根据需要设计相应的结构曲线。

（2）结构设计与建模。根据文献调研结果，学习并利用 COMSOL 多物理场模拟软件进行纳米剪纸结构的设计和建模。

（3）固体力学特性模拟。在建模的结构中加载预设的应力，利用双层应力理论模型模拟纳米剪纸结构，从数值上观测结构从二维到三维的独特力学形变过程。

（4）光学特性模拟。将力学模拟得到的形变前后的二维和三维纳米剪纸结构导入 COMSOL 软件，进行光学特性模拟。进一步分析二维到三维结构变化对光的相位、振幅、偏振、传播方向等特性产生的影响，深入分析其调控能力以及原理，通过设计不同的纳米剪纸结构实现不同的光场调控功能。

（5）实验样品制备。在通过数值模拟确定结构参数、形变所需电压及对光场调制深度等特性之后，利用聚焦离子束刻蚀、电子束曝光等微纳加工方法在金属薄膜上进行二维纳米结构刻线，通过湿法腐蚀工艺对"牺牲层"进行腐蚀，以得到悬空的二维结构，从而增加结构

z 方向的自由度。

（6）芯片封装。将成功制备的可形变的二维纳米剪纸结构固定在电路板上，通过探针着陆或引线键合的方法将样品连入电路进行机电测试。

（7）光电调控测试。对封装好的样品施加激励电压，在静电吸引力下，纳米剪纸结构发生三维形变，进而引起结构反射光谱的变化；通过施加不同强度的激励电压，可以实现对反射光信号的灵活调控。

（8）器件应用。机电可重构纳米剪纸结构可以对入射光的振幅、偏振、相位等进行动态调控，有望在动态全息显示、激光雷达、微光谱器件等领域得到重要应用。

六、小结

本案例主要介绍了基于聚焦离子束诱导形变的纳米剪纸微纳加工技术及其在纳米光机电系统方面的应用研究路线。纳米剪纸微纳加工技术通过借鉴中国传统剪纸工艺的形变思维，结合现代纳米加工工艺，采用"二维刻线+三维形变自成形"方法，实现了纳米尺度的片上、原位、立体结构制备。这种方法既不同于增材制造，也不同于减材制造，其突破了传统自下而上、自上而下、自组装等纳米加工方法在几何形貌方面的局限，成为一种快速的新型三维微纳形变制造方法。纳米剪纸结构为构建新型纳米光机电系统提供了新的技术途径。通过在纳米剪纸图案与底电极之间施加交变电压，就可以利用静电力实现大面积、像素化、原位、可逆的垂直微纳形变，进而实现可见光波段的宽带动态调制和近红外波段的光学共振调控，像素尺寸可缩小至 1 μm 以下。

本案例还进一步介绍了研究路线的文献调研、结构设计与建模、固体力学特性模拟、光学特性模拟、实验样品制备、芯片封装、光电调控测试、器件应用的 8 个方面，对基于纳米剪纸结构的纳米光机电器件研究进行了系统性概述。该系列研究打开了一个通过微纳结构的应变变形来设计微纳光电子器件的新领域，即应变光电子学，其有望在动态全息技术、数字光场调控、超构透镜、涡旋光激发、光学波带片等方面发挥重要作用。该领域的研究将为进一步开发和重塑现有材料的力、热、电、磁、光、声等特性提供一种简单而有效的手段，从而解决微纳器件领域的诸多难题。

参 考 文 献

[1] LI P, CHEN S, DAI H, et al. Recent advances in focused ion beam nanofabrication for nanostructures and devices: fundamentals and applications [J]. Nanoscale, 2021, 13(3): 1529－1565.

[2] LIU Z, DU H, LI J, et al. Nano-kirigami with giant optical chirality [J]. Science Advances, 2018, 4(7): eaat4436.

[3] CHEN S, LIU Z, DU H, et al. Electromechanically reconfigurable optical nano-kirigami [J]. Nat. Commun., 2021, 12(1): 1299.

[4] HAN Y, CHEN S, JI C, et al. Reprogrammable optical metasurfaces by electromechanical reconfiguration [J]. Opt. Express, 2021, 29(19): 30751－30760.

案例 5
人造电子皮肤

赵 静

（北京理工大学　机电学院）

一、柔性电子技术的历史

1904 年，美国专利局记录了阿尔伯特·帕克·汉森（Albert Parker Hanson）提出的专利，其内容涉及在石蜡纸层上连接金属带的技术。阿尔伯特提出这项专利的初衷是提高电子产品的紧凑性并降低制造成本，而至今在制造某些电路所需的柔性器件时仍需考虑这些因素。

对独立的柔性电子电路的研究则可以追溯到 20 世纪 70 年代末，当时在研究非晶硅薄膜太阳能电池时，人们发现非晶材料的沉积和后续加工所需的温度较低，同时衬底和有源薄膜都有可能在一定弯曲半径内弯曲，这为在塑料基板上制造柔性太阳能电池提供了可能性。

到了 20 世纪 90 年代，一些柔性有机薄膜被证明了具有半导体特性，这些薄膜可以通过蒸发或溶液法等低温工艺进行沉积，随着研究的深入，人们又开发了柔性的有源层和衬底，最终在引入与薄膜的化学性质兼容的柔性衬底材料后诞生了柔性有机电子器件。随着时间的推移，柔性和可拉伸电子技术、3D 打印和喷墨打印等新型制造技术也在人造电子皮肤开发等领域得到了大规模应用。

二、人造电子皮肤

皮肤是人体的主要感知器官，允许人们感知周围环境的各种特性，如触摸物体表面的光滑或粗糙、感受物体的温度以及物体的形状。在过去几十年里，研究人员一直努力利用电子元件来模仿皮肤的这些特性。一旦这项研究成功，将意味着烧伤、截肢者等皮肤受损患者可以恢复皮肤感觉，从而提高他们的生活质量[1]。与此同时，在类人机器人迅速发展的时代，人造电子皮肤也可以为机械手提供与人类皮肤类似的感知特性，使其具备皮肤一样的热感、湿感、触觉等能力，从而使其增强类人的生物功能[2]。所有这些都需要开发大规模、多感官的人造皮肤平台，使电子皮肤能够同时感知各种复杂的环境条件，并通过材料本身的弹性和拉伸性来模拟人体皮肤的机械弹性和耐久性[3-4]。为了实现这些功能，人造电子皮肤需要集成多种传感器。以下是一些集成在人造电子皮肤上的传感器的简要介绍。

（一）热传感器

人体皮肤能够感知多种感觉，包括水分、应变、力和温度，其对温度的分辨率为 0.02 ℃[2,5]。在人造电子皮肤的开发过程中，嵌入其中的温度传感器采用不同的工作原理，通常包括电阻温度探测器（RTD）、基于 PN 结的温度传感器和热变化下膨胀的复合材料。RTD 传感器是最常见的，它具有与温度成正比的电阻温度系数，当采用柔性 RTD 与皮肤表面紧密接触以测量温度时，其分辨率可达 0.014 ℃[6]。然而，这种温度传感器对应变敏感，因此其在柔性和可伸缩电子器件中的应用受到限制[7]。为了解决这一问题，后续研究者尝试利用金属薄膜的屈曲或拉伸能力来减轻应变效应[6,8–10]。

基于 PN 结的温度传感器对应变的敏感性较低，通常表现出比 RTD 传感器更高的灵敏度，但由于其半导体的光电效应，因此它对光照非常敏感，这在一定程度上限制了其应用范围[6,12-13]。

由导电聚合物和填料制成的复合材料可通过填料在高温下膨胀，导电粒子之间分开移动，从而增加输出电阻以测量温度[13]。相比 RTD，这种方法具有更好的机械稳定性，这种温度传感器分辨率为 0.1 ℃，然而，它在测量时存在一定的滞后性，不适用于需要快速响应的场景[13]。

（二）应力传感器

电容式和电阻式机构因对静态压力非常敏感而广泛用于制造应力传感器。电容式应力传感器通常采用平行板结构，施加的力会改变两个导电板之间的距离变化，从而导致平行板电容的变化。在电容式应力传感器中，电介质材料的可压缩性越高，传感器就越能够检测到小的受力引起的变形，从而提升灵敏度。然而，电容式应力传感器的缺点是其对电磁场敏感，因此在实际应用中需要采用屏蔽材料来保证其稳定性[14–19]。

还有一种是压阻材料应力传感器和压电、摩擦电材料制成的电阻式应力传感器。在外力作用下，压阻材料应力传感器的电阻率发生变化进而反映受力的大小。但是压阻材料应力传感器通常表现出较大的滞后性，对压力的敏感性较差，但对温度变化非常敏感[20]。而使用压电和摩擦电材料的电阻式应力传感器在机械变形条件下，其主体材料可以产生电位或电压来反映受力的大小[21]。例如，在压电材料中，应变或机械应力改变了材料中偶极子的大小和方向，导致电极表面电荷密度增加[22]。基于这一特性，使用压电材料的电阻式应力传感器能够在高静态压力下测量微小的压力波动。摩擦电效应是接触带电的一种形式，两种不同的材料相互摩擦产生电荷，其强度和极性取决于多种因素，如机械应变、温度和表面粗糙度等。相比之下，电阻式应力传感器因其对动态压力具有选择性和敏感性而在人造电子皮肤中具有非常大的应用前景[23-24]。此外，它们还具备能够从机械刺激中收集能量的能力，有利于低功耗和自供能的电子皮肤设计[25]。

人体皮肤能够识别的压力下限约为 1 mN，而应力传感器的灵敏度超过了生物皮肤，其静态压力测量值低于 0.05 mN[26]。因此，在解决了应力传感器的灵敏度和性能的基础上，开发人造电子皮肤还要注意外围电路的集成及与生物皮肤的适配性。

（三）应变传感器

测量皮肤表面的应变同样可以通过使用静压传感器来实现。应变传感器的应变传感由公式 $R=\rho L/A$ 描述，其中，R 为传感器的电阻输出，L 为结构的长度，ρ 为材料的电阻率，A 为器件的横截面积。因此，应变引起的电阻变化受以下两个因素影响。

（1）结构的几何变化：当施加应变或力于传感器时，其结构可能会发生形状或尺寸的变化，从而影响电阻的值。这种几何变化可以导致电阻的变化。

（2）应力引起的材料电阻率变化：应变或力作用于材料时，可能会导致材料的电阻率发生变化，从而影响电阻的值。

因此，应变传感器的电阻变化受到这两个因素的影响，它们可以同时或分别引起电阻的变化，最终反映了施加在传感器上的应变或力的大小。这些特性使应变传感器在测量表面的应变时十分有效，可以用于人造电子皮肤的开发。

三、人造电子皮肤的应用

（一）机器人和假肢

在机器人和假肢领域，人造电子皮肤具有广泛的应用前景。这种多功能人造皮肤集成了多个传感器，能够实时、选择性地感知外部刺激，从而为以下方面提供了独特的能力。

（1）更亲密的感知与响应：将电子皮肤应用于使用假肢的患者能够将其更亲密地感知周围环境的事件，并且能够更自然地对这些事件作出响应。这有助于提高患者对外部世界的感知能力和与外界的互动能力。

（2）高灵敏度和准确性：电子皮肤具有高度灵敏的传感器，能够检测微小的机械和环境刺激。这对于机器人需要精确感知和控制的任务至关重要。

（3）区分各种刺激：电子皮肤能够区分不同类型的机械刺激，包括动态应力、静态应力和剪切应力。这种能力使机器人和假肢能够更好地适应不同的任务和环境。

（4）高选择性和机械可靠性：电子皮肤实现了高选择性的感知，可以排除不相关的刺激。此外，它还具有高机械可靠性，能够在各种条件下稳定工作，而不容易受到损坏。

（二）生物医学设备

可穿戴式健康监测设备在未来的高级医疗保健领域具有广泛的应用前景。人造电子皮肤中的柔性传感器可以连续、实时地跟踪重要的生理信号，因此它被视为一种有潜力的手段，可用于预防疾病和非侵入性医疗诊断。

举例来说，动脉脉压是能够实时反映心率和动脉血压变化的重要生理指标。通过实时监测动脉脉压，可以及时获取有关生理指标突然变化的信息，进而将其与潜在的心血管健康问题（如高血压、糖尿病和动脉硬化）联系起来，从而实现早期干预和治疗。

呼吸变异性和呼吸频率的评估对于评估肺部功能健康情况和用户的睡眠质量至关重要。这些信息有助于医生更好地了解患者的生理状态和可能存在的呼吸问题，也可用于睡眠障碍的诊断和治疗。

此外，监测用户的身体运动和活动水平可以将生理参数与个体的整体身体健康和运动状况联系起来，这有助于个性化的健康管理和康复计划的制订。

因此，人造电子皮肤在医疗保健和健康应用中具有巨大潜力，可以为医疗保健专业人员和患者提供更多的生理数据和信息，以实现疾病管理、健康诊断和健康监测的效果。

四、人造电子皮肤的一个实例

（一）器件设计

石墨烯具有良好的导电性及优异的电机械性能，使其在人造电子皮肤的应用方面具有很大的潜力，本案例设计了一种基于隧穿效应的超灵敏石墨烯应力传感器。不同于以往石墨烯应力传感器中电流的运动形式，由于基于隧穿效应的石墨烯应力传感器的岛与岛之间不是相互连接而是一种准连续的状态，所以电流的运动是从一个岛隧穿到另一个岛来实现的。

这种传感器除了具有石墨烯本身的透明、导电特性之外，灵敏度较之前有了数量级的提高，且灵敏度可以通过控制生长时间来调控，因此能够广泛应用于不同的领域。将这种超灵敏的石墨烯应力传感器应用于人造电子皮肤，发现其时间分辨、空间分辨、寿命、灵敏度等各方面的性能都很优异，完全可以满足作为电子皮肤感应外界应力变化的需求。

1. 器件原理

这种新型的隧穿效应石墨烯应力传感器主要利用了石墨烯的岛与岛之间并不是互相连接的特性，电流在岛与岛之间的流动通过隧穿效应实现。

和连接在一起的石墨烯薄膜不同，这种准连续的石墨烯膜初始电阻与隧穿距离之间的关系满足 $R = \dfrac{8\pi hL}{3A^2 XdN} e^{Xd}$ 且 $X = \dfrac{4\pi(2m\varphi)^{1/2}}{h}$ [27-28]，其中，h 为普朗克常数，L 为形成单个导电通路的石墨烯岛的平均数量，N 为导电通路的数目，A^2 为有效隧穿面积，e 和 m 分别为电子的电荷量和质量，φ 为相邻石墨烯岛之间的势垒高度。在经受相同的应力时，这种准连续膜的电阻变化更加明显，因此灵敏度也更高。灵敏系数 GF 与隧穿距离间的关系满足 $\mathrm{GF} = \dfrac{(1+\varepsilon) e^{Xd_0\varepsilon} - 1}{\varepsilon}$，最终，应力传感器灵敏度的大小只与初始的隧穿距离有关。

2. 灵敏度调控

由器件建模公式可知，传感器灵敏度的大小只与初始的隧穿距离有关，那么根据隧穿效应中电阻与隧穿距离之间的关系可以知道，其灵敏度满足以下关系

$$\mathrm{GF} = \frac{\Delta R}{R_0 \varepsilon} = \frac{1}{\varepsilon + \varepsilon^2} e^{Xd_0\varepsilon} - \frac{1}{\varepsilon}$$

式中，ε 为应变，$\varepsilon = \Delta d / d_0$。在相同应变下，为了得到更大的 GF，其对应的隧穿距离变化量 Δd 更大，因此要求初始的隧穿距离 d_0 要大。实验中发现，可以通过调节生长温度得到具有相同表面电阻但不同形核密度的石墨烯样品，即在相同表面电阻的情况下形核密度越大其晶粒尺寸越小，隧穿距离越大；或者也可在石墨烯制备之后使用 RIE 的方式，同样能达到调控石墨烯的隧穿距离的目的。

（二）工艺流程

柔性器件的制备过程中，需要进行石墨烯的生长，这一步骤是在实验室内自行搭建的远程等离子体 CVD 系统中完成的。

由于实验中所用的石墨烯大都是连续的薄膜，因此为了得到一系列分立的器件，需要先将薄膜加工成所需器件的形状后再蒸镀电极，其具体的加工过程如下。

（1）样品图形曝光：根据曝光区域的大小选择适当的曝光方式来制备样品的图形。光学曝光使用 S1813 光刻胶，以 4 500 r/min 的速度涂覆在样品上，并在 115 ℃的热板上烘烤 1 min，形成大约 1 μm 厚的光刻胶层；然后曝光 11 min，曝光完成后用 MF-319 的显影液显影 40 s，之后用去离子水作为定影液定影 1 min。而对于电子束曝光，选择 PMMA 作为抗蚀剂，在 3 000 r/min 的速度下悬涂，然后在 180 ℃的热板上烘烤 1 min，最后进行电子束曝光。

（2）刻蚀：经过曝光显影后，样品最终需要的部分就处于胶的保护之下，去除光刻胶以外的部分，以形成所需器件的图形。刻蚀条件根据材料的不同而不同，石墨烯通常使用氧气等离子体刻蚀。刻蚀完成后，使用丙酮等溶剂去除样品表面的光刻胶，这样石墨烯样品就形成了想要的图案。

（3）电极的曝光：电极的曝光过程与样品图形曝光相似，在显影后，需要蒸镀金属的部分没有光刻胶保护，而未曝光的部分由于有胶的保护，可以在溶脱过程中将上层的金属一同去除。这一步骤中最关键的是确保电极的曝光与已曝光的样品图形之间准确对准，因此必要的对准标记是不可或缺的，对准的精度也是决定器件加工成功与否的关键因素。

（4）蒸镀电极：实验中使用电子束蒸发技术来蒸镀金属，以制备最终器件的电极。在选择金属时，需要确保电极与样品之间接触良好。例如，在处理石墨烯样品时，通常选择金作为接触电极，而薄层的钛主要用于黏附作用。在丙酮溶液中完成最后的金属溶脱后，器件的加工过程基本完成。

（5）转移技术：最终的步骤是将在硬性衬底上生长的石墨烯从硬性衬底转移至柔性衬底。这一过程使用湿法转移技术，首先在样品表面涂覆一层 PMMA 作为支撑层，以防止石墨烯卷曲；然后，使用适当的溶液使得硬性衬底和衬底上带有石墨烯的 PMMA 分离，并将其转移到柔性衬底上。对于不同类型的硬性衬底，使用的溶液和方法不同。对于硅衬底，使用浓度为 5%的氢氟酸溶液；而对于蓝宝石衬底，则选用浓度为 10%的氢氧化钾溶液。将悬涂好 PMMA 的基片正面朝上完全浸泡在液体中静置片刻，等带有样品的 PMMA 浮在溶液表面时用去离子水进行清洗，清洗干净后用柔性衬底将转移的膜从水中捞出。最后，需要去除转移后的样品上多余的水分，通常通过烘烤和气流吹扫来实现。

通过这一系列步骤，可以成功制备柔性器件，并将石墨烯转移到柔性衬底上，为后续电学性能测试和应用提供可行的样品。

（三）后续测试

为了测量石墨烯应力传感器受力时压阻效应产生的电阻变化，将石墨烯应力传感器置于一端可移动的位移台之上，当一端移动时对传感器产生挤压。根据样品弯曲方向（向上或向下）的不同可相应地产生拉应力或者压应力，石墨烯的电阻也发生相应变化。挤压移动距离越大,石墨烯应力传感器的形变就越大,传感器受到的拉应力也就越大,而石墨烯薄膜受到的拉应力不易测量,可以通过应变的大小反应拉应力的大小。

记录样品的初始长度为 L_0,施加应力后样品的实际长度为 L,挤压后对应的弦长为 L_1,且样品的厚度为 $2\Delta t$。其中 L_0 和 L_1 可根据螺旋测微器的读数得出。假设弯曲后曲率半径为 R 且对应的圆心角为 2θ,则有 $2R\theta = L_0$ 和 $2R\sin\theta = L_1$,两式联立即可以解出不同挤压下对应的 R 和 θ。而根据形变的定义可知,其形变量 ε 满足公式 $\varepsilon = \dfrac{\Delta L}{L_0} = \dfrac{(\Delta t + R)\theta - R\theta}{R\theta} = \dfrac{\Delta t}{R}$,可以通过螺旋测微器的示数来计算石墨烯应力传感器的应变。

(四)数据分析

传感器的数据分析是评估其性能和可靠性的重要部分,通常需要关注几个关键参数,包括灵敏度、响应时间和使用寿命。

(1)灵敏度。灵敏度是指传感器对于应力变化的敏感程度,通常以单位力或压力变化引起的传感器输出信号变化来表示。在石墨烯应力传感器研究中,衡量其灵敏度的参数为灵敏系数,其对应于电阻变化和应变间的关系为 $\text{GF} = \dfrac{\Delta R}{R\varepsilon}$,基于隧穿效应的石墨烯应力传感器的最大 GF 可超过 500。高灵敏度的传感器可以检测到微小的应力变化,而低灵敏度的传感器则需要更大的应力变化才能产生可测量的信号。灵敏度是评估传感器性能的关键参数之一,对于需要高精度测量的应用尤其重要。

(2)响应时间。响应时间是传感器从受到外部应力变化到产生稳定输出信号所需的时间。较短的响应时间意味着传感器可以更快地捕捉到应力变化,适用于需要实时监测的应用。基于隧穿效应的石墨烯应力传感器拥有小于 4 ms 的快速响应时间,为传感器实时传感提供了有力保障。

(3)使用寿命。传感器的使用寿命是指其可靠运行的时间期限,通常以工作小时或操作周期来表示。使用寿命取决于多个因素,包括传感器的材料质量、设计、制造工艺及应用环境。对于长期或高频率使用的传感器,使用寿命是一个关键的考虑因素,基于隧穿效应的石墨烯应力传感器的使用寿命超过 10^4 个周期。

参 考 文 献

[1] CHORTOS A, LIU J, BAO Z. Pursuing prosthetic electronic skin[J]. Nature Materials, 2016, 15(9): 937.

[2] NGHIEM B T, SANDO I C, GILLESPIE R B, et al. Providing a sense of touch to prosthetic hands[J]. Plastic and Reconstructive Surgery, 2015, 135(6): 1652-1663.

[3] JOHANSSON R S, VALLBO A B. Tactile sensibility in the human hand: relative and absolute densities of four types of mechanoreceptive units in glabrous skin[J]. The Journal of Physiology, 1979, 286(1): 283-300.

[4] FILINGERI D, ACKERLEY R. The biology of skin wetness perception and its implications in manual function and for reproducing complex somatosensory signals in neuroprosthetics

[J]. Journal of Neurophysiology, 2017, 117(4): 1761-1775.
[5] WEBB R C, BONIFAS A P, BEHNAZ A, et al. Ultrathin conformal devices for precise and continuous thermal characterization of human skin[J]. Nature Materials, 2013, 12: 938-944.
[6] ROGERS J A, SOMEYA T, HUANG Y. Materials and mechanics for stretchable electronics [J]. Science, 2010, 327: 1603-1607.
[7] KALTENBRUNNER M, SEKITANI T, REEDER J, et al. An ultralightweight design for imperceptible plastic electronics [J]. Nature, 2013, 499: 458-463.
[8] HUSSAIN A M, HUSSAIN M M. CMOS technology enabled flexible and stretchable electronics for internet of everything applications [J]. Advanced Materials, 2016, 28: 4219-4249.
[9] ROJAS J P, AREVALO A, FOULDS I, et al. Design and characterization of ultra-stretchable monolithic silicon fabric [J]. Applied Physics Letters, 2014, 105: 154101.
[10] SOMEYA T, KATO Y, SEKITANI T, et al. Conformable, flexible, large area networks of pressure and thermal sensors with organic transistor active matrixes [J]. Proceedings of the National Academy of Sciences of the United States of America, 2005, 102: 12321-12325.
[11] YOKOTA T, INOUE Y, TERAKAWA Y, et al. Ultra-flexible, large area, physiological temperature sensors for multipoint measurements [J]. Proceedings of the National Academy of Sciences, 2015, 112: 14533-14538.
[12] TRUNG T Q, RAMASUNDARAM S, HWANG B U, et al. An all elastomeric transparent and stretchable temperature sensor for body attachable wearable electronics [J]. Advanced Materials, 2016, 28(3): 502-509.
[13] NASSAR J M, SEVILLA G A T, VELLING S J, et al. A CMOS-compatible large-scale monolithic integration of heterogeneous multi-sensors on flexible silicon for IoT applications [J]. IEEE, 2016: 18.6.1-18.6.4.
[14] LIPOMI D J, VOSGUERITCHIAN M, TEE BENJAMIN C-K, et al. Skin like pressure and strain sensors based on transparent elastic films of carbon nanotubes [J]. Nature Nanotechnology, 2011, 6: 788-792.
[15] MANNSFELD S C, TEE B C, STOLTENBERG R M, et al. Highly sensitive flexible pressure sensors with micro-structured rubber dielectric layers[J]. Nature Materials, 2010, 9: 859-864.
[16] ZANG Y, ZHANG F, HUANG D, et al. Flexible suspended gate organic thin-film transistors for ultra-sensitive pressure detection [J]. Nature Communications, 2015, 6: 6269.
[17] MEYER J, LUKOWICZ P, TROSTER G. Textile pressure sensor for muscle activity and motion detection [C]. 10th IEEE International Symposium on Wearable Computers, 2006: 69-72.
[18] ZHANG L, HOU G, WU Z, et al. Recent advances in graphene-based pressure sensors [J]. Nano Life, 2016, 6: 1642005.
[19] HAMMOCK M L, CHORTOS A, TEE B C K, et al. 25th anniversary article: the evolution of electronic skin (e-skin): a brief history, design considerations, and recent progress [J].

Advanced Materials, 2013, 25: 5997－6038.

[20] FAN F R, LIN L, ZHU G, et al. Transparent triboelectric nanogenerators and self-powered pressure sensors based on micropatterned plastic films [J]. Nano Letters, 2012, 12: 3109－3114.

[21] WHATMORE R. Piezoelectric and pyroelectric materials and their applications [J]. Electronic Materials: From Silicon to Organics, 1991: 283－290.

[22] DAHIYA R S, METTA G, VALLE M, et al. Tactile sensing—from humans to humanoids [J]. IEEE Transactions on Robotics, 2010, 26: 1－20.

[23] PARK J, KIM M, LEE Y, et al. Fingertip skin-inspired micro-structured ferroelectric skins discriminate static/dynamic pressure and temperature stimuli[J]. Science Advances, 2015, 1: e1500661.

[24] WANG Z L, CHEN J, LIN L. Progress in triboelectric nanogenerators as a new energy technology and self-powered sensors [J]. Energy & Environmental Science, 2015, 8: 2250－2282.

[25] BOUTRY C M, NGUYEN A, LAWAL Q O, et al. A sensitive and biodegradable pressure sensor array for cardiovascular monitoring [J]. Advanced Materials, 2015, 27: 6954－6961.

[26] SIMMONS J G. Generalized formula for the electric tunnel effect between similar electrodes separated by a thin insulating film [J]. Journal of Applied Physics, 1963, 34: 1793－1803.

[27] ZHANG X W, PAN Y, ZHENG Q, et al. Time dependence of piezoresistance for the conductor-filled polymer composites [J]. Journal of Polymer Scierce, 2000, 38: 2739－2749.

[28] LU J, WENG W, CHEN X, et al. Piezoresistive materials from directed shear-induced assembly of graphite nanosheets in polyethylene [J]. Advanced Functional Materials 2010, 15: 1358－1363.

案例 6
SAW 传感器的制备及应用

冯立辉

（北京理工大学　光电学院）

一、微纳技术概述

（一）背景介绍

微纳技术通常指微米/纳米级材料的设计、制造、测量、控制技术，以及相关产品的研发、制造和应用技术。微纳技术以经典力学、量子力学、分子动力学等理论为基础，以全新的材料研究、观察、制备手段为出发点（如原位分子膜层的生长和控制），通过全新大批量、可重复的加工制造进行大规模生产（如集成电路和微纳机电系统的加工制造等）。微纳技术是一项极具前途的军民两用技术，它不仅是加速经济增长、改变人类生产和生活方式的推动力，也是关系现代战争胜负的重要因素。

微纳技术涉及很多学科和领域，包括物质和系统在微米和纳米尺度下的理解、控制和应用。微纳技术在这一尺度范围内利用了独特的物理、化学和生物学特性，致力于创造新的材料、器件和系统，以实现前所未有的性能和功能。微纳技术的研究与发展对世界经济、国家与领土的安全和发展具有重大的意义。微纳技术涉及领域包括微纳尺度信息的产生与处理（如信息存储）、微纳尺度物质特性的观察与研究、微纳尺度响应、传感机制与对象控制（如扫描隧道显微镜）、微纳尺度加工和制造（如微纳机电系统）等，也涉及物理、化学、光学、医学、生物医疗、生态环保等诸多领域[1]。

（二）微纳技术应用

1. 微纳机电系统

微纳机电系统是指微米和纳米尺度的机电系统，是微纳技术应用中非常重要的一部分。MEMS 是微纳技术的杰作之一，它将机械与电子融合于微小尺度。与传统的宏观系统相比，微纳机电系统既有相同点又有不同点。从相同点来说，与传统的宏观系统一样，微纳机电系统作为单一系统具备完善的结构与功能，可谓"麻雀虽小，五脏俱全"；从不同点来说，由于微纳机电系统的尺寸很小，因此它的功耗更低、反应更快，相对于传统的宏观系统，更易于提升整体性能，且可采用类似于集成电路工艺的微细加工技术进行全系统整体制造，而不用像传统的宏观系统那样制造出单一器件后再进行组装。微纳机电系统采用的加工方法不但降低了成本,而且提高了可靠性,是传统机械加工技术的巨大进步[2]。

为了顺应21世纪科学技术发展的潮流,信息 MEMS 和生物医学 MEMS 得到了优先发展,传感技术在强化国防中发挥了作用。微纳米器件的制造工艺瓶颈问题得到了部分缓解,但仍需进一步加强。微纳机电系统设计与工艺软件仍由国外主导,亟待开发我国自主软件。区域性联合体和产、学、研相结合模式已在 MEMS 学术交流和产业化方面发挥了效能。

一般而言,MEMS 具有如下特点。

(1) 微小的尺寸。一般为几百微米至约1厘米大小,这是 MEMS 最显著的特征,也是其他特点和各种应用的基础。

(2) MEMS 是具有特定功能的系统,在同一块芯片上集成了传感器、执行器和控制电路等,节约了成本,提高了效率。

(3) MEMS 采用硅微加工工艺制作,主要步骤为薄膜沉积、光刻、刻蚀,与集成电路工艺集成,可通过完善标准工艺进行批量生产和加工。

2. 微纳光学

微纳光学是研究微纳尺度下的光学现象的学科,该尺度已接近可见光波长的量级,因此,在微纳光学中,光的传播、干涉等呈现出新的现象,传统光学的理论方法已经不再适用,需要开发新的研究理论和工具。微纳光学涵盖多个学科,是一门极具前沿性、知识密集的学科。它不仅仅是各类技术的集合,更是一个先进的学科分支,迅速受到学术界和工业界的关注和重视,在国际上掀起了微光学和纳光学研究的热潮。

在微纳尺寸下研究光与物质的相互作用规律可以促进微纳光学的发展,从而进一步推进新型光电器件的进步。一般的微纳结构尺寸小于外部激发源的特征尺寸。目前,已经有很多研究者对各种各样的亚波长尺度的微纳光学结构进行了设计与研究,包括光子晶体结构、光学纳米天线、人工超材料、表面等离激元共振结构等。这些人工设计的微纳结构,可以自由调控振幅、相位、偏振等信息,进而有效地调控光与物质的相互作用,产生诸如局域场增强、负折射、隐身、完美透镜等奇异现象。光子集成电路利用微纳尺度的波导和光学元件,在芯片上集成多种光学功能,如调制、耦合、分波等,可用于光通信、光计算等领域。光学纳米操控可利用光场对微纳尺度的粒子进行操控,以实现光学捕获、操纵和激光钳技术。

3. 生物领域

生物细胞的典型尺寸介于 1~10 μm 之间,而生物大分子的厚度通常处于纳米级,长度则处于微米级。微纳技术制造的器件尺寸也处于这个尺度范围内,因此非常适合用于操作生物细胞和生物大分子。在生物领域,微纳技术有着广泛应用,可以用来研究生物体的结构、功能和相互作用,也可以应用于医学诊断、药物传递、组织工程等方面。临床分析化验和基因分析遗传诊断所需的各种微泵、微阀、微镊子、微沟槽、微器皿和微流量计等装置也可以利用微纳技术来制造。

随着许多生化分析仪器和生物传感器的微型化、集成化和投入使用(如集成酶反应器、集成光化学酶传感器、微酶固定柱、微乙醇胆碱传感器、集成葡萄糖传感器、微谷氨酸传感器、微蛋白质传感器、微果糖传感器和集成尿分析系统),临床化验分析将发生革命性变化。由于这些仪器和系统是由微纳电子技术和微纳加工技术制造的,因此它们的价格便宜、体积小，化验分析所需样品的质量小、费用低、制造时间短，而且不受场所限制，不局限于大医院的化验室，能为危急病人赢得宝贵的抢救时间。

近年发展起来的介入治疗技术，在医疗领域占有越来越重要的地位，与其他治疗技术相比，它具有疗效好、减少病人痛苦等优点。然而，现有的介入治疗仪器价格昂贵、体积庞大，而且治疗时仪器需要进入体内，但是进行判断和操作的医生却在体外，因此很难保证操作的准确性，且治疗存在一定的风险，特别是对心脏、脑部、肝脏、肾脏等重要器官的治疗。微纳技术具有尺寸微小（可以进入细小器官和组织）和智能化（能够自动进行精确、微小的操作）的特点，可以显著提高介入治疗的精度，降低风险。

4. 功能材料

近年来，随着科学技术在信息产业、生物医疗等领域的不断发展和进步，对新型先进功能材料的研究引起了广泛关注。在材料合成和表征方面，涌现出许多新的思路、概念和方法。目前，材料制备和表征的研究已经从微米尺度拓展到纳米甚至原子尺度，功能材料展现出许多出色的性能，显示出在信息、生物等领域迅速扩展和应用的趋势。因此，微纳新型先进功能材料也成为微纳技术研究的一个重要方向。

目前，新型先进功能材料研究的范围广泛，涵盖了磁性材料、超导材料、半导体材料、铁电材料、红外材料、聚合物材料、光波导材料、封装材料、功能薄膜材料、信号处理材料、纳米材料等众多类型。虽然这些类型各具特色，但它们在许多交叉学科中都有所涉及，成为许多新研究方向的起点。例如，在微纳机电系统领域，聚合物材料引起了广泛关注，它除了作为绝缘材料和光刻胶材料外，高性能聚合物材料还在 MEMS 结构材料的研究中得到了应用。

二、实际案例

（一）声表面波传感器

声表面波（surface acoustic wave，SAW）技术是 20 世纪 60 年代末才发展起来的一门新兴科学技术，是声学和电子学相结合的一门边缘学科。由于 SAW 的传播速度比电磁波慢十万倍，因此在它的传播路径上容易取样和进行处理[3]。

基于此技术出现的 SAW 传感器，能够精确测量物理、化学等信息（如温度、应力、气体密度等）。SAW 传感器体积小、工作频率高，且无源、无线，能将信号集中于衬底表面，具有极高的信息敏感精度，能迅速将检测到的信息转换为电信号输出，具有可实时进行信息检测的特性；另外，SAW 传感器还具有微型化、集成化、无源、低成本、低功耗、直接频率信号输出等优点。

国内目前已经形成了包括 SAW 压力传感器、SAW 温度传感器、SAW 生物基因传感器、SAW 化学气相传感器以及智能传感器在内的多种类型的传感器。基于 SAW 的无源器件在工业、生物化学、军事、交通等领域已广泛开展物理量检测，如图 1 所示。

图 1　SAW 的应用领域

图 2 和图 3 所示分别为 SAW 压力传感器、SAW 温度传感器及性能测试结果。两种传感器均通过待测传感参量（压力、温度）改变 SAW 的波长和波速，从而改变返回信号，通过建立对应关系，可以从返回信号中分析出待测参量的变化，实现温度及压力的测量。

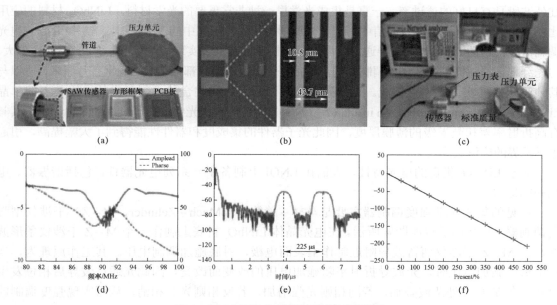

图 2　SAW 压力传感器及性能测试结果

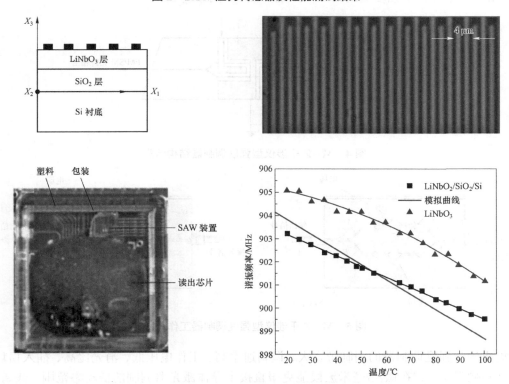

图 3　SAW 温度传感器及性能测试结果

（二）电光调制器

铌酸锂（LiNbO₃）晶体具有优良的电光、声光、非线性光学、压电性质，其在可见光和近红外波段具有良好的透过率，一直是集成光学里一种非常重要的光学材料。LiNbO₃材料的应用比较单一，主要应用于在光通信中高速电光调制器和光纤陀螺中的Y波导中。常用LiNbO₃电光调制器芯片中的LiNbO₃光波导通常采用质子交换或扩散工艺实现，其工艺简单、光模式面积大、与光纤耦合损耗低。虽然这种调制器的性能很好，但器件尺寸都非常大，通常有几厘米，难以与其他光子器件实现小型化集成。近年来，利用离子注入和键合技术制备出的绝缘体上的单晶LiNbO₃薄膜（lithium niobate on insulator，LNOI）为现代集成光学提供了良好的平台。由于其具有高折射率差和微米级的薄膜厚度，因此光子器件的集成度和器件性能得到了大幅提高，引起了学术界的广泛关注。

基于LiNbO₃优良的电光特性，人们在LNOI上制备了一系列电光器件，包括谐振器、电光调制器等。

常见的集成光学强度调制器主要是马赫-曾德尔（Mach-Zehnder，M-Z）干涉仪型强度调制器，其结构示意如图4所示。在电光晶体LiNbO₃衬底上制作一个M-Z干涉仪条形波导，在M-Z干涉仪两臂波导附近制作上表面电极，衬底施加调制电压。其工作原理为，当在电板上施加电压时，光波导折射率随施加电压的改变而改变，因此光通过波导后相位发生改变。在Y合束处两波叠加，若同相则光强增加，若反相则光强相消，从而实现强度调制的功能。M-Z干涉仪型强度调制器工作原理如图5所示。

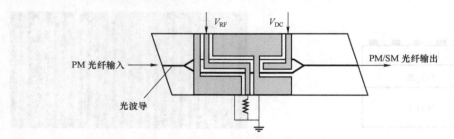

图4　M-Z干涉仪型强度调制器结构示意

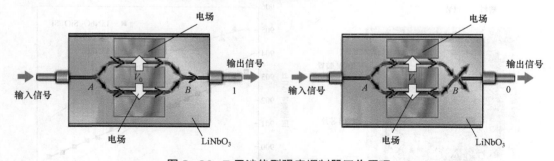

图5　M-Z干涉仪型强度调制器工作原理

集成光学强度调制器的调制带宽大、调制速率高、工作电压低、消光比高、插入损耗低、无调制啁啾现象，它在微波/毫米波段能克服直接半导体激光器调制的低动态范围、低调制速度和调制伴随的光谱展宽等缺点，是高速调制最合适的选择。集成光学强度调制器主要用在光纤通信系统中，如光发射机、CATV 发射机的宽带模拟和高速数字调制。它的技术指标主要包括插入损耗、半波电压、消光比、调制带宽等。

传统 $LiNbO_3$ 集成光学器件主要的微纳加工工艺包括光刻技术、刻蚀工艺、镀膜工艺（coating technology）、耦合封装技术（coupling and package technology）。

例如，钛扩散波导制作工艺（剥离法）流程为清洗衬底→甩胶→光刻→镀钛（Ti）→剥离钛条→钛扩散→磨抛、耦合测试，如图 6 所示。

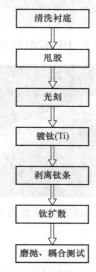

图 6　钛扩散波导制作工艺（剥离法）流程

（三）单片集成的 $LiNbO_3$ 双并联 M-Z 调制器

在普通 M-Z 调制器的两臂分别加入两个 M-Z 干涉结构，就能实现一种新型的集成调制器——双并联 M-Z 调制器（dual-parallel Mach-Zehnder modulator, DPMZM），其结构如图 7 所示。该结构集成了三个 M-Z 调制器（MZM），可同时调制两路信号，并且通过改变三个偏置电压，可以获得特殊的调制效果，所以此调制器可应用于新型调制码的产生，如频移键控（FSK）调制、差分四相移相键控（DQPSK）调制等。DPMZM 样品如图 8 所示。由于 $LiNbO_3$ 薄膜

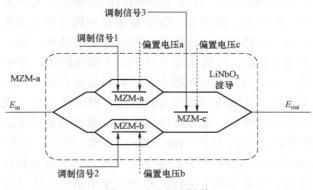

图 7　DPMZM 结构

材料逐步成熟,因此当下 $LiNbO_3$ 薄膜的集成光学器件已经成为集成光子学领域发展的热点。例如,哈佛诺基亚贝尔实验室的研究已将传统 $LiNbO_3$ 电光调制器的技术缩小至芯片级器件(中心),如图9所示,据报道其效率提高了20倍。

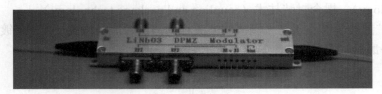

图8　DPMZM样品

图9　哈佛诺基亚贝尔实验室研发的 $LiNbO_3$ 电光调制器

三、工艺流程

(一)光刻

光刻是将制作在光刻掩模版上的图形转移到衬底表面的工艺。无论加工何种微器件,微加工工艺都可以分解成薄膜沉积、光刻和刻蚀这三个工艺步骤中的一个或者多个循环。

需要转移到衬底上的图形是制作在光刻掩模版上的。光刻掩模版以透明的石英或玻璃为本体,表面溅射或蒸镀一层不透光的铬金属,并根据所制备图形的需要将铬腐蚀形成对应的透光区。曝光时,在衬底表面涂覆光刻胶(光致抗蚀剂),将光刻掩模版覆盖在衬底上,并使有铬金属的一面朝下,以减小衍射对图形传递准确度的影响。当紫外光透过光刻掩模版照射在光刻胶上时,根据设计的图案,部分光刻胶会被曝光导致其性质改变,形成光刻胶中的曝光区域和未曝光区域。这一步骤决定了将要转移到衬底上的图形形状。

接下来在光刻胶上进行显影,移除未曝光区域或者曝光区域,形成相应的图形。然后,在显影后的光刻胶表面,通过刻蚀或沉积等方法,对衬底进行加工,形成所需的微小结构或图案。完成这一系列步骤后,光刻掩模版就可以拆除,此时在衬底上就留下了所需的图形。这样的过程可以在多个循环中重复,逐步形成复杂的微米和纳米尺度结构。

光刻分为制版、脱水烘、涂胶、软烘(soft bake)、对准、曝光、中烘(post-exposure bake)、显影、坚膜、镜检(develop inspect)和去胶等多个步骤。为了避免颗粒污染光刻胶线条,微加工的光刻需要在100级洁净室环境下进行,并全程使用黄光照明以避免光刻胶失效。下面将对光刻的每个步骤进行详细介绍[4-7]。

1. 制版

微器件设计者使用计算机辅助设计软件（如 L-Edit 或 AutoCAD）设计出微器件加工所需的版图文件。通过计算机绘制的版图是一组复合图，由分布在不同图层的图形叠加而成，而每一个图层则对应一张光刻掩模版。制版的目的就是根据版图文件生成一套分层的光刻掩模版，为光刻做准备[8]。

绘制版图的主要步骤如下：

（1）选择绘图工具。选择适合微纳尺度绘图的专业软件，常见的工具包括 AutoCAD，L-Edit，KLayout 等。这些软件提供了丰富的绘图功能和库，用于创建微纳结构的版图。

（2）创建版图文件。打开绘图软件，创建一个新的版图文件。通常，版图文件的单位会以微米或纳米为基准，因为微纳加工操作涉及这个尺度。

（3）绘制几何形状。使用软件提供的绘图工具，如线段、矩形、圆形等，绘制所需的几何形状。这些形状会构成最终的微纳结构。可以按照设计要求在版图中放置不同的形状，进行排列和组合。

（4）设定尺寸和位置。需要对绘制的每个几何形状设定精确的尺寸和位置。这通常涉及输入坐标、尺寸值，以及选择对齐和布局的选项。

（5）图层管理。在版图中，常常需要绘制不同层次的结构，如底层、中间层、顶层等。通过创建不同的图层，可以方便地管理不同结构之间的覆盖关系。

（6）添加标记和标签。为了在制造过程中能够正确地识别不同的结构和区域，可以添加标记和标签。这些标记和标签可以是数字、字母或其他符号，这有助于操作员进行后续处理。

（7）设计校准结构。在版图中，通常需要添加一些校准结构，用于在光刻过程中校准位置和尺寸，如格栅结构和刻线标记等。

（8）验证和修正。绘制完成后，需要进行版图的验证，以确保几何形状、尺寸和位置等与设计要求相符。如果需要，可以进行修正和调整。

（9）保存版图文件。验证和修正完成后，将版图文件保存为特定的格式，以便在光刻机上进行曝光操作。

（10）输出版图。最后，将版图文件输出到适当的媒介上，如透明玻璃板或光刻胶片上。这些媒介将用作在光刻机上进行曝光的光刻掩模版。

2. 脱水烘

在微纳加工过程中，脱水烘是一种常见的工艺步骤，用于去除衬底表面的水汽，从而提高光刻胶与衬底之间的黏附性。当衬底表面存在水汽时，光刻胶在涂覆时会受到水膜的影响，可能导致光刻胶与衬底之间的黏附性变差，这可能会影响微纳结构的质量和准确性。如果不进行脱水烘处理，那么光刻胶与衬底表面的水膜会降低光刻胶的附着性。这是因为光刻胶会与水膜接触，而不是与衬底表面直接接触。这样的接触会影响光刻胶的覆盖性和准确性，最终可能导致制作出的微纳结构不符合设计要求。

3. 涂胶

脱水烘完成后，要立即采用旋涂法为衬底涂上光刻胶。涂胶时，衬底被固定在一个真空吸盘上，将一定数量的光刻胶滴在衬底的中心，然后旋转衬底使光刻胶均匀分布。涂胶是微纳加工中的一项关键工艺，在衬底表面均匀涂覆光刻胶，以确保后续的光刻曝光和图案定义。涂胶过程需要精确控制，以确保光刻胶层的均匀性、厚度和质量，从而保证最终微纳结构的制作质量。

涂胶时，根据转速的变化可分为 4 个阶段，分别是预涂、加速、涂覆和去边。

在预涂阶段，旋涂机的平台开始旋转，但转速相对较低。这个阶段旨在将光刻胶溶液均匀地涂覆在衬底的中心区域，避免在涂覆过程中形成气泡或不均匀的涂层。预涂阶段还有助于将光刻胶溶液的一些溶剂均匀地分布在衬底表面，为后续加速和涂覆阶段做好准备。

加速阶段是从预涂阶段过渡到涂覆阶段的过程。在这个阶段，旋涂机的转速逐渐增加，使光刻胶溶液开始向衬底表面扩散，逐渐增加的旋转速度有助于将光刻胶快速地扩展到整个衬底表面，形成一个均匀的涂层。

涂覆阶段是整个涂胶过程的核心阶段。在这个阶段，旋涂机的转速达到最高点，光刻胶溶液在高速旋转的作用下，通过离心力均匀地分布在衬底表面。这个过程确保了光刻胶的均匀涂覆，并且光刻胶的厚度可以通过涂覆时间来控制。

涂覆完成后，涂胶机的转速开始降低，进入去边阶段。这个阶段旨在控制光刻胶在衬底边缘的过量部分，避免边缘形成厚重的边缘珠。通常会在涂覆结束后稍微减缓旋转，以减少边缘珠的形成。

一般来说，购买光刻胶时附带的数据表会给出光刻胶涂覆转速和厚度的关系曲线供使用者参考。借助涂覆曲线，使用者可以根据所需的胶厚确定涂覆转速，并通过一定的试验确定预涂转速、加速度和涂覆时间。

此外，除了旋涂的方式，MEMS 制造中还引入了喷涂（喷雾涂胶）的方式进行涂胶。喷涂时，超声波喷嘴通过振动产生平均直径 2 μm 的微小光刻胶液滴，均匀附着在低速旋转（50 r/min 或 100 r/min）的衬底上。低转速可以防止附着在衬底上的光刻胶在离心力的作用下流动而重新分布，使用这种方法不会在结构突变处产生堆积，从而使整个衬底表面得到厚度均匀的光刻胶薄膜。

4. 软烘

软烘又称预烘烤（prebake），该步骤在涂覆光刻胶后光刻曝光前进行。软烘能将光刻胶中的溶剂含量由 20%～30%降低到 4%～7%，光刻胶的厚度会减少 10%～25%。软烘温度和时间的控制不仅会影响光刻胶的固化，更会影响光刻胶曝光及显影的结果。若软烘不足，除了光刻胶黏附性较差外，曝光的精确度也会因为溶剂含量过高使光刻胶对光不敏感而变差。太高的溶剂含量将使显影液对曝光与未曝光的光刻胶选择性下降，致使曝光的区域不能在显影时完全去除。若软烘过度，则会使光刻胶变脆进而使黏附性降低，同时会使部分感光剂发生反应，使光刻胶在曝光时对光的敏感度变差，并使得显影时间延长甚至变得较为困难。

软烘的主要作用如下。

（1）去除残留溶剂。光刻胶是由溶剂和光刻胶分子组成的混合物。涂覆光刻胶后，涂层中可能残留有一些溶剂。软烘的主要作用之一是通过升高温度，将涂层中的残留溶剂蒸发。这有助于防止在光刻过程中因溶剂蒸发而产生气泡或缺陷，从而保证光刻胶的质量。

（2）提高光刻胶黏稠度。在软烘的过程中，随着溶剂的蒸发，光刻胶会变得更加黏稠。

这种黏稠度的提高有助于在光刻曝光时保持图案的准确性和细节，因为黏稠的光刻胶在曝光过程中更不容易流动。

（3）消除光刻胶表面张力。在涂覆过程中，光刻胶可能在衬底表面形成不均匀的涂层，导致表面张力差异。在软烘过程中，光刻胶会通过自我流动来消除这些不均匀性，使涂层表面变得更加平滑和均匀。

（4）稳定光刻胶结构。软烘有助于稳定光刻胶的分子结构，使其在光刻曝光过程中保持稳定。这对于实现准确的图案定义和微纳结构制作至关重要。

软烘通常在相对较低的温度下进行，以避免对光刻胶的预曝光敏感性产生不良影响。软烘的参数（如温度和时间）会根据所用光刻胶的类型和涂层厚度进行优化，以确保达到最佳的去溶剂效果和光刻胶性能。

在使用热板进行软烘（热板软烘）时，通常有三种不同的接触方式，称为热板接触方式或热板间接方式。这些接触方式可以影响软烘的均匀性和效果。以下是这三种接触方式的介绍。

（1）直接接触。在直接接触方式中，涂有光刻胶的衬底直接与加热热板接触。衬底放置在热板上，热板通过传导将热量传递给光刻胶。这种方式的优势在于加热速度较快，能够迅速使光刻胶的温度上升，从而加速溶剂的蒸发。然而，由于直接接触可能在衬底表面产生轻微的变形或凹凸，因此需要根据具体情况进行调整。

（2）真空间接（indirect contact with vacuum）。在真空间接方式中，衬底放置在一个真空环境中，而热板位于衬底的下方。通过抽取真空，衬底与热板之间的气体被抽走，从而实现间接的热传导。这种方式可以避免直接接触引起的衬底形变问题。同时，在真空环境中，溶剂的蒸发更加快速。真空间接方式在一些特定情况下可以提供更均匀的软烘效果。

（3）气体间接（indirect contact with gas）。气体间接方式类似于真空间接方式，但在这种情况下，热板下方的气体不一定是真空，也可以是惰性气体。气体的存在降低了氧气的浓度，有助于减小光刻胶的氧化和变质速度。这种方式也能够实现较快的软烘效果，但要根据实际情况选择合适的气体。

5. 光刻对准

光刻对准是确保光刻胶上的图案与已存在的图案或结构对齐的重要步骤。在制作版图时，通常会在需要进行对准的位置添加特定的对准标记。这些标记是一些微小的结构，其位置已知，并在整个加工过程中起到标定的作用。

在开始光刻之前，将待加工的衬底放置在光刻机的台面上。此时，衬底上的光刻胶层覆盖着对准标记。光刻机通过显微镜或其他影像系统对标记进行初始定位，以了解它们在衬底上的位置。在初始对准之后，光刻机开始进行全局对准。这个步骤通过调整衬底的位置，使光刻机能够将光刻胶上的对准标记与已知的参考标记对准。全局对准通常涉及显微镜、影像系统和控制算法，能够使标记的位置精确匹配。

对准一旦完成，光刻机会根据对准位置进行曝光，将所需的图案或结构定义在光刻胶上。光刻对准是微纳加工中确保精确性和一致性的关键步骤之一。现代光刻设备通常配备了高精度的显微镜、影像系统和自动控制算法，以确保对准的精度和稳定性。对准的精确性直接影响曝光的质量和最终制作的微纳结构。因为微米至纳米尺度的精度对对准操作提出了极高的要求，所以对准过程在微纳加工中非常重要。

6. 曝光

曝光是指将光刻掩模版上的图案用紫外光或其他特定波长的光线照射到涂有光刻胶的衬底上，使光刻胶未被光刻掩模版遮蔽部分的感光剂产生高分子聚合（负胶）或分解（正胶），从而将图案传递给光刻胶。

不同的光刻胶类型在加工、曝光和显影过程中有着不同的特点，适用于不同的微纳加工应用。正胶的制作流程相对简单，只需要曝光和显影步骤，其适用于制作一些较为复杂的微纳结构。正胶在显影过程中将暴露的区域保留下来，因此制作出的结构具有一定的高度，适用于制作一些凸显的结构。正胶的分辨率一般，在一些情况下可能无法制作分辨率非常高的微纳尺度图案。

负胶在一些应用中具有优势，可制作微米至纳米尺度的高分辨率图案，如微流体芯片、光学元件等。负胶的制作流程可能会比正胶复杂一些，需要考虑曝光、显影和可能的后处理步骤。负胶通常能够实现更高的分辨率和更细致的图案。选择使用正胶还是负胶取决于具体的加工需求和设计要求。

曝光可以通过不同的方式进行，具体的方式取决于加工要求、设备配置以及所用的光刻胶类型。以下是几种常见曝光方式的详细说明。

（1）连续光源曝光（continuous light source exposure）。在这种方式中，光源持续地照射整个光刻掩模版，从而在光刻胶上形成连续的图案。连续光源曝光适用于制作一些相对简单的结构，因为它可能难以实现高分辨率的微纳图案。它的优点是曝光速度较快，适用于一些工业应用。

（2）步进式曝光（step-and-repeat exposure）。在这种方式中，光刻掩模版和衬底通过精确的移动机制进行对准，然后光源在每个位置进行瞬时曝光。这个过程会在整个衬底上重复进行，从而将整个图案逐步传输到光刻胶上。步进式曝光适用于制作相对较大的图案，可以在每个步骤中保持高分辨率。

（3）扫描式曝光（scanning exposure）。在这种方式中，光源和光刻掩模版保持固定，而衬底通过扫描机构进行移动，使光线从一个位置扫描到另一个位置。这样可以在衬底上形成连续的图案。扫描式曝光通常用于制作复杂的微纳结构，它可以实现高分辨率的图案。

（4）直写式曝光（direct write exposure）。这种方式使用一个精密的光束或电子束直接对光刻胶进行曝光。这种方式适用于制作定制化的微纳结构，但速度较慢，通常用于研究和小批量生产。

（5）多光束阵列曝光（multi-beam array exposure）。这是一种高级的曝光方式，使用多个光束或电子束同时对光刻胶进行曝光。这样可以大幅提高曝光速度，适用于高通量的生产需求。

7. 中烘

中烘是光刻工艺中的一项重要步骤，紧随曝光步骤。中烘的目的是在曝光后对光刻胶进行热处理，以促使化学反应进一步进行，从而稳定图案的形成和胶层性能，消除驻波效应。

光刻胶在曝光后可能会发生体积变化，导致图案尺寸略微变化。中烘有助于减小这种尺寸变化，提高图案的尺寸精度。

中烘的参数包括温度和时间，这些参数可根据使用的光刻胶类型、设计要求以及加工流程进行优化。温度过高可能会导致光刻胶过度固化，而温度过低可能会影响化学反应的进行。

8. 显影

显影就是用化学显影液溶解由曝光造成的光刻胶可溶解区域，主要目的是将光刻掩模版的图形准确复制到光刻胶中。由于显影液对光刻胶有溶解作用（特别是对正胶），因此必须控制好显影时间，最好控制在 1 min 以内。为了避免曝光后的光刻胶因为其他副反应而改变化学结构，曝光后应尽快进行显影。

9. 坚膜

坚膜是为了进一步去除光刻胶溶剂，并消除显影和显影后喷淋引入胶中的水分，以增加黏附力，同时增强对酸和等离子的抵抗能力，引起光刻胶回流，使其边缘平滑，减少缺陷。为使光刻胶容易去除，用于剥离工艺中的光刻胶不需要进行坚膜。坚膜的温度要略高于软烘温度，在使用热板进行坚膜时，正胶的坚膜温度一般为 110～130 ℃，负胶的坚膜温度一般为 130～150 ℃，时间一般为 60～90 s。在坚膜过程中，光刻胶会变软并发生流动，从而造成光刻图形变形，因此坚膜的温度和时间需要严格控制。

10. 镜检

镜检用于检查和评估光刻过程的质量、准确性以及制造出的微细图案的特征。镜检系统使用高分辨率的光学或电子显微镜检查已经曝光并显影后的光刻胶层，并检查图案的分辨率、形状、尺寸和位置是否与设计要求一致。镜检系统还能够探测在图案中可能出现的缺陷，如瑕疵、颗粒、气泡等。这些缺陷可能会影响器件的性能，因此在制作过程中需要尽早发现并修复。

11. 去胶

在后续工艺中，为了进行新一轮的图形传递，需要将光刻胶去除，为下一次光刻做准备。去除光刻胶的方法有湿法去胶和干法去胶两种。

湿法去胶是使用液体化学溶剂来溶解光刻胶，通常需要将样品浸泡在溶剂中，以达到溶解胶层的目的。这种方法适用于一般的光刻胶，但也可能受到胶层的化学性质和厚度的影响。

主要的湿法去胶包括以下几种方法。

（1）显影液去除法。一些光刻胶在显影过程中会同时发生溶解，因此显影液可以同时作为去除胶层的溶剂。这种方法适用于一些特定的光刻胶。

（2）氧化酸湿法。使用氧化性酸性溶液（如硝酸和硫酸混合液）来去除光刻胶。这些溶液可以在一定的温度和浸泡时间条件下将光刻胶溶解或剥离。

（3）有机溶剂湿法。有机溶剂（如醇类、醚类和酮类等）可以溶解一些光刻胶，这种方法适用于一些对氧化性酸性溶液敏感的样品。

干法去胶是使用气体或等离子体来去除胶层，不需要液体介质。这种方法适用于一些需要避免液体接触的情况，也适用于对化学溶剂敏感的样品。

主要的干法去胶包括以下几种方法。

（1）氧等离子体（oxygen plasma）干法去除光刻胶。使用氧等离子体产生的化学反应，将光刻胶表面的有机物（organic）氧化并分解，从而去除胶层。

（2）氢等离子体（hydrogen plasma）干法去除光刻胶。类似于氧等离子体干法去除光刻胶，使用氢等离子体来还原光刻胶表面的化合物，实现去除胶层。

（二）薄膜制备

在微电子工艺中，薄膜沉积及其图形化是非常关键的步骤，有多种方法可以实现这样的沉积。评价薄膜质量的主要参数包括台阶覆盖性、均匀性、附着度、致密性、残余应力等。在实际加工过程中，可以根据对薄膜质量要求的不同选择不同的薄膜成形方法。薄膜成形技术可以从大的层面分为化学方法（如气相沉积、外延、热氧化等）和物理方法（如蒸发、溅射等）两类。这些方法在微电子制造中扮演着重要的角色，可以用来生成各种不同性质的薄膜，以满足不同器件的要求。

1. CVD

CVD 是一种常用的材料制备技术，用于在固体表面沉积薄膜、涂层、纳米颗粒等材料。它将气态前体物质通过化学反应沉积在衬底表面，形成所需的材料薄膜或结构。

CVD 的基本原理是通过一个化学反应使气态前体物质（通常是挥发性的气体化合物）分解并释放出所需的组分，然后这些组分在衬底表面沉积形成固体材料。整个过程在恶劣条件下（高温和低压）进行，以便实现原子级的控制和反应。CVD 可以用于制备各种材料，包括金属、半导体、绝缘体、复合材料以及纳米颗粒、薄膜等。它在微电子、光学、材料科学、纳米技术等领域都有广泛的应用。不同类型的 CVD 包括以下几种。

（1）常压化学气相沉积（atmospheric pressure chemical vapor deposition，APCVD）是一种在接近常压的压力下进行 CVD 反应的沉积方法。这种方法的优点是不需要真空系统，反应设备简单且成本较低，沉积速度较快，且沉积温度相对较低。它的缺点是薄膜表面台阶的覆盖能力较差，且容易引入颗粒污染。

（2）热 CVD（thermal CVD）是一种使用热能来激活气态前体物质，使其分解并在衬底表面沉积的方法。这种方法通常需要高温和低压条件，优点是可以在相对低的温度下实现均匀的薄膜沉积和高质量的晶体生长；缺点是需要较高的温度和较低的压力，可能会限制某些材料和衬底的应用，且温度梯度可能导致薄膜沉积不均匀。

（3）等离子体增强 CVD（plasma-enhanced CVD，PECVD）是在热 CVD 基础上，通过施加等离子体以增加气体分子的能量，从而降低沉积温度的方法。这种方法可以更好地适应一些材料和衬底。其优点是可以在较低的温度下进行薄膜沉积，适用于温度敏感的衬底和材料，等离子体的激活作用可以增加反应速率，提高沉积速度；缺点是等离子体可能会引入额外的缺陷和杂质，且对于某些材料，可能需要复杂的等离子体生成系统。

（4）低压 CVD（low-pressure CVD，LPCVD）在相对低的压力下进行 CVD，通常需要

高真空条件，这有助于减少杂质的含量并控制反应过程。其优点是在相对低的压力下操作，有助于降低杂质的含量，可以实现较高的薄膜质量和均匀性；缺点是需要较高的真空度，设备和操作较为复杂，不适用于一些需要在大气压力下操作的场景。

（5）气相外延（metalorganic vapor phase epitaxy，MOVPE）是一种特殊类型的CVD，用于外延生长晶体薄膜，这种方法在半导体器件制造中得到了广泛应用。气相外延可以实现高质量的晶体生长，但缺点是需要高度控制的气相前提，可能涉及较高的安全风险，同时需要复杂的设备和操作。

CVD技术提供了对薄膜和涂层的控制，可以实现厚度、组分、晶格结构等多方面的定制，在制造微电子器件、光学涂层、光伏电池、陶瓷涂层等方面发挥着重要作用。选择的CVD方法取决于特定应用的要求，如所需薄膜材料、沉积速度、衬底类型、温度等因素。

2. PVD

PVD是一种沉积过程，其中只涉及物质相态的变化，而不涉及化学反应。这种方法可以用来沉积多种金属和非金属薄膜。PVD具有许多优势，如成本较低、稳定性良好等。在PVD中，物质通常以固体或液体形态存在，然后被加热以产生蒸气或粒子，这些蒸气或粒子随后会在衬底表面凝结，从而形成薄膜。不涉及化学反应的特点使得PVD在薄膜沉积的应用中非常有用，特别是在制备具有特定性能和结构薄膜的情况下。

PVD可以分为蒸发和溅射两种类型。蒸发主要用于金属材料的沉积。在蒸发过程中，将待沉积的金属样品置于一个坩埚中，在高真空条件下对沉积材料进行加热，使其沸腾并蒸发。蒸发出的汽化原子流会到达晶片表面，并在那里凝结形成薄膜。

根据加热的方式不同，蒸发可分为电子束蒸发和电阻热蒸发。电子束蒸发利用高能聚焦的电子束轰击靶材，局部加热靶材使其汽化，然后将汽化物质凝结在晶片表面形成薄膜。电子束蒸发在制备薄膜时具有高度的精确性和控制性，能够使薄膜具有均匀性和致密性。

溅射是利用等离子体辉光放电提供能量的方法来实现的。在溅射过程中，惰性气体在辉光放电的作用下被电离，形成等离子体。这些等离子体在电场的作用下加速，然后撞击目标材料（靶材），将其中的原子或分子击出。这些被撞出的原子或分子会到达衬底并在其上沉积，从而形成薄膜。

溅射依赖于辉光放电产生的等离子体能量，通过控制气体和靶材的性质以及工艺参数，可以实现对薄膜成分、均匀性和附着性等方面的控制。溅射一般发生在低压气体环境中，其沉积速度较电子束蒸发高。溅射可以沉积金属和非金属。与溅射相比，蒸镀镀膜速度快、对衬底损伤小、成本低，但膜层均匀性和黏附性差。

（三）剥离

当需要在衬底上制备金属图案时，传统的方法是先在衬底上溅射或蒸镀一层金属薄膜，然后在金属薄膜上涂覆光刻胶，进行光刻步骤。随后，利用光刻胶作为掩模，在金属薄膜上进行湿法或干法刻蚀，以形成所需的金属图案。然而，这种方法在处理一些金属材料时会遇到困难，特别是在需要精细细节的情况下。

剥离工艺是一种更为灵活的方法，首先在衬底上涂覆光刻胶并进行光刻，然后制备金属薄膜。在有光刻胶的区域，金属薄膜会在光刻胶上形成；而在没有光刻胶的区域，金属薄膜则直接在衬底上形成。随后，通过溶剂去除光刻胶，不需要的金属会随着光刻胶一同溶解并被移除，而所需的金属图案则会保留在衬底上。这种方法适用于制备一些难以刻蚀的金属材料，如铂、金、硅化物等，尤其在需要复杂金属结构时效果更好。

四、理论原理

（一）SAW

SAW 已有 100 多年的历史。1885 年，英国物理学家 Lord Rayleigh 在对地震波的研究中发现，声波中除了横波和纵波，还存在另一种形式的波，由于其主要集中在固体表面，因此他将其称为 SAW。为了纪念 Lord Rayleigh，人们将 SAW 称为 Rayleigh 波。这种波主要集中在介质表面 1~2 个波长范围内。

1911 年，Love 发现将一层均匀介质覆盖在半无限厚弹性体上就会出现不同于 Rayleigh 波的弹性表面波，该弹性表面波是沿着水平剪切（SH）方向振动的，这种表面波后来称为 Love 波，又称水平剪切波（SH-SAW）。此后各种 SAW 被陆续发现，如日本地震研究学家 K. Sezawa 发现的 Sezawa 波，以及漏声表面波（LSAW）、纵漏声表面波（LLSAW）等。

然而，由于当时科技水平的限制，这些波没有得到实际的应用。直到 1965 年，R. W. White 和 F. W. Voltmer 通过在石英表面沉积制造出叉指换能器（interdigital transducer，IDT），SAW 才能够有效地被激励和检测到。而利用制造半导体的光刻技术可以大批量生产高质量的 IDT，这为 SAW 器件的广泛研究和发展提供了机遇。

20 世纪 60 年代至今，SAW 器件的研究和应用极其广泛。20 世纪 60 年代末到 80 年代初，SAW 延迟线和脉冲压缩滤波器应用在雷达通信和电子对抗的军用系统中，随后发展为民用，以 SAW 滤波器的形式应用在广播电视和卫星通信系统中。20 世纪 80 年代末到 21 世纪初，SAW 器件克服了插入损耗大、功率耐受性低等缺点，同时各种类型的高性能射频 SAW 滤波器和天线双工器被制作出来，并且由于 SAW 滤波器具有成本低、体积小、质量小、可靠性高等优点，因此其被应用于 2G 和 3G 移动通信系统中。随后，随着 4G 的普及以及 5G 移动通信在全球范围的应用，SAW 行业迎来了前所未有的机遇和挑战。

（二）IDT 结构

IDT 是 SAW 的主要组成部件，它的功能是实现激励和接收 SAW。IDT 最基本的结构是多根金属电极与总引线相连，按照每两根交错电极为一个周期的规律分布式排列，总线称为汇流条。IDT 有多种形式，均匀 IDT 激励的声波会同时向前和向后传播，称为双向换能器（bidirectional IDT），另外采用特殊结构也可以使 SAW 单向传播，称为单向换能器（unidirectional IDT）[9]。

IDT 的基本结构如图 10 所示，其中，W 为 IDT 的声孔径；a 为叉指宽度；b 为指间间隔；p 为指间距，p 等于 a 与 b 的和；$\eta = a/p$，称为金属化率或敷金比；除此之外，叉指对数 N 也是 IDT 的重要参数之一。这些参数影响着 SAW 器件的性质，因此在设计 IDT 时需要采用合适的参数才能满足器件的要求。叉指宽度 a、指间距 p 和声孔径 W 都为常数,且金属化率 $\eta = 0.5$ 的 IDT 称为均匀换能器;而叉指宽度 a、指间距 p 或声孔径 W 随坐标变换的换能器称为加权换能器。当指间距 $p = 0.5$ 时,IDT 激发声波的效率最高,并且均匀叉指换能器也是最基础的换能器,因此本案例选择均匀叉指结构进行研究。

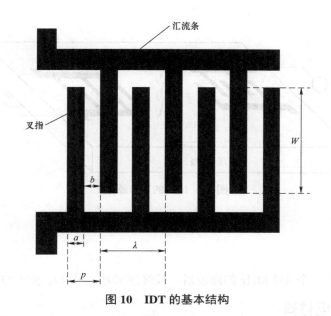

图 10　IDT 的基本结构

SAW 器件的基本结构是由具有压电特性的衬底材料及其表面的两组 IDT 组成的,分别作为输入和输出换能器。器件制作工艺与半导体集成电路的平面工艺兼容,在压电衬底上蒸镀一定厚度的金属薄膜(如 Al,Au 和 Ti 等),利用掩模或者投影曝光制备出 IDT 图形,然后采用湿法或干法刻蚀出 IDT。

(三) IDT 的工作原理

IDT 是一种利用压电效应来实现声和电之间转换的装置。压电效应分为正压电效应和逆压电效应,存在于非对称结构的晶体材料中。介电材料由机械力导致形变,会产生电荷分布和电势差,这种将机械能转化成电能的现象称为正压电效应。反之,逆压电效应则是将介电材料放置在外电场中导致材料产生形变的效应。这些效应的产生与介电材料的性质有关,通过控制外界的电场或机械力可以对介电材料的形变和极化进行控制,从而实现声电互换的功能。

图 11 所示为 IDT 的工作原理,简单来说就是声电转换。通过汇流条将交变电压 V_t 施加到输入 IDT,会在压电衬底表面产生以 $2p$ 为周期的电场分布,从而在电极界面产生机械形变和应力场,这个过程利用了逆压电效应。当产生的 SAW 传播到另一端的 IDT 时,会因为正压电效应在输出端产生交变电信号。

IDT 选频的主要原理是波的干涉。对 IDT 施加交变电压,每对叉指都会激发出 SAW,激发出的 SAW 会发生干涉。当指间距 p 是 SAW 半波长的整数倍时,声波叠加使 SAW 增强。

此时称为 IDT 的谐振频率,也是外加电场的同步频率（synchronism frequency),用 f_{sc} 表示,f_{sc} 由 IDT 的结构决定,$f_{sc}=v_s/2p$（v_s 为 SAW 波速)。当激励电信号的频率为 f_{sc} 时,IDT 发射的声波最强。若不满足此条件,则干涉幅度减小。同样地,对于接收 IDT,当入射 SAW 的频率为 f_{sc} 时,输出的电信号最强。因此,IDT 的谐振频率是其最优的工作频率,也是其最大灵敏度的来源。

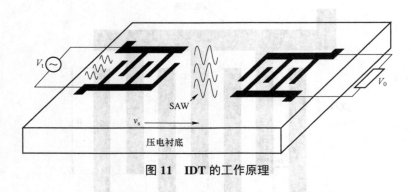

图 11 IDT 的工作原理

五、实验

实验要求:设计一个 433 MHz 的滤波器,最终测试时,可以筛选出 433 MHz 左右的频率。

(一) 选择压电材料

压电衬底是表面波的传播介质,其性能是决定整个传感器性能的关键因素之一。其性质对传感器性能的影响表现在如下几个方面。

(1) SAW 的传播速度。SAW 的传播速度决定着器件的谐振频率,而材料的均匀性对 SAW 的传播速度影响非常大。对于压电单晶体,即使晶格性质变化很小,但是如果这个变化影响了晶体的极化,也会使 SAW 的传播速度发生很大的变化。提高 SAW 传感器的工作频率有两种途径:一是利用更高精度的光刻工艺来制成更大密度的叉指;二是寻求更高 SAW 传播速度的压电材料。在相同的电极尺寸下,高的 SAW 传播速度可以使传感器的工作频率更高,为了制造高频 SAW 传感器,必须采用高 SAW 传播速度的压电材料。

(2) 温度稳定性。衬底材料的热膨胀系数与 SAW 器件的延迟温度系数直接相关,而延迟温度系数影响着器件的稳定性。

(3) 传播损耗。衬底材料的传播损耗直接影响器件的插入损耗和品质因数,传播损耗要尽可能小,衬底的晶格振荡、表面粗糙、能量泄漏到空气中等因素使衬底材料存在固有的传播损耗。

设计 IDT 需要选择压电材料和金属电极材料两部分。压电材料在 SAW 器件中实现电能和机械能的相互转换,也是 SAW 信号的传播载体。因此,压电材料的性能对 SAW 器件的转换和传播能力至关重要,制备高性能 SAW 器件必须选择合适的压电材料。选择压电材料主要考虑 SAW 的传播速度、机电耦合系数、传播损耗和温度系数等物理参数[9]。

选择压电材料时对参数的要求一般如下。

(1) 机电耦合系数：机电耦合系数越大，可以产生的压电效应越强，有利于提高 SAW 器件的能量转换效率；压电材料机电耦合系数具有方向性，不同晶向的材料具有不同的机电耦合系数，一般要求机电耦合系数大于 0.5%。

(2) 传播损耗：压电材料的传播损耗越小，SAW 器件传输过程的损耗也就越小，一般要求压电材料的传播损耗在 0.2 dB/λ 以下。

(3) 温度系数：温度系数越小，温度对 SAW 器件性能的影响就越小，压电材料的温度系数越小越好，特别是对谐振频率准确度要求高的器件，如窄带 SAW 滤波器和谐振器。

根据 SAW 器件应用领域的不同，在 SAW 器件设计过程中采用的压电材料也存在着差异，可根据不同器件对成本、体积和稳定性等方面的要求，选择不同种类的压电材料来制备 SAW 器件。压电陶瓷的性能随温度变化较大，使用环境温度范围较窄、耐化学性好、价格低廉，对器件性能要求不高时可以采用压电陶瓷。压电单晶温度稳定性好，但是对环境敏感，并且价格昂贵，适用于高温或精密频控器件。压电薄膜性能良好，温度稳定性好、集成度高，但是压电薄膜具有各向异性，沿不同方向具有不同的声速和压电性能，适合对传播方向没有特殊要求的 SAW 器件以及需要更小体积的器件。常见的压电材料有 LiNbO$_3$、钽酸锂和石英等，其材料参数如表 1 所示。本实验中仿真选择 LiNbO$_3$ 晶体，它既有良好的压电性能，又易于加工，价格低廉，适合大部分 SAW 器件。

表 1　常见压电材料及其参数

材料名称	切向	速度/(m·s^{-1})	机电耦合系数/%	传播损耗/(dB·cm^{-1})	温度系数/(ppm[①], ℃$^{-1}$)
LiNbO$_3$	YZ	3 488	4.3	0.31（1 GHz）	−85
LiNbO$_3$	128°YX	3 980	5.5	0.26（1 GHz）	−74
LiNbO$_3$	112°XY	3 301	0.88	0.35（1 GHz）	−35
LiTaO$_3$	166.5°YX	3 370	1.54	0.35（1 GHz）	50

① ppm（parts per million）为百万分率，量纲为1，即 10^{-6}。ppm 为非规范计量方式，为方便表述，本书仍统一使用 ppm。

经过综合比较，可以看出 YZ 切向 LiNbO$_3$ 机电耦合系数较高，同时具有传播速度较快、传播损耗较小、温度系数小等优点，在各个方面均有出色表现，也是在实际中广泛应用的压电材料。因此综合分析选择 YZ 切向 LiNbO$_3$，其传播速度为 3 488 m/s，机电耦合系数为 4.3%，传播损耗为 0.31 dB/cm（1 GHz），温度系数为 −85 ppm/℃，符合压电材料选取原则。

（二）确定设计参数

IDT 是 SAW 传感器的核心部分，通过合理的结构设计，可以选出预期频率（433 MHz），且可以在矢网上得到较为尖锐的峰值和较窄的带宽。IDT 设计的主要参数即周期 p、叉指对数 N、声孔径 W、敷金比 MR 和电极高度 EH，以及输入和输出 IDT 中心间距 L 等。

(1) IDT 的周期 p。

IDT 的周期 p 决定 SAW 传感器的 SAW 波长 λ，p 与波长 λ 的关系式为

$$p = \frac{\lambda}{2} = \frac{v}{2f} \tag{1}$$

式中，f 为 SAW 传感器的工作频率；v 为表面波波速。IDT 的周期越小，加工难度越大。本实验在已有条件限制下，取 $p = 4\ \mu m$，即叉指间距 $a = 2\ \mu m$，$\lambda = 8\ \mu m$，工作频率 $f = 433\ MHz$。

(2) 叉指对数 N。

叉指对数 N 理论上决定了器件的带宽 BW：

$$BW = \frac{2f_0}{N} \tag{2}$$

式中，f_0 为传感器工作频率。叉指对数 N 越大，选频特性越好，但过大的叉指对数会使插入损耗增大，工艺难度也会增加。

(3) 敷金比 MR 和电极高度 EH。

对于高频器件，叉指宽度非常小，敷金比 MR 和电极高度 EH 已经是不可忽略的参数。敷金比 MR 定义为电极覆盖基体表面的比率，电极高度 EH 定义为电极高度与波长的百分比。电极是有质量的，电极的质量效应使 SAW 的传播速度降低。表面波在 IDT 叉指的边缘会发生反射，而且会将表面波散射成体波，造成功率损耗和体波干扰。敷金比越大，电极的质量效应越明显，相应的波速降低得越多，不同大小的敷金比还会影响电极对表面波的反射率。

(4) 声孔径 W。

IDT 的声孔径 W 主要影响其端口阻抗和 SAW 的衍射。声孔径越大，则 IDT 的等效电容也越大，这对高频信号不利，同时会增大芯片的面积，并增加 IDT 的制造难度，但可以通过增强声波的强度来减少整个器件的能量损耗。声孔径太小会使 SAW 的衍射变得严重，选取尺寸时需要适当折中。

(三) 仿真

仿真步骤如下。

1. 建立模型

在 SAW 仿真设计过程中，可以选择二维模型或三维模型来构建 IDT。三维模型比二维模型需要更大的计算量。因为 IDT 激励的 SAW 传播方向垂直于电极的声孔径方向，所以可以将其简化为二维模型。

2. 定义材料参数

定义好 $LiNbO_3$ 与铝相应的材料参数。

除选择压电材料外，还需要选择电极材料。铝是半导体器件及集成电路中常用的金属材料，1960 年半导体平面工艺问世以来，其被广泛应用于内连接、欧姆接触等金属化工艺，在

半导体领域发挥着非常重要的作用。SAW 器件制作过程与半导体器件的制作过程一致，铝易通过常见的金属沉积技术进行制备，与半导体器件的制作过程兼容。另外，铝具有良好的导电性，能够提供良好的电流传输性能。铝的密度相对较小，可以减小器件的质量和体积。最重要的是，铝的声阻抗较低，有助于实现有效的声波传输。铝薄膜从 SAW 器件问世以来就广泛用作 IDT 电极材料，目前，尚没有其他金属能够完全取代铝在 SAW 器件中的应用，因此本实验中金属电极材料选择为铝。

3. 设定边界条件

仿真单对 IDT 时，为了模拟实际多对 IDT，需要在压电衬底两侧设置周期性边界条件。此外压电衬底底部需要添加固定约束，还可以根据实际情况增加边界载荷等。若 IDT 结构完整，则只需要在固体力学中对压电衬底底部施加固定约束，不需要设置周期性边界条件。此外也需要设置好终端和接地端。

4. 网格化

计算仿真之前，需要进行网格化处理。网格划分的质量直接影响仿真的精度和效率，在场量变化剧烈处需要更加细密的网格，在平滑或均匀变化的区域可以使用较大单元。因为 SAW 主要集中在表面，所以在对 IDT 的仿真中，将网格的大小设置为沿着 IDT 的模型厚度方向从下到上依次递减，以实现对 SAW 集中的区域进行更精细的计算，如图 12 所示，这样可以在保证结果准确的同时减少计算量。

5. 求解

本实验主要研究频域特性，因此主要使用特征频率和频率进行研究。特征频率可以计算出器件的不同模态，计算之前需要给出在频域研究中求解时，需要的特征频率搜索基准值以及所需特征数，合适的基准值与特征数可以提高计算效率。频域研究需要使用合适的频率区间与步长进行扫频。

经过仿真，选定器件参数，如表 2 所示。

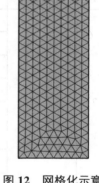

图 12　网格化示意

表 2　器件参数选定

材料及切向	指间距/μm	叉指对数	声孔径/μm	敷金比/%	电极高度/μm
YZ-LiNbO$_3$	2	50	800	50	0.2

（四）流片

SAW 器件制备基本流程如图 13 所示，LiNbO$_3$ 基体经过清洗后，涂覆光刻胶，经过前烘后送入装载好掩模版的光刻机，曝光完成后进行中烘，再取出进行显影；显影完成后观察图形及结构是否完整，确认后进行镀膜；先镀一层钛增加黏附性，再镀铝，随后进行剥离；剥离完成后进行划片、打线封装并进行最终测试。工艺流程卡如表 3 所示。

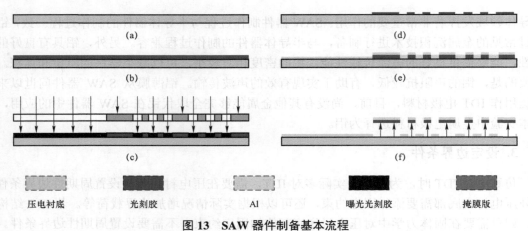

图 13 SAW 器件制备基本流程

表 3 工艺流程卡

序号	工序	工艺步骤	工艺要求	工艺设备要求
1	清洗基材	常规清洗	稀硫酸（15 min）+ 丙酮超声 + 乙醇 + 去离子水	
2	光刻	涂胶	正面为 AZnLOF2020，2 000 r/min	
		前烘	110 ℃，120 s	
		曝光	7 s	EVG 610
		中烘	110 ℃，180 s	
		显影	显影液容积:去离子水容积 = 1:1，时长为 15 s	DIY
		显检	图形边角规则，无残胶，拍照	
		去底胶	O_2，300 sccm，300 W，2 min	IoN Wave 10
		测胶厚度	台阶仪/白光干涉仪	
3	镀膜	镀铝，溅射/蒸发	0.5 μm	
4	金属去除	剥离	丙酮 + 水枪去离子水冲洗 + 丙酮 2 min 超声	
5	划片	刀片划片	正面/厚度 500 μm/划道宽度 80 μm	Disco DAD322
6	打线	常规打线	铝线，连接电极到 PCB	
7	测试	矢网		

参 考 文 献

[1] 云峰,李强,王晓亮. 半导体微纳制造技术及器件[M]. 北京:科学出版社,2020:55-57.
[2] 蒋庄德. MEMS 技术及应用[M]. 北京:高等教育出版社,2018:63-67.
[3] 许昌坤,孟秀林,林江,等. 声表面波器件及其应用[M]. 北京:科学出版社,1984:13-17.

[4] 马哈里克. 微制造与纳米技术［M］. 北京：机械工业出版社，2015：15-18.
[5] 李德胜，关佳亮，石照耀，等. 微纳技术及其应用［M］. 北京：科学出版社，2005：33-37.
[6] 田文超. 微机电系统（MEMS）原理、设计和分析［M］. 西安：西安电子科技大学出版社，2009：45-51.
[7] 苑伟政，乔大勇. 微机电系统（MEMS）制造技术［M］. 北京：科学出版社，2009：56-85.
[8] 孙润，尤一心，孙家麟. TANNER集成电路设计教程［M］. 北京：北京希望电子出版社，2002：60-125.
[9] 潘峰. 声表面波材料与器件［M］. 北京：科学出版社，2012：156-157.

案例 7
新型信息存储器件制备技术

姜 淼

（北京理工大学 材料学院）

一、新型信息存储技术

随着人类从信息时代向智能化社会迈进，新一轮科技革命和产业变革的深入发展引起了世界各国的广泛关注。基于此，我国在"十四五"规划和"中国制造2035"中均强调了新一代信息技术产业和大数据产业发展的重要性，并提出了新的要求。目前，物联网、第五代通信（5G）、人工智能（AI）、云计算、大数据以及智能驾驶等新兴产业蓬勃发展，各类数据呈现爆炸式增长。新一代存储作为智能化社会发展的重要硬件基础之一，其设备的升级以及先进技术的自主掌握对加速产业变革、提升国家综合国力、保证国家数据安全等均具有重要作用。芯片技术的发展逐渐进入后摩尔时代。无论从芯片工艺发展的速度还是经济成本的角度来看，摩尔定律正在变缓，在追求更小的晶体管尺寸和更高的密度、更强的性能的同时，平衡多功能、高效灵活设计、异构集成、性能、功能和成本之间的关系至关重要。其中，内存技术、动态随机存储器（DRAM）技术、FLASH技术以及新型非易失性内存技术的发展作为后摩尔时代的重点研发技术获得了广泛关注，如图1所示。

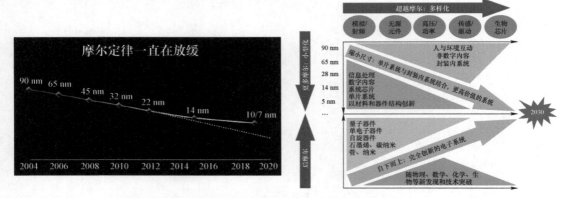

图 1 摩尔定律变缓以及后摩尔时代发展方向

主流易失性（动态/静态随机存储器）和非易失性（FLASH）存储器件主要基于电子的电荷特性进行数据的读取与处理，在存取速度和数据保持的稳定性方面无法同时兼顾[1-2]。此外，由于本身物理特性的限制,因此仅仅依靠改良现有的存储器件难以突破存储器墙的限制。近年,研究者们尝试引入各种新的自由度,深入探索下一代基于新型物理机制的非易失性存储技术,如相变存储器(PRAM)[2-3]、阻变式存储器(RRAM)[4-5]、铁电存储器(FeRAM)[6-7]以及磁随机存储器(MRAM)[8-10]等,如图2所示。其中,MRAM作为最具有发展前景的新型存储技术之一,通过利用电子除电荷以外的另一特性——自旋,极大优化了存储器件的性能、功耗以及集成度等各项指标,具有高集成化、数据非易失性、高速度、低功耗、高灵敏度、防辐射等优点,可将信息获取、传递、处理、存储等环节有机结合,现已应用于大数据高性能存储以及军工信息化网络构建等领域。

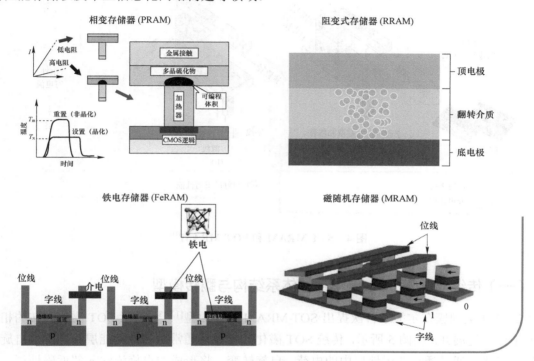

图2 新型非易失性存储技术

MRAM的核心器件——隧道结,由两个铁磁层夹杂一个绝缘层的三明治结构组成,如图3所示。通过改变铁磁层磁矩之间的相对关系(平行或反平行),实现高、低阻态,从而达到记录信息的目的。最初的MRAM器件利用磁场对铁磁层的磁化状态进行操控,一定程度上限制了信息存取的稳定性、器件的集成度以及信息存储密度等。为了克服磁场的植入、提高器件的耐久性,同时增加外加电场的可控性,基于自旋力矩有效控制磁存储单元磁矩的器件获得了电子信息领域的广泛关注,推动了MRAM产业技术的革新。

图3 MRAM的核心器件——隧道结

在目前已商业化的自旋转移力矩（spin-transfer torque，STT）-MRAM 中，信息读取电流和写入电流共用同一路径，因此需要高密度电流通过磁隧道结（MTJ）的隧穿层，这严重影响了数据存取的稳定性以及设备的使用寿命[11]。自旋轨道力矩（spin-orbit torque，SOT）-MRAM 提出将读写路径分开，达到了保护绝缘层并进一步优化器件性能的作用，成为下一代 MRAM 的主要发展方向[12]。STT-MRAM 和 SOT-MRAM 如图 4 所示。

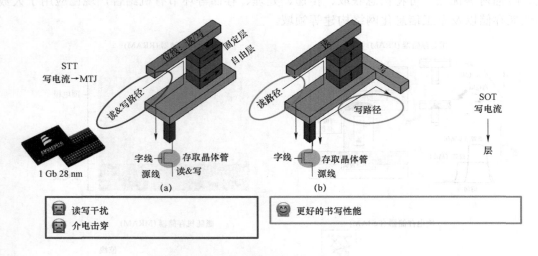

图 4　STT-MRAM 和 SOT-MRAM[11]

（一）传统双层膜 SOT 磁化翻转体系结构与翻转模型

2012 年美国康奈尔大学首次提出 SOT-MRAM 组件原型[12-13]，随后 SOT 磁化翻转的相关研究工作广泛展开。如图 5 所示，传统 SOT 磁化翻转体系通常由磁性功能层和非磁性自旋流诱导层组成。通过诱导非磁性层中的电荷–自旋转变，将形成的自旋流注入邻近磁性层，可成功利用自旋对磁性层的磁矩施加力矩，从而实现磁化翻转。非磁性层作为自旋的供给源，其电荷电流 J_c 转化为自旋电流 J_s 的比率（自旋霍尔角 $Q_{SH}=J_s/J_c$）决定了 SOT 磁化翻转的翻转效率。为获得高效率的磁化翻转，非磁性层一般采用具有强自旋轨道耦合相互作用的过渡金属及其合金[12,14-15]、具有特殊能带结构的拓扑绝缘体和外尔（Weyl）半金属材料等[16-17]。其中，广泛使用的金属材料包括 Pt、Au、Ta、W 等，其自旋霍尔角 Q_{SH} 分别为 0.1～0.2[18-19]、0.1[20]、−0.15[12]、−0.3[21]。此外，研究发现一些 V 族过渡金属合金、氮化物、氧化物以及硼化物等可具备比纯金属更大的 Q_{SH}，因此，有望通过材料设计等手段进一步调控与优化 SOT-MRAM 器件性能[22]。随着相关研究不断进展，具有表面态能带结构的拓扑绝缘体被发现具有超过 1 甚至更大的 Q_{SH}，可在极大程度上降低磁化翻转的临界电流密度。然而，考虑到拓扑绝缘体相对较大的电阻率，在能量损耗方面相对金属体系并没有表现出明显优势[16-23]。

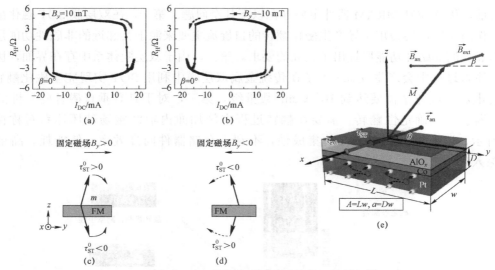

图 5 传统 SOT 磁化翻转体系结构与翻转模型[13]

考虑到材料生长的稳定性与工艺适应性，集成的 SOT 器件主要采用重金属/铁磁双层膜结构进行信息写入，并结合隧道结，利用自由层与钉扎层之间磁化状态的相互关系进行信息读取，如图 6 所示。

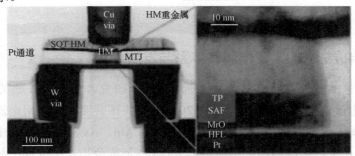

图 6 集成 SOT 器件的透射电镜（TEM）横截面[24]

在实际应用中，MRAM 存储器件需要把 SOT 器件与 MTJ 整合起来（见图 7），工艺过程中涉及的器件加工技术主要包括模板沉积技术、光刻技术、终点监测刻蚀技术、电极制备以及绝缘层沉积技术等。

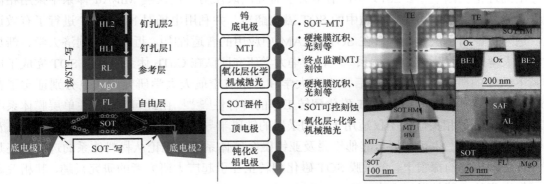

图 7 MTJ 示意以及 SOT-MTJ 主要集成模块[25]

目前，传统 SOT-MRAM 器件主要存在以下几个问题。第一，在双层膜 SOT 磁化翻转体系中，作用于磁性层磁矩诱导产生磁化翻转的自旋流主要来源于其邻近的非磁性功能层，因此，对邻近的非磁性功能层提出了较高的要求。第二，由于双层膜体系中存在界面，因此自旋流在注入过程中会产生损耗。为了在传统金属双层膜中利用 SOT 实现完全磁化翻转，临界翻转电流密度通常需要达到 $10^7\,\mathrm{A/cm^2}$ 数量级。第三，对于具有垂直磁各向异性的材料体系，为了实现确定性翻转，需要在翻转过程中施加面内辅助磁场破坏体系对称性，如图 8 所示，这严重限制了器件的集成性，不利于存储器件向高效率、低能耗、高集成等方向深入发展。

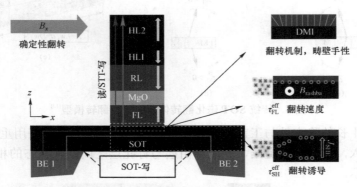

图 8　引入面内辅助磁场以实现确定性翻转[26]

（二）新型单层膜 SOT 磁化翻转体系与发展动态

为了克服传统 SOT 磁化翻转体系中界面的限制，研究者们逐渐开始关注在各种单层膜材料体系中利用电流诱导产生的磁化翻转。2009 年，美国普渡大学利用电流诱导产生的自旋轨道有效场，实现了对具有面内各向易磁化的（Ga，Mn）As 单层膜体系中面内磁矩的 90°部分翻转[27]。2016 年，美国加州大学洛杉矶分校在 Cr 掺杂拓扑绝缘体中利用其上下界面表面态的非对称性，诱导产生非零 SOT，从而在单层膜中成功实现了 SOT 磁化翻转以及外加电场的调控作用[28]。2016 年，英国诺丁汉大学在反铁磁材料 CuMnAs 单层膜体系中利用电流诱导产生的 Néel SOT 实现了对 CuMnAs 反铁磁易轴的控制，从实验手段上证明了其在 2014 年做出的理论预测[29-30]。2019 年，清华大学研究团队在另一反铁磁 Mn_2Au 体系中采用相同的方式成功实现了单层膜反铁磁中的 SOT 磁化翻转，并利用电场对 Néel SOT 进行了有效调控，进一步证明了反铁磁材料在 SOT-MRAM 中应用的普适性[31]。近年来，同济大学、新加坡国立大学研究团队在 FePt 体系中[32-33]，清华大学研究团队在 CoTb 体系中利用 SOT 完成了单层膜下诱导的磁化翻转[34]。随后，山东大学和北京航空航天大学研究团队也分别证实了在 CoPt 和 CoTb 单层膜体系中 SOT 磁化翻转工作的可行性[35-36]。由此可见，磁性单层膜体系中 SOT 磁化翻转的相关研究不仅适用于最初采用的铁磁半导体体系、铁磁拓扑绝缘体体系以及反铁磁材料体系，也可扩展至其他铁磁及亚铁磁金属体系等。无论从材料体系的选择，还是在各种物理机制的探索上，单层膜 SOT 磁化翻转正在引起广大研究者的研究兴趣，其相关研究工作也正处于蓬勃发展之中。

接下来将介绍一种高效率、低能耗的单层膜 SOT 磁化翻转案例，并采用电场调控的方式对其临界翻转电流进行控制，从而大幅提升新型磁存储器件与当代半导体场效应晶体管的兼容性。

二、新型信息存储器件制备技术：创新案例

（一）（Ga，Mn）As 单层膜体系下的 SOT 磁化翻转

传统铁磁半导体材料（Ga，Mn）As 本身具有结构反演不对称性以及强自旋轨道相互作用，可作为单层膜体系，诱导自体系下的 SOT 磁化翻转，如图 9 所示。首先，采用 InGaAs 作为过渡层材料，对（Ga，Mn）As 薄膜施加拉伸应力，诱导薄膜产生垂直磁各向异性。其次，利用晶体结构不对称性和强自旋轨道耦合作用在垂直磁各向异性（Ga，Mn）As 单层膜体系中诱导面内自旋分量，对自身磁矩施加 SOT，实现以低于传统金属双层膜体系 2 个数量级的电流密度对磁矩进行近 180° 翻转，解决了高热稳定性和低翻转电流密度之间的矛盾冲突。在单层半导体铁磁薄膜体系中实现高效率 SOT 磁化翻转的过程中，类阻尼力矩和类场力矩同时作用于功能层并对磁矩施力，从而克服各向异性场，实现翻转。对于具有面外磁各向异性的材料来说，类阻尼力矩起主导作用，类场力矩的作用效果与之相反，因此类场力矩的存在阻碍了磁矩翻转的过程，提高了翻转过程中的能量损耗。然而，由于类场力矩由材料本身属性诱导，因此难以做到完全消除。为了进一步优化器件性能，利用铁磁单层膜（Ga，Mn）As 的 Mn 原子表面偏折特性，诱导电流不均匀分布，从而在（Ga，Mn）As 单层膜体系中引入奥斯特场，实现对类场力矩占比的有效平衡，进一步提高翻转效率，将临界翻转电流密度相对于传统金属双层膜体系降低了 3 个数量级，实现了以超低电流密度进行完全磁化翻转，极大程度上促进了高效率、低能耗信息存储器件的进一步发展。

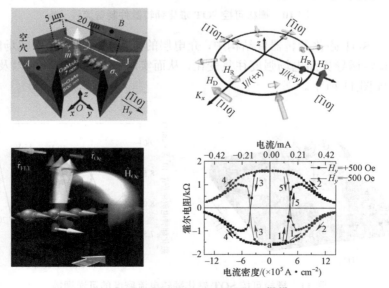

图 9　单层膜体系 SOT 磁化翻转[37-38]

（二）电场调控单层膜 SOT 磁化翻转技术

场效应晶体管是现代数字集成电路的基础，利用电场效应对自旋电子器件的性能进行调控，可实现与当前所采用的场效应半导体技术的全面兼容，从而推动新一代自旋芯片的可应用性进展。半导体材料（Ga，Mn）As 凭借自身所具有的破坏反演对称的晶体结构、超强的自旋轨道相互作用以及适宜的饱和磁化强度，在高效率、低能耗的 SOT 器件发展中发挥了重要作用。因此，实现电场对（Ga，Mn）As 自旋轨道有效场的调控，对于基于半导体材料（Ga，Mn）As 单层膜的自旋力矩器件成功兼容当前场效应半导体技术具有重要意义。为提高集成密度，实现有效场效应调控，研究者采用电子束曝光和离子束刻蚀技术制备通道宽度为 500 nm 的霍尔器件，并采用原子层沉积技术制备栅极介电层，使用电子束蒸发镀膜技术制备金属电极，从而获得基于（Ga，Mn）As 材料的可受栅极电压控制的自旋力矩器件，其制备流程如图 10 所示。

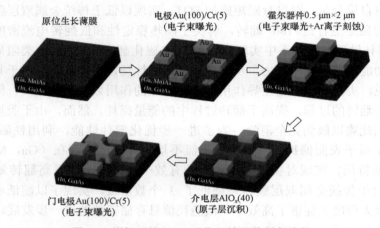

图 10　栅极可控 SOT 磁化翻转器件制备流程

在栅极可控 SOT 磁化翻转器件结构中，介电层的沉积促进了界面有效场的产生。通过施加栅极电压，稳定诱导界面电场强度往复变化，从而实现了对界面有效场以及 SOT 临界翻转电流的调控，如图 11 所示。

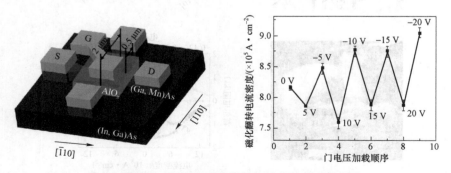

图 11　栅极可控 SOT 磁化翻转电流密度的可逆调控

（三）单层膜磁存储器件制备与研究过程中涉及的主要设备

单层膜磁存储器件在制备与研究过程中主要涉及薄膜制备、器件加工、性能表征三部分，涉及的主要设备如图 12 所示。

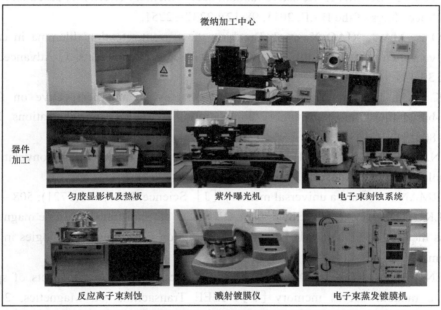

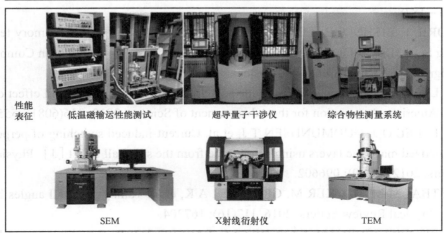

图 12 单层膜磁存储器件在制备与研究过程中涉及的主要设备

参 考 文 献

[1] KIM K, KOH G H. Future memory technology including emerging new memories [C]// 24th International Conference on Microelectronics (IEEE Cat. No. 04TH8716). IEEE, 2004, 1: 377-384.

[2] BEZ R, PIROVANO A. Non-volatile memory technologies: emerging concepts and new materials [J]. Materials Science in Semiconductor Processing, 2004, 7(4-6): 349-355.

[3] ATWOOD G. Phase-change materials for electronic memories [J]. Science, 2008, 321(5886): 210-211.

[4] AKINAGA H, SHIMA H. Resistive random access memory (ReRAM) based on metal oxides [J]. Proceedings of the IEEE, 2011, 98(12): 2237-2251.

[5] ZHAO X, MA J, XIAO X, et al. Breaking the current-retention dilemma in cation-based resistive switching devices utilizing graphene with controlled defects[J]. Advanced Materials, 2018, 30(14): 1705193.

[6] PARK M H, LEE Y H, Mikolajick T, et al. Review and perspective on ferroelectric HfO_2-based thin films for memory applications [J]. MRS Communications, 2018, 8(3): 795-808.

[7] MEENA J S, SZE S M, CHAND U, et al. Overview of emerging nonvolatile memory technologies [J]. Nanoscale Research Letters, 2014, 9(1): 1-33.

[8] ÅKERMAN J. Toward a universal memory [J]. Science, 2005, 308(5721): 508-510.

[9] APALKOV D, KHVALKOVSKIY A, WATTS S, et al. Spin-transfer torque magnetic random access memory (STT-MRAM) [J]. ACM Journal on Emerging Technologies in Computing Systems, 2013, 9(2): 1-35.

[10] CHEN E, APALKOV D, DIAO Z, et al. Advances and future prospects of spin-transfer torque random access memory [J]. IEEE Transactions on Magnetics, 2010, 46(6): 1873-1878.

[11] OBORIL F, BISHNOI R, EBRAHIMI M, et al. Evaluation of hybrid memory technologies using SOT-MRAM for on-chip cache hierarchy [J]. IEEE Transactions on Computer-Aided Design of Integrated Circuits and Systems, 2015, 34(3): 367-380.

[12] LIU L, PAI C F, LI Y, et al. Spin-torque switching with the giant spin hall effect of tantalum [J]. American Association for the Advancement of Science, 2012, 336(6081): 555-558.

[13] LIU L, LEE O J, GUDMUNDSEN T J, et al. Current-induced switching of perpendicularly magnetized magnetic layers using spin torque from the spin hall effect [J]. Physical Review Letters, 2012, 109(9): 096602.

[14] OBSTBAUM M, DECKER M, GREITNER A K, et al. Tuning spin hall angles by alloying [J]. Physical Review Letters, 2016, 117(16): 167204.

[15] LACZKOWSKI P, ROJAS-SÁNCHEZ J C, SAVERO-TORRES W. Experimental evidences of a large extrinsic spin Hall effect in AuW alloy [J]. Applied Physics Letters, 2014, 104(14):

459.

[16] HAN J, RICHARDELLA A, SIDDIQUI S A, et al. Room-temperature spin-orbit torque switching induced by a topological insulator [J]. Physical Review Letters, 2017, 119(7): 077702.

[17] DUY H N K, YUGO U, NAM P H. A conductive topological insulator with large spin Hall effect for ultralow power spin-orbit torque switching [J]. Nature Materials, 2018, 17(9): 808−813.

[18] HOFFMANN A. Spin Hall effects in metals [J]. IEEE Transactions on Magnetics, 2013, 49(10): 5172−5193.

[19] LIU L, MORIYAMA T, RALPH D C, et al. Spin-torque ferromagnetic resonance induced by the spin Hall effect [J]. Physical Review Letters, 2011, 106(3): 036601.

[20] SEKI T, HASEGAWA Y, MITANI S, et al. Giant spin Hall effect in perpendicularly spin-polarized FePt/Au devices [J]. Nature Materials, 2008, 7(2): 125−129.

[21] PAI C F, LIU L, LI Y, et al. Spin transfer torque devices utilizing the giant spin Hall effect of tungsten [J]. Applied Physics Letters, 2012, 101(12): 122404.

[22] DEMASIUS K U, PHUNG T, ZHANG W, et al. Enhanced spin-orbit torques by oxygen incorporation in tungsten films [J]. Nature Communications, 2016, 7(1): 10644.

[23] DC M, GRASSI R, CHEN J Y, et al. Room-temperature high spin-orbit torque due to quantum confinement in sputtered $Bi_xSe_{(1-x)}$ films [J]. Nature Materials, 2018, 17(9): 800−807.

[24] WU Y C, GARELLO K, KIM W, et al. Voltage-gate-assisted spin-orbit-torque magnetic random-access memory for high-density and low-power embedded applications [J]. Physical Review Applied, 2021, 15(6): 064015.

[25] GARELLO K, YASIN F, COUET S, et al. SOT-MRAM 300mm integration for low power and ultrafast embedded memories [J]. 2018 IEEE Symposium on on VLSI Circuits, 2018: 81-82.

[26] GARELLO K, YASIN F, KAR G S. Spin-orbit torque MRAM for ultrafast embedded memories: from fundamentals to large scale technology integration [C] //2019 IEEE 11th International Memory Workshop (IMW). IEEE, 2019.

[27] CHERNYSHOV A, OVERBY M, LIU X, et al. Evidence for reversible control of magnetization in a ferromagnetic material by means of spin-orbit magnetic field [J]. Nature Physics, 2009, 5(9): 656−659.

[28] FAN Y, KOU X, UPADHYAYA P, et al. Electric-field control of spin-orbit torque in a magnetically doped topological insulator [J]. Nature Nanotechnology, 2016, 11(4): 352−359.

[29] WADLEY P, HOWELLS B, ŽELEZNÝ J, et al. Electrical switching of an antiferromagnet [J]. Science, 2016, 351(6273): 587−590.

[30] ŽELEZNÝ J, GAO H, VÝBORNÝ K, et al. Relativistic Néel-order fields induced by electrical current in antiferromagnets [J]. Physical Review Letters, 2014, 113(15): 157201.

[31] CHEN X, ZHOU X, CHENG R, et al. Electric field control of Néel spin-orbit torque in an antiferromagnet [J]. Nature Materials, 2019, 18(9): 931-935.

[32] TANG M, SHEN K, XU S, et al. Bulk spin torque-driven perpendicular magnetization switching in L10 FePt single layer [J]. Advanced Materials, 2020, 32(31): 2002607.

[33] LIU L, YU J, GONZÁLEZ-HERNÁNDEZ R, et al. Electrical switching of perpendicular magnetization in a single ferromagnetic layer [J]. Physical Review B, 2020, 101(22): 220402.

[34] ZHANG R Q, LIAO L Y, CHEN X Z, et al. Current-induced magnetization switching in a CoTb amorphous single layer [J]. Physical Review B, 2020, 101(21): 214418.

[35] XIE X, ZHAO X, DONG Y, et al. Controllable field-free switching of perpendicular magnetization through bulk spin-orbit torque in symmetry-broken ferromagnetic films [J]. Nature Communications, 2021, 12(1): 2473.

[36] ZHENG Z, ZHANG Y, LOPEZ-DOMINGUEZ V, et al. Field-free spin-orbit torque-induced switching of perpendicular magnetization in a ferrimagnetic layer with a vertical composition gradient [J]. Nature Communications, 2021, 12(1): 4555.

[37] JIANG M, ASAHARA H, SATO S, et al. Efficient full spin-orbit torque switching in a single layer of a perpendicularly magnetized single-crystalline ferromagnet [J]. Nature Communications, 2019, 10(1): 2590.

[38] JIANG M, ASAHARA H, SATO S, et al. Suppression of the field-like torque for efficient magnetization switching in a spin-orbit ferromagnet [J]. Nature Electronics, 2020, 3(12): 751-756.

[39] JIANG M, ASAHARA H, OHYA S, et al. Electric field control of spin-orbit torque magnetization switching in a spin-orbit ferromagnet single layer [J]. Advanced Science, 2020, 10, 2301540.

案例 8
胶体量子点红外探测器及焦平面阵列

唐 鑫 瓮康康

(北京理工大学 光电学院)

一、课程背景

红外成像系统在军事、航天、遥感测绘、自动驾驶及医疗卫生等诸多领域起着不可或缺的作用。着眼于未来需求,近年来各国研究机构及相关公司已把注意力转向新型红外焦平面阵列的发展,例如,在 2015 年,美国国防高级研究计划局(Defense Advanced Research Projects Agency, DARPA)启动了针对低成本、大阵列、高性能的红外焦平面阵列的研究计划(wafer scale infrared detectors program,WIRED program)。2019 年,DARPA 又推出了针对超宽视场、无像差成像的新型弯曲成像阵列(focal arrays for curved infrared imagers,FOCII)的研究项目。

面向多波段信息检测和高分辨成像的需求,红外焦平面阵列技术目前正在由单一响应波段、低分辨率的第二代阵列向大阵列、多色(multi-color)的第三代阵列方向发展。相比于单色红外焦平面,多色红外焦平面可获得不同波段光学信息并实现复杂功能,如同时实现基于近红外和短波红外的微光夜视功能以及基于中波红外的热成像功能(见图 1)。将多色焦平面获得的不同波段光学信息进行叠加、融合及图像识别等处理,可在红外波段获得多色图像,大幅提高了成像系统分辨率及目标识别率。

图 1 多色融合红外图像示意

在现有铟镓砷、碲镉汞及碲化铟等块体半导体技术架构下，针对短波红外、中波红外及长波红外的多种单色焦平面阵列相继提出并获得广泛运用。然而，由于存在晶格位错、缺陷等问题，不同带隙材料耦合困难，限制了多色焦平面阵列的发展。如图 2 所示，现有的多色红外成像系统大多采用"多通道+多传感器"架构，即针对不同波段搭建独立光路并使用多个单色焦平面阵列实现多色红外探测，导致系统复杂度高、体积大、成本高、便携性差，无法满足无人机、移动侦察、智慧城市等新一代前沿应用场景及需求。除此之外，现有技术制备的焦平面阵列规模较小，降低了成像系统分辨率，其主要原因为块体半导体制备焦平面阵列需要经过倒装键合等多项复杂工艺才能实现与读出电路的信号耦合。随着像元尺寸的减小与阵列规模的增加，耦合成功率急剧降低，很难实现小像元尺寸、高分辨率的焦平面阵列。由此可见，红外材料的制备工艺及焦平面阵列的加工方法成了限制焦平面阵列发展的核心问题。

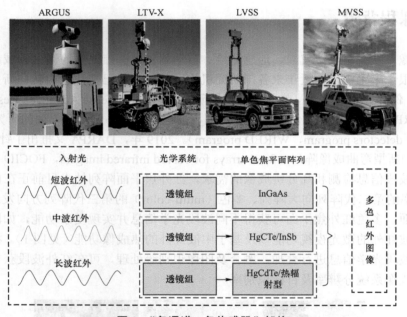

图 2 "多通道+多传感器"架构

多色红外焦平面大阵列的实现依赖于新型红外材料及红外焦平面阵列技术的突破及整合。新型胶体量子点作为一种新型液态半导体材料，具有光谱调控范围宽、合成规模大、制备成本低以及加工工艺易等优势，为多色红外焦平面阵列研发提供了全新的思路。首先，基于胶体化学方法及"量子限域"效应，无须高真空复杂设备，胶体量子点便可低成本、大规模制备，并且通过调整量子点尺寸可以在宽光谱范围内对胶体量子点进行精准带隙调控，为多色红外焦平面阵列的研发提供了材料基础。其次，胶体量子点载流子迁移率、掺杂浓度、费米能级等参数可由表面配体工程及能带工程进行调节，可将不同带隙胶体量子点进行平面耦合或垂直耦合，为多色红外焦平面阵列的研发提供了技术基础。无须倒装键合等复杂工艺，胶体量子点便可使用旋涂、滴涂等方法将其与读出电路直接耦合。由于无须铟柱沉积及键合绑定，因此胶体量子点红外焦平面像素尺寸与阵列规模仅取决于读出电路的电极加工精度（约 1 μm），解决了目前传统红外焦平面成本高、工艺复杂及阵列规模小等瓶颈问题，为大阵列红外焦平面阵列的研发提供了工艺基础。

综上所述，胶体量子点红外焦平面阵列技术将是低成本、高性能多色红外探测技术发展的必然趋势之一。

二、课程内容

围绕新一代红外技术需求，本案例针对新型胶体量子点材料展开，讲授胶体量子点材料的基本性质、量子限域效应机理、常见量子点合成方法、光刻工艺及器件工作机理等。课程内容主要包括以下 6 个方面：① 胶体量子点材料合成及物性表征；② 胶体量子点配体优化工程；③ 胶体量子点器件结构设计及制备；④ 红外探测器读出电路原理及设计；⑤ 胶体量子点直接光刻工艺；⑥ 胶体量子点焦平面阵列制备及测试。

（一）胶体量子点材料合成及物性表征

本部分研究胶体量子点表面配体对缺陷态钝化的影响，通过构建场效应管，结合电化学、发光动力学的表征手段，确认并分析不同表面配体与胶体量子点的电学耦合机制；研究表面配体与胶体量子点能级匹配，调控胶体量子点掺杂类型及掺杂浓度，针对不同探测器结构进行相应优化，以实现宽光谱范围下胶体量子点带隙的精准调控；突破传统块体半导体材料带隙的调控机理，基于"量子限域"效应，在短波红外区间，实现材料带隙的精准控制。

（二）胶体量子点配体优化工程

本部分探究表面工程精确钝化表面、调控能带与掺杂；介绍胶体量子点配体交换的策略与机理，探究配体交换对胶体量子点表面均匀度、堆积密度、缺陷态的影响；探究短链配体与胶体量子点间的电学耦合关系。

（三）胶体量子点器件结构设计及制备

本部分推导红外探测器光响应率、噪声、响应速度、比探测率等核心性能参数模型；比较光导型、光伏型及光晶体管型胶体量子点探测器的性能，通过理论分析及实验数据确认不同结构的光响应机理并提出优化策略；聚焦同质结和异质结的优化设计、N 型电极和 P 型电极的材料选择，研究同质结和异质结内建电场的形成条件与机制；从 PN 结的构造角度出发，优化胶体量子点的电子、空穴掺杂工艺。

（四）红外探测器读出电路原理及设计

本部分介绍大面阵小像元下信号噪声和寄生参数的来源与分布，研究高线性度的像素阵列电路和列并行读出电路；研究低串扰像素电路版图设计方法和大面阵下信号线优化方法，攻克全局时序的精准控制难题，实现高帧频数据读出；介绍 CMOS 读出电路匹配的信号传输与模数转换外围电路设计原理。

(五)胶体量子点直接光刻工艺

本部分介绍胶体量子点直接光刻图案化操作步骤与工作机理;研究直接光刻工艺对胶体量子点及相关器件光学(光谱吸收、荧光量子产率等)、电学(载流子迁移率、探测率、外量子效率等)、活性层形貌的影响;研究光刻过程中光敏剂及胶体量子点配体性质的关联影响,如配体密度与光敏剂含量的影响;研究直接光刻工艺对薄膜保留率的影响;研究直接光刻工艺与图案化精度和质量的关系;讨论针对胶体量子点成像芯片的光刻图案化方法的创新改进方案。

(六)胶体量子点焦平面阵列制备及测试

本部分介绍胶体量子点电场辅助喷涂加工平台的操作,实现胶体量子点器件非倒装键合体制硅基直接集成;讨论 CMOS 加工工艺对胶体量子点性能的影响;以焦平面阵列核心性能参数为依据,探讨焦平面制备工艺优化方案。

三、实验步骤

(一)材料合成

本实验材料根据"量子限域"原理,选择具有小带隙的Ⅱ-Ⅵ族、Ⅳ-Ⅵ族、Ⅲ-Ⅴ族等半导体为研究对象,依据相关材料的特性选择阳离子和阴离子源,以烯烃类、烷烃类非配位溶剂作为反应介质,脂肪胺、脂肪酸类化合物、巯基化合物作为反应配体。为优化胶体量子点合成过程、分析产物形态及提高反应产率,可以应用 X 射线衍射仪、高分辨透射电子显微镜、激光拉曼、紫外射线衍射仪、高分辨透射电子显微镜、傅里叶变换红外光谱仪等表征目标与中间产物,分析胶体量子点的物相与结晶度、尺寸、形貌、光谱响应以及表面化学组分,并以此为基础,研究其反应机理,优化胶体量子点的合成工艺。通过稳态荧光光谱和瞬态荧光光谱相结合的方法,分析载流子的寿命及载流子的复合动力学。

(二)胶体量子点配体优化工程

红外波段碲化汞量子点尺寸较大,直径在 6~15 nm 之间,根据 K·P 微扰理论,块材料(bulk)中各种亚能带对这类胶体量子点的影响更显著,十分容易产生缺陷态。缺陷态可能会捕获载流子,从而影响材料的光响应和运输效率。通过能级匹配可以利用表面配体填补缺陷态以提升载流子的输运效率。配体交换工艺示意如图 3 所示,其具体包括以下几个方面:① 液相交换技术,由于其液相优势有利于实现点对点有效、全面的配体交换,因此可利用短链配体或手性分子配体替换长链有机配体,同时将胶体量子点从非极性溶剂转移到极性溶剂,使胶体量子点在液相下稳定;② 在液相交换技术的基础上,通过旋涂、滴涂、浸涂等方法制备高质量固态胶体量子点薄膜,并通过扫描电子显微镜、原子力显微镜和光谱椭圆仪,研究薄膜均匀性和胶体量子点的堆积密度,进而优化胶体量子点薄膜的制备工艺;③ 利用固相配体交换,对胶体量子点薄膜内配体进行多次迭代交换,从而克服配体漂移问题,进一步填补表面缺陷态并钝化表面,提高材料的稳定性。

利用场效应管与霍尔效应综合输运性质测试平台,结合傅里叶变换光谱与开尔文探针法等能谱测试平台，探明表面配体对材料性质的影响机理。

利用场效应管、直流场/交流场霍尔效应的综合型测试平台，对胶体量子点的耦合程度、载流子寿命与迁移率等输运性质进行研究。场效应管通过向材料中注入载流子改变电导率测量微分迁移率，是目前胶体量子点输运性质研究的主要实验手段。直流场测量霍尔效应可以确定载流子浓度、载流子类型以及迁移率，是表征半导体材料电子传输性能的最重要手段之一，然而目前在胶体量子点体系中使用十分有限，这是由于胶体量子点材料的迁移率普遍低，与霍尔电压相比，错位电压和热电电压可能会更大并且会随时间漂移，因此在直流霍尔电压中产生系统误差。这些影响使得直流霍尔效应测试对迁移率大于 $0.1~cm^2/(V·s)$ 的高迁移率胶体量子点材料的实验可信度更高。

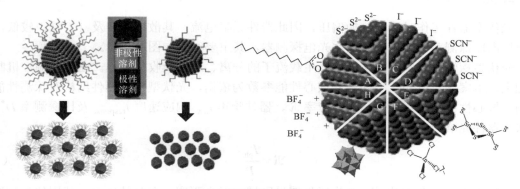

图 3 配体交换工艺示意

（三）单点器件设计及制备

目前，胶体量子点红外探测器主要有光导型器件、光伏型器件等。

1. 光导型器件

光导型器件结构简单，直接由电极和量子点薄膜组成，其制造成本低，是测试材料光电响应简单、有效的方法（见图4）。本案例将从以下两方面对器件性能进行讨论，研究材料迁移率对器件性能的影响。

（1）在噪声方面，光导型器件需要在偏压下工作，主要噪声为 $1/f$ 噪声、散粒噪声。材料中未配对载流子会产生暗电流使噪声增加，所以为解决暗电流的问题，需要胶体量子点尽

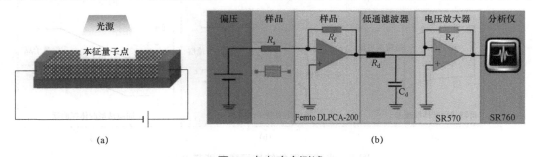

图 4 光电响应测试

（a）光导型器件示意；（b）噪声测量系统示意

可能接近本征态。胶体量子点尺寸分布效应导致的能带展宽同样会影响载流子浓度,从而增加暗电流,因此需要优化胶体量子点质量。由于红外胶体量子点能带带隙小,光导型器件对热激发载流子的浓度敏感,例如,室温能量 0.026 eV,已经是 5 μm 波段能量的 10%,根据玻尔兹曼公式,热激发载流子浓度高会影响光导型器件性能,因此光导型器件对工作温度十分敏感。

(2)在光响应方面,光导型探测器的光响应率正比于光电流($I_p \propto \mu$),所以提高探测器探测性能依赖于载流子迁移率的提升,需要通过表面配体工程增强胶体量子点之间的电学耦合,以提高载流子的输运效率。

2. 光伏型器件

光伏型器件工作时无须施加偏压,因此器件无暗电流,其散粒噪声及 $1/f$ 噪声较低,有利于提高比探测率,获得高信噪比光电探测器,其主要结构如图 5 所示。

光伏型探测器的结构直接影响光生载流子的分离、运输及收集效率。在物性调控机制的基础上,本案例将以光伏型探测器核心性能参数为依据,光伏型探索器件结构对探测性能的影响。核心性能参数主要包括光响应率 $\Re$、器件噪声 i_n、响应速度 t_{response} 及比探测率 D^* 等。光伏型器件光响应率计算公式为

$$\Re = \frac{I_{\text{ph}}}{P} \tag{1}$$

式中,I_{ph} 为测量所得光电流;P 为器件感光区域入射光强度。在此基础上,使用信号频谱分析仪获得器件噪声 i_n,进而计算比探测率

$$D^* = \frac{\sqrt{A \Delta f}}{i_n} \Re \tag{2}$$

式中,A 为器件有效感光面积;Δf 为器件工作带宽。

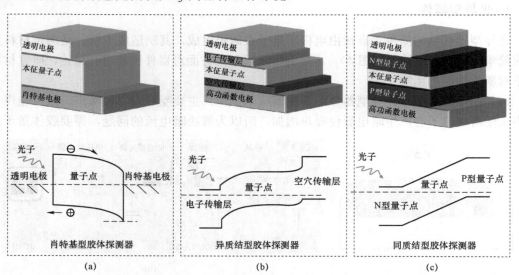

图 5 光伏型器件结构示意及能带结构

(a)肖特基型光伏型探测器;(b)异质结型光伏型探测器;(c)同质结型光伏型探测器

（四）胶体量子点的直接光刻图案化

光刻工艺因具有高分辨率、可控性和高通量等优势，在传统光电器件构建领域具有重要作用。然而，由于传统光刻胶与胶体量子点溶剂不兼容，因此在光刻过程中胶体量子点层常受到光刻胶溶剂的侵蚀破坏，致使器件性能急剧下降。为了解决这一问题，研究人员提出了基于胶体量子点的直接光刻工艺。该工艺利用光敏分子的设计，通过光致配体交联或配体去除的方式，使胶体量子点在原溶剂中的稳定性发生变化，从而实现了无光刻胶的光刻过程。其操作步骤如图 6 所示，共分 3 步。

（1）成膜：将设计好的光敏分子与胶体量子点溶液混合，经过旋涂、喷涂等液相成膜方式成膜。

（2）曝光：通过掩模版将所得薄膜进行选择性紫外曝光。此时受光激发的光敏分子发生光化学反应，形成氮宾或卡宾类活性物质并与胶体量子点的烷基链发生 C—H 插入反应，从而使受光照部分的胶体量子点发生交联，失去原溶液的溶解性。

（3）显影：经过曝光处理的胶体量子点薄膜经过原溶液洗脱，得到最终图案。由于曝光区域与未曝光区域的胶体量子点溶解性存在差异，因此原溶液洗脱会导致未曝光区域的胶体量子点被清洗，仅留下交联的胶体量子点。

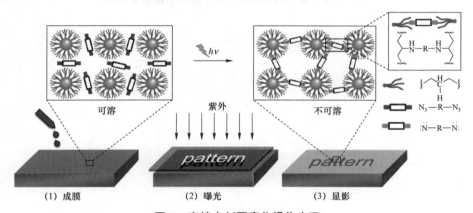

图 6　直接光刻图案化操作步骤

（五）焦平面阵列制备

光腔增强的双色胶体量子点焦平面制备过程如图 7 所示，主要分为 6 步。

（1）在读出电路表面制备谐振腔反射电极，其作用是在实现与读出电路电学信号连接的同时，提供光腔所需的反射光，可选用金、银、铝等高反射率金属材料。

（2）制备光学隔离层及 via 填充，光学隔离层用于调控谐振波长，可使用二氧化硅、氮化硅等介电材料。为保持上层胶体量子点与读出电路电学信号连接，需要在隔离层中刻蚀 via 孔洞并进行金属填充。

（3）制备透明像素电极，可使用氧化铟锡、氧化锌等导电材料。

（4）沉积小带隙胶体量子点，为保证双色量子点光吸收互不干扰，需将小带隙胶体量子点置于大带隙胶体量子点之下,并且需在小带隙胶体量子点层顶端进行重掺杂处理,形成N-P-N或P-N-P结构。

(5) 沉积大带隙胶体量子点。

(6) 沉积顶层电极,为保证透光率,可采用银纳米线、金属纳米颗粒及纳米薄层金属等材料。

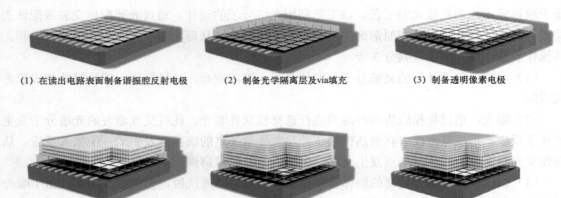

(1) 在读出电路表面制备谐振腔反射电极　　(2) 制备光学隔离层及via填充　　(3) 制备透明像素电极

(4) 沉积小带隙胶体量子点并进行界面掺杂　　(5) 沉积大带隙胶体量子点　　(6) 沉积顶层电极

图7　光腔增强的双色胶体量子点焦平面制备过程

案例 9
微纳光刻在新型显示中的应用

杨高岭

（北京理工大学　光电学院）

显示技术是推动信息时代科技发展的重要技术。人们对显示的追求是不断提高的，从黑白到彩色、从模拟到数字、从低分辨率到高分辨率、从平面到立体，显示技术呈现的效果逐渐接近人眼最适合的观看效果。自 2009 年起，液晶显示器（LCD）已经取代阴极射线管（CRT）成为主要的显示设备。之后，液晶显示技术在分辨率、质量、可靠性、尺寸、成本和显示容量方面取得了巨大进步。近年来，有机发光二极管（OLED）技术已经成为显示技术队伍中一支正在壮大的生力军。与 LCD 相比，OLED 具有更高的电光转换效率、更快的响应速度、更宽的视角等优点，且更轻便、灵活。利用 OLED 的优势可以发展新的显示设备，如柔性显示设备、透明显示设备、3D 显示设备、可穿戴电子设备等。微型 LED 是当前最热门的显示设备，它利用微米尺寸 LED 器件作为发光像素实现自发光，每一个像素都能实现可定址和单独驱动点亮，从而呈现更加细腻的画面。相比于目前显示采用的 LCD 和 OLED 显示技术，微型 LED 设备具有高分辨、快响应、低能耗、长寿命、高色彩饱和度、高亮度等特点，目前已经有很多厂商将其作为增强现实/虚拟现实（AR/VR）领域的重点研发方向。自然真实、三维立体的视觉效果是下一代显示追求的目标，全息显示利用光波的干涉和衍射原理记录并再现物体真实的三维图像，人们可以看到真实或虚拟物体的幻象，营造亦真亦幻的氛围，具有强烈的纵深感和科技感。

作为一种重要的半导体加工技术，光刻技术可以用于制造多种精密的光学和电子元件，可以实现纳米级的超精细图案分辨率。在显示器的发展历程中，光刻技术一直起着不可替代的作用。本案例将介绍微纳光刻在新型显示中的应用，主要是其在显示驱动电路、彩色滤光膜、色转换膜以及主动发光像素制备方面的重要应用。

一、光刻在薄膜晶体管阵列制造中的应用

薄膜晶体管（thin film transistor，TFT）是 LCD、OLED、量子点发光二极管（quantum dot light emitting diodes，QLED）等显示的主要驱动方式，显示器上的每个液晶像素点或者主动发光像素点都是由集成在其后的 TFT 来驱动，可以做到高速度、高亮度、高对比度显示屏幕信息。TFT 是一种三端子器件，三端为栅极（gate）、源极（source）、漏极（drain）。其中，栅极发挥开关的作用，它控制有源层（又称半导体层、沟道层）的导通，而电流从源极经过有源层

流向漏极。栅极和源极之间的电压称为 V_{GS}，当栅极提供适当的电压（V_{GS}>起始电压 V_{th}）时，有源层感应出载流子而使得源极和漏极导通。V_{th} 称为阈值电压，为感应出载流子所需最小电压。当 $V_{GS}<V_{th}$ 时，有源层感应不出载流子则通道断路。

TFT 结构包含金属栅极、栅极绝缘层、非晶硅层、$n+$非晶硅层、源极、漏极和保护层等。其依据栅极位置可以分为两类：底栅型和顶栅型，具体结构如图 1 所示。目前主流的 TFT 结构大部分采用底栅型结构，底栅型 TFT 结构又可以分为两类：背沟道刻蚀型（back channel etched，BCE）和刻蚀阻挡型（etch stopper，ES）。因为背沟道刻蚀型的工艺流程比刻蚀阻挡型的简单，可以减少一次光刻制程，因此目前主流的面板制造厂大部分都采用背沟道刻蚀型 TFT。

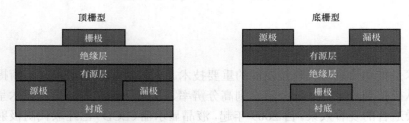

图 1　顶栅型和底栅型 TFT 结构

有源层是 TFT 起开关作用最核心的一层薄膜，它具有半导体性质，因此称为半导体层，因电流通过它导通，所以又称沟道层。有源层材料的选择是 TFT 制造技术路线最大的一个分节点。目前有源层材料主要有非晶硅、低温多晶硅（low temperature poly-silicon，LTPS）、氧化物、有机物 4 种。

非晶硅是通过辉光放电分解硅烷制备而成的，所以实际上这样制作的非晶硅薄膜是非晶硅和氢的合金。由于非晶硅技术简单、成本低廉，因此早期应用非常普遍。但是非晶硅 TFT 在像素中所占的面积比率很大，导致亮度无法做得很高（也就是开口率低），另外分辨率也只能达到较低的水平（小于 300 ppi[①]），因此无法满足现在高分辨率显示的需求。

LTPS 技术是指非晶硅经过激光均匀照射后，吸收内部原子，发生能级跃迁而形变成为多晶结构。相比于非晶硅，LTPS 使用了更加高温的工艺，换来了更好的电学特性，两者迁移率差距达到百倍，从而带来晶体管尺寸的大幅缩小和分辨率的大幅提升。在可预见的未来，LTPS 会成为 TFT 领域的主流。

氧化物一般是指具有半导体性质的金属氧化物，最具代表性的是铟镓锌氧化物（indium gallium zinc oxide，IGZO）。IGZO 具有迁移率高、均一性好、透明、制作工艺简单等优点。相对于非晶硅，IGZO 在光照下的稳定性较好，并且 IGZO 具有很强的弯曲性能，可用于柔性显示。但是 IGZO 也有一些缺点，如使用寿命相对较短，对水、氧等相当敏感，当使用时间过长时操作的可靠度与稳定性都会有一定程度的下降，所以 IGZO 需要一层保护层，这一定程度上增加了量产的难度。

有机物主要采用小分子、高分子、有机金属错合物等半导体有机物。相比于无机 TFT，有机物工艺过程大幅简化，它的优势在于可低温下加工、材料来源广泛、成膜技术多、适合全印刷工艺、薄膜柔韧性良好、驱动电压低以及器件性能稳定。但有机物目前的迁移率还处

---

① ppi：pixels per inch，又称像素密度单位，表示的是每英寸拥有的像素数量。

于较低的水准，不适合商业化。

具有高迁移率的 LTPS 是目前高分辨率 OLED 显示器的首选，但是受制于激光照射设备，其目前最大只能对应到 G6 产线，比较适用于中小尺寸面板。氧化物是大尺寸 OLED 面板的首选，在柔性电子和印刷电子产品应用中，有机物的柔性表现最好，目前已经应用在简单的柔性感应元件制造上。

光刻工艺是 TFT 制备过程中最基本的工艺技术，TFT 制程是通过多次重复的光刻工艺来完成的，TFT 的结构示意如图 2 所示。在液晶显示技术中，TFT 阵列是对液晶进行驱动的电路衬底，TFT 和显示像素电极排列在玻璃衬底上，用于驱动 TFT 的栅极布线、输送加载在像素上电压信号的信号布线。非晶硅 TFT 由栅极、源极与漏极组成，包括两层金属（如铝和铜）、两层绝缘层（如氢化氮化硅 $SiN_x:H$）、一层有源层（如氢化非晶硅（a-Si:H））和一层位于半导体与金属层之间的欧姆接触层（$n+a$-Si:H）。栅极控制有源层的导通，而电流从源极经过有源层流向漏极，源极和漏极与半导体直接形成接触，没有本质区别。

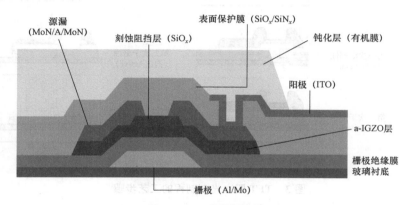

图 2　TFT 的结构示意

光刻技术是 TFT 制作技术的核心，既是决定产品品质的重要环节，也是影响产品成本的关键部分。一般地，一次光刻工艺子流程使用一片掩模，由清洗、成膜、涂布光刻胶、曝光、显影、刻蚀、光刻胶剥离、检查等主要工序构成。为了不断降低产品成本、缩短制程周期、降低能耗，研究人员一直努力减少 TFT 制造过程中使用的光刻工艺子流程的掩模版数目。随着 TFT 结构的变化和加工工艺的改进，TFT 制造工艺中使用掩模版的数量也同步减少，目前产业界大部分屏幕厂家使用的 TFT 结构为四次光刻工艺，四次光刻工艺是在五次光刻工艺的基础之上采用半光刻技术，将有源层与源漏金属电极层合并为一次光刻。每一次光刻经历清洗、成膜、涂布光刻胶、曝光、显影、刻蚀及光刻胶剥离等工序，最终将光罩上的图形转移到玻璃衬底上，而四次光刻制程即重复如上流程四次。

TFT 四次光刻制程的工艺步骤如图 3 所示。① 有源层与源漏金属电极层制作：有源层通过 CVD 法镀上三层非金属膜层（SiN_x 绝缘层、$a-Si$ 膜、$n+a-Si$ 膜），源漏金属电极层通过 PVD 法镀上一层金属膜层。② 光刻制造：首先在漏极金属膜上涂布光刻胶；然后进行曝光使得玻璃衬底上的光刻胶发生光化学反应；最后进行显影，使得掩模版上的图形最终转移到玻璃衬底的光刻胶上，这里的曝光在沟道区域是半曝光方式，形成漏极图形。③ 第一次湿刻蚀：没有光刻胶覆盖保护的漏极金属与刻蚀液发生反应，最终只有光阻覆盖部分的漏极金属留下来。④ 第一次干刻蚀：没有光刻胶保护部分的 n+a−Si 膜、a−Si 膜与高频电场作用下产生的等离子体发生反应。⑤ 沟道光刻胶灰化：对沟道顶部的光刻胶进行干刻蚀，露出沟道顶部的金属膜。⑥ 第二次湿刻蚀：沟道处没有光刻胶覆盖保护的漏极金属与刻蚀液发生反应，最终将源极和漏极分开。⑦ 第二次干刻蚀：沟道处没有光刻胶保护 n+a−Si 膜与高频电场作用下产生的等离子体发生反应。⑧ 光刻胶剥离：将漏极金属上的光刻胶剥离，最终完成源极和漏极的制作[1]。

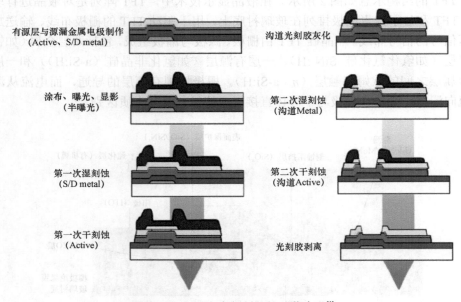

图 3　TFT 四次光刻制程的工艺步骤[1]

成膜工艺可用于制造 TFT 器件的金属膜层和非金属膜层，不同的薄膜成膜采用的生产工艺也不同，金属膜层可采用物理溅射工艺，非金属膜层可采用 CVD 工艺。金属膜层和非金属膜层搭配的刻蚀工艺也存在差异，金属膜层采用湿法刻蚀，非金属膜层采用干法刻蚀。物理溅射及 CVD 是阵列工艺的两个关键制程，它们决定了阵列衬底上的膜层结构和成膜质量，是影响 TFT 器件的关键因素。溅射作为 PVD 的基本方法之一，常用于金属、合金或电介质薄膜沉积，其利用物理过程将原子或者分子有源转移到衬底表面。与金属膜层溅射工艺对应的湿法刻蚀主要利用化学试剂进行刻蚀，将未被曝光掩模版定义的图形刻蚀去除后，仅留下曝光掩模版定义的图案。湿法刻蚀属于化学刻蚀，由于化学试剂在垂直方向上有向下的作用力，因此垂直方向上的刻蚀试剂置换性更好，垂直方向的刻蚀速率大于水平方向。CVD 的成膜过程是将反应气体导入反应器中，在热能和光能等作用下发生反应，变成性质极为活泼的离子团，继而通过扩散到达玻璃表面发生化学反应，最终生成物沉积在玻璃表面。与 CVD 对应的干法刻蚀是通过对象材料与等离子体中的离子基或离子之间的化学反应，使对象材料腐蚀去除的过程。其原理是在真空环境下，通过参与制程的气体在射频能量的作用下解离成等离子体，与沉积在衬底上的物质发生物理或化学反应而得到预制的图案[2]。

光刻过程中最受关注的是掩模版制作，其主要用于转移微细图形、阵列衬底工艺的批量复制生产，是 TFT 产业链中不可或缺的重要部件。四次光刻工艺技术主要通过半曝光方式来实现五次光刻工艺中的有源层与源漏金属电极层制作。掩模版技术的发展使半曝光得以实现，目前主流的掩模版技术有灰度掩模版、半透膜掩模版和单缝掩模版。半曝光方式是指利用透射光能量的差异，使得光刻胶表面接受不同的曝光能量，并且在显影之后，产生具有不同高度的残留光刻胶，如图 4 所示[3]。将这种特性应用在 TFT 组件的有源层和源漏金属电极层的曝光制造工艺中，曝光之后通过刻蚀工艺形成源极和漏极的图案，然后灰化掉较低的光刻胶残留，最后进行刻蚀工艺以获得有源层图案，从而实现两次曝光工艺的结合。

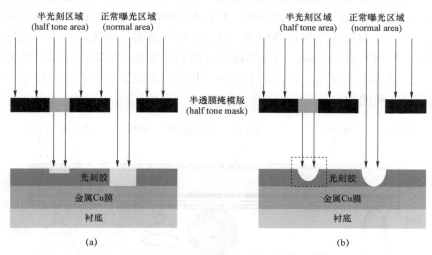

图 4　光刻胶半曝光方式示意
（a）曝光后；（b）显影后[3]

二、微纳光刻在液晶显示中的应用

LCD 是现阶段应用最广泛的平面显示器，主要通过调控液晶的形态控制光通量，进而由彩色滤光膜实现全彩色显示。LCD 是现阶段的主流显示器，具有其他显示器无可比拟的优点，主要优点有以下几个方面。① 低压、微功耗。目前使用的 LCD 都属于电场控制型，所以工作电流只有几微安，工作电压可低至 2～3 V，功耗只有 10^{-6}～10^{-5} W/cm^2，这是其他显示器达不到的，特别适用于电池供电的装置，如电子手表等。② 易于彩色化。液晶一般为无色，利用彩色滤光膜很容易实现彩色。在其他显示技术中，彩色化往往是十分困难的，有时甚至是致命问题。③ 屏幕尺寸与信息容量无理论限制。LCD 的屏幕可以为 1～100 in[①]，既可以显示达到视网膜分辨率的精美小图像，也可以显示 2 000×4 000 像素数的高分辨率的大尺寸动态图像。④ 长寿命。目前使用的 LCD 都是电场控制的，工作电压低、电流很小，所以只要液晶的配套件特别是背光源不损坏，液晶本身的工作寿命可达到几万小时。⑤ 适用范围广。LCD 液晶显示技术的温度应用场景比较广泛，显示设备在 ±50 ℃ 范围之内都能够正常使用。

---

① 1 in＝25.4 cm。

⑥ 对环境友好。LCD 的辐射小，应用过程中闪烁现象少，在使用过程中对人体的损害程度很小。⑦ 耗能少。相比于传统的显示器，LCD 更薄，能够节省更多原料，同时占用空间比较小，这一点使其在工业等其他领域中的应用更加便捷。另外，LCD 的能耗只占 CRT 显示器的 10%左右。

在薄膜晶体管液晶显示器（TFT-LCD）中，TFT 驱动板和彩色滤光膜都需要光刻流程来制备。TFT-LCD 的面板结构如图 5 所示。彩色滤光膜是除 TFT 阵列外 TFT-LCD 的另一个重要组成部件，利用滤光的原理将红、绿、蓝三基色混合产生丰富的色彩，从而实现液晶器件的彩色显示，同时也对 TFT-LCD 的视角宽度、亮度、分辨率等性能起关键作用。彩色滤光膜的基本结构如图 6 所示，包括玻璃基板、黑矩阵（black matrix，BM）、彩色层（红、绿、蓝）、平坦层（OC）、ITO 透明导电薄膜等。其中，ITO 透明导电薄膜的作用是与玻璃基板对组后形成电场，控制液晶的转向，进而实现亮度的明暗变化。黑矩阵是由黑色光刻胶光刻后形成的模型，作用为防止漏光。彩色层主要由三基色光刻胶分别经涂布、曝光、显影形成，是彩色滤光膜最主要的部分。

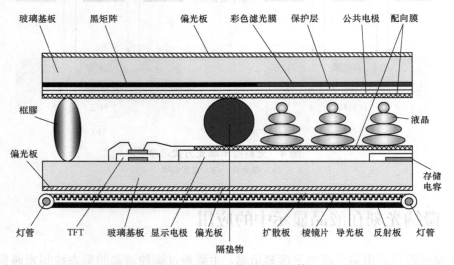

图 5 TFT-LCD 的面板结构[4]

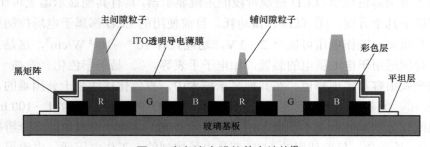

图 6 彩色滤光膜的基本结构[5]

彩色滤光膜生产中的光刻工艺包括涂胶、预烘、曝光、显影、后烘等一整套生产工序，彩色滤光膜的整个生产过程需要经过 4~5 次光刻。与阵列衬底制造中光刻胶只起到掩模作用不同的是，彩色滤光膜玻璃基板上光刻胶直接起到彩色图案作用。由于彩色滤光膜玻璃基板中光阻作为薄膜最终要留在玻璃基板上长期受光线照射，因此采用负性光阻更稳定。负性光阻的主要成分是溶剂、颜料、分散剂、单体、聚合体和光引发剂等，其中溶剂是溶解性、涂布性好的有机溶剂，如丙二醇单甲醚乙酸酯（PGMEA）、PGME、MBA 等。颜料需以红、绿、蓝基色颜料为主体，配合其他颜色颜料。

彩色滤光膜的工艺流程为首先在玻璃基板上用涂布机涂布一层黑矩阵并进行预烘烤；然后进行曝光，该曝光需要有光掩模版，但精度要求通常没有阵列的曝光机精度要求高；接着进行显影制程，将没有进行曝光的光阻去除，留下需要的图形；最后进行固化烘烤，形成所需图形的光阻膜层。湿法刻蚀是当前制造黑矩阵的常规技术。湿法刻蚀分为以下几个主要步骤：涂胶、前烘、曝光、显影、坚膜。黑矩阵树脂材料本身加有光致抗蚀剂，所以通过显影就可以形成黑矩阵，而不需要额外对黑矩阵材料进行刻蚀。但是，湿法刻蚀需要使用大量的化学试剂，对环境有污染，而且湿法刻蚀步骤繁多，不利于产能的提高。

黑矩阵是在 TFT-LCD 面板的玻璃基板上形成一层黑色光阻，基本作用是遮光、提高对比度、避免相邻颜色混色、减少外界光线的反射，并且可以防止外界光线照射到 TFT 器件的半导体层而产生光漏流。黑矩阵光阻经过曝光显影后需要留在玻璃基板上，这种光阻称为正性光阻。早期的黑矩阵材料采用的是利用真空溅射制备的黑色 Cr 膜，其优点是膜薄而质密，缺点是成本高、生产工艺复杂、反射率高和不利于环保。现在大多采用黑色聚合物并在其中添加光敏材料，利用光刻工艺制作矩阵图形。

通过制造黑矩阵定义出像素和子像素的图案后（见图 7），便开始 RGB 三基色的涂布过程。红、绿、蓝彩色层是彩色滤光膜最关键的部分，形成彩色层所采用的 RGB 材料和制备工艺决定了彩色滤光膜的光谱特性、平整度以及各种理化性质（如耐热、耐光、抗化学品以及不褪色性）等基本特性。RGB 的制程工艺与黑矩阵制程相同，主要为光阻涂布、预烘烤、曝光、显影，如此重复三次分别将 RGB 光阻涂布到玻璃基板上，形成彩色滤光膜；然后制作保护层，再溅射一层 ITO 透明导电薄膜作为 TFT-LCD 的一个共同电极，ITO 透明导电薄膜须具有高透光性和极低的表面电阻率。

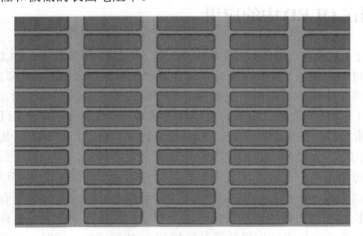

图 7　黑矩阵制备结束后的图形[6]

彩色滤光膜有多种制造工艺，如染色法、平版印刷法、喷墨打印法和颜料分散法等。染色法所用的主要材料是水溶性透明聚合物。在聚合物中加入重氮基化合物或重铬酸盐，制成感光材料后涂在玻璃基板上,通过掩模曝光和水冲洗形成透明图案,并用酸或活性染料染色。染色后的图案用硬化剂进行处理以防色移并重复进行三次。染色法生产的彩色滤光膜耐热性和耐化学腐蚀性较差,目前已经很少使用。平版印刷法第一步是将平版印刷用的塑料卷布在带有墨水的版上滚动,以实现墨水由版到塑料卷布的转印;第二步将带墨水的塑料卷布在带有黑矩阵遮光层的玻璃基板上进行对应位置的转印。按照这种步骤反复地进行转印从而形成彩色图案,该方法制作彩色滤光膜成本低、不需要曝光和显影设备,但是产品分辨率较低,表面平坦性较差,在大尺寸转印中其精度仍然需要进一步提高。喷墨打印法在已有黑矩阵的基板上将三基色墨水分别精准地打印在玻璃基板上相应的子像素位置,经过紫外光固化或热固化,形成三色的彩色层。喷墨打印法制造彩色滤光膜的工艺简单,但是由于彩色滤光膜几十微米级的像素成膜面积极小,因此对喷墨墨滴的稳定性和打印精度提出了很高的要求。颜料分散法先将颜料分散到感光树脂中,经过光阻涂布、前烘、曝光、显影、后烘、刻蚀等工艺,并重复三次,最后制成彩色滤光膜。颜料分散法工艺简单,制成的彩色滤光膜光敏性和耐旋光性好、精密度高、有很高的热稳定性,可耐 250 ℃左右的高温,并且具有较好的耐湿性、耐磨性和化学稳定性,是目前彩色滤光膜生产中的主流方法。

我国的 TFT-LCD 产业化发展经历了数十年。2003 年京东方以 3.8 亿美元的价格收购韩国现代 TFT-LCD 业务,随后在北京建设 5 代 TFT-LCD 生产线,结束了我国无自主 LCD 的时代。2008 年以后,京东方在国内各地相继建成多条 TFT-LCD 生产线,随着产能持续释放,从 2018 年起一直占据全球液晶电视面板出货龙头的位置。除了京东方外,华星光电、深天马、惠科、中电熊猫、龙腾光电等企业也为我国液晶面板产业的崛起增添了动力,2017 年起,我国已成为全球液晶面板产能第一大国。目前,新型显示进入以 TFT-LCD 为主流,AMOLED、miniLED、微型 LED、量子点、激光显示等多元化显示技术相互竞争并存的时期,优化 TFT-LCD 工艺流程中的光刻制程、开发光刻次数更少的 TFT 阵列工艺,对提高 TFT-LCD 显示技术在市场中的保有量至关重要。

三、光刻在 QLED 中的应用

近年来,除了 LCD,OLED 显示技术外,出现了 QLED 显示技术。QLED 显示技术的发展依托于量子点材料的发展。量子点材料是一种新型无机半导体材料,其研发者 2023 年获得诺贝尔化学奖。量子点通常是指由有限数量的原子组成的三个维度尺寸均在纳米级的微粒状材料,其尺寸在 1～10 nm 之间。量子点材料种类繁多,传统量子点主要由Ⅱ－Ⅵ族、Ⅲ－Ⅴ族及Ⅳ－Ⅵ族元素构成,如 CdSe,CdS,ZnS 及 InP 等。量子点材料具备传统无机半导体材料的典型特征,同时其光学性质表现出吸收光谱宽、发射峰窄、荧光量子效率高的特点。由于量子点材料带隙宽度具有差异,因此不同粒径尺寸的量子点纳米晶体可以发射不同波长的光。在量子点材料合成过程中通过调控颗粒尺寸,可以对其带隙宽度进行有效调节,实现量子点材料发光波长对不同波段的连续覆盖,这一特性也是其在全彩显示器件中得到应用的基础。此外,量子点特殊的核壳结构保证了其良好的光/热稳定性。同时,量子点还具有优异的可溶液处理特性,是显示领域研究的热门材料。基于量子点构筑的 QLED 器件也一直被视为有望取代 OLED 的器件。过去的几十年间,QLED 取得了巨大的成功和快速的发展,被视为显示领域最具潜力的优质候选材料之一。

QLED 是一种自发光技术，由阴极、电子传输层、量子点发光层、空穴传输层、阳极构成，电子和空穴经阴极和阳极由电子传输层和空穴传输层注入量子点发光层，电子和空穴发生辐射复合后发射出光子，如图 8 所示。其具有发光效率高、调谐精度高、光发射缝窄等优势，可实现高饱和以及广色域的显示需求。QLED 与传统 OLED，LED 等自发光器件相比，具有更高的色域（120%NTSC）和更长的使用寿命，又因其制备工艺简单、易于实现彩色化、可实现超高分辨率显示，因此是下一代彩色高分辨率显示技术的发展方向。

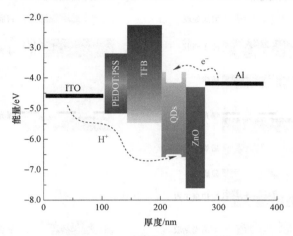

图 8　QLED 结构及能带示意[7]

实现量子点显示，需要将量子点发光层加工为红、绿、蓝三个子像素的阵列，这些子像素的尺寸从几微米到几百微米。随着 AR/VR 显示的发展，高分辨的单微米像素化需要越来越迫切。而光刻是半导体工业中成熟的微纳加工工艺，具有高分辨、高通量等优势，有望实现高分辨量子点像素阵列的制造。由于 QLED 的量子点发光层对电荷传输具有很高的性能要求，因此量子点发光层不能像传统 LCD 滤光片一样将量子点材料混入光刻胶中进行光刻，但是可以利用剥离工艺实现量子点发光层的间接光刻。此外，通过配体工程采用光敏配体能够实现量子点的直接光刻。基于剥离工艺的间接光刻和基于配体工程的直接光刻是目前实现 QLED 量子点发光层光刻的两种主流方法，如图 9 所示。

剥离工艺基于光刻胶形成图案模板来辅助功能层图案化。一般来说，这一工艺过程首先需要光刻胶在衬底上旋涂、曝光、显影，以形成光刻胶模板，然后在图案化的光刻胶衬底上沉积量子点，最后采用湿法或干法将光刻胶从衬底上剥离，光刻胶上多余的量子点也在剥离过程中随光刻胶被去除，从而在衬底上留下量子点图案。

由于光刻胶具有固有的物化性质，因此其往往难以去除。另外，苛刻的剥离条件通常会造成量子点损失和破坏，从而导致量子点图案的发光性能下降，很多研究针对这些问题对剥离光刻工艺进行改进。2018 年，南方科技大学陈树明团队在光刻过程中采用了反向光刻胶，因其显影后具有倒置梯形结构，所以能够促进剥离过程的进行[8]。另外，他们还采用疏水材料六甲基二硅氮烷（HMDS）处理 ZnMgO 层，有效地提高了量子点与 ZnMgO 的黏附性，从而减少了量子点在剥离过程中的损失，构建出了像素尺寸为 30 μm×120 μm 的并排红、绿、蓝量子点图案。2020 年，京东方在剥离光刻的基础上，提出了一种"牺牲层"辅助光刻图案化的方法[9]。"牺牲层"辅助剥离工艺如图 10 所示，它需要在衬底上预涂一层"牺牲层"聚乙烯吡咯烷酮（PVP），再涂覆光刻胶形成光刻胶图案，然后采用 ICP 进行刻蚀，去除没有光刻胶保护的"牺牲层"得到衬底表面，并进行量子点沉积，最后同时除去"牺牲层"及其上的光刻胶和多余的量子点。"牺牲层"的使用一方面减小了剥离过程中光刻胶对量子点层的破坏，另一方面使剥离的难度降低，但是"牺牲层"的使用也会使光刻剥离过程更加复杂。

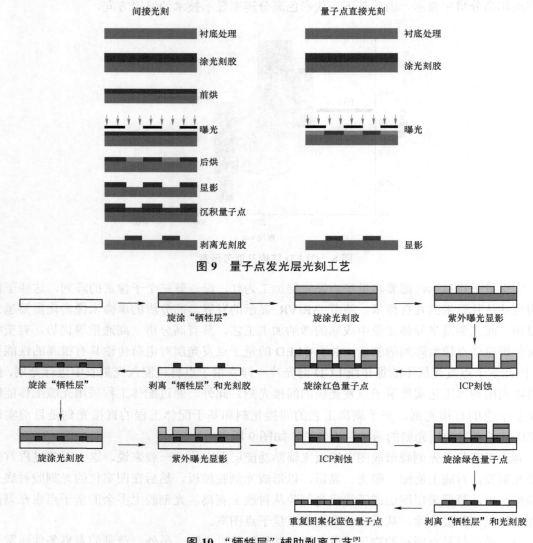

图 9　量子点发光层光刻工艺

图 10　"牺牲层"辅助剥离工艺[9]

剥离工艺中由于需要光刻胶形成图案化模板，并在后期剥离时去除光刻胶，因此需要很长的工艺流程，尤其在全彩化沉积红、绿、蓝三色量子点的过程中，需要进行三次光刻胶光刻和剥离，这样长的工艺流程，大幅降低了生产效率并增加了生产成本。在光刻胶光刻过程中，往往涉及前烘和后烘等高温处理过程，这对量子点的热稳定性提出了很高的要求。沉积量子点时，常规的旋涂工艺不可避免地会使量子点在光刻胶附近过度沉积或形成不连续的薄膜，这导致在剥离时少量的剥离溶剂会渗透到边缘较厚的量子点层中，使剥离过程变得困难，甚至会导致薄膜完全从图案区域脱落。此外，剥离过程往往采用丙酮这种极性很强的溶剂，这种剥离液会对量子点层产生破坏作用：一方面，量子点在剥离过程中也被剥离去除；另一方面，留下的量子点的表面配体可能被洗除，导致留下的量子点的光学和电学性能大幅下降。光刻胶剥离不完全，又会影响器件的电荷传输性能，从而影响器件的效率。目前，虽然很多工作已经通过"牺牲层"对量子点层进行保护和促进光刻胶剥离，但涉及更加烦琐的工艺流程。

QLED 发光层的直接光刻基于配体工程策略，使用光敏的有机配体取代常规的量子点配体，在曝光过程中，光敏配体发生光化学反应。根据光化学反应的种类，可以将其分为配体光交联和极性反转两种，前者形成负性量子点图案，即曝光区的量子点形成图案留在衬底表面，而后者根据显影液的选择既可以形成负性图案又可以形成正性图案。

当量子点的配体中含有不饱和的双键、三键或叠氮基团或向量子点中引入交联剂时，配体之间会在高能紫外光的诱导下相互交联形成稳定的网络，从而具有抵御溶剂冲洗的能力，因此在显影过程中会留在衬底上，形成量子点图案。这一方法最早是由三星技术综合院在 2006 年开始使用的[10]。研究者直接对以油酸作为配体的 CdSeS 进行直接光刻，曝光区域油酸配体的双键部分发生光交联反应，从而降低其在甲苯显影液中的溶解度而保留在衬底上实现图案制备，所制备的量子点分辨率可达到 2 μm。随后，他们设计了由内层硅氧烷和外层甲基丙烯酸构成的量子点配体，硅氧烷能提高量子点对衬底的附着力，而甲基丙烯酸在曝光后可以发生光交联，从而提高了曝光区域量子点在衬底上的保留率[11]。2011 年，Nandwana 等人采用电子束曝光直接图案化以三辛基氧化膦作为配体的 CdSe/ZnS 量子点，得到了分辨率为 100 nm 的图案[12]。2020 年，Sonia 等人采用先进的极端紫外（EUV）光刻对以油酸作为配体的 PbS 和 CdSe 量子点薄膜进行直接图案化，得到了特征尺寸为 60 nm 的量子点图案，认为少量配体的交联形成耦合网络是实现溶解度转换的关键[13]。

油酸和三辛基氧化膦都是量子点合成常用的配体，虽然有一定的光敏性，但只能在较高的曝光剂量下发生光交联反应，而较高的曝光剂量一方面意味着图案化效率的下降，另一方面高能的紫外光长时间照射也可能会对量子点造成破坏。因此，一系列光敏配体被设计用于量子点的光刻图案化。研究者在量子点中加入乙二醇-1,2-二酰双（4-叠氮-2,3,5,6-四氟苯甲酸）交联剂，曝光后交联剂发生图 11 所示的反应。这种方法能够连接相邻量子点的配体，成功实现了亚像素大小为 4 μm×16 μm、分辨率大于 1 400 ppi 的 RGB 量子点像素彩膜的构建[14]。由于这种交联剂具有极高的敏感性，在添加量小于 5 wt% 的情况下，采用 0.4 mW/cm^2、254 nm 的紫外曝光 5 s 即可实现配体的光交联，并且这一过程是非破坏性的，能够较好地保留交联后量子点膜的光致发光和电致发光特性。2022 年，清华大学和湖南师范大学的研究者使用双叠氮化物作为光活性添加剂，使相邻钙钛矿纳米晶的表面配体在紫外光曝光下相互交联，实现了 5 μm 分辨率的钙钛矿图案制备，并制备出外量子效率高达 6.8%、亮度超过 20 000 cd/cm^2 的图案化钙钛矿器件[15]。

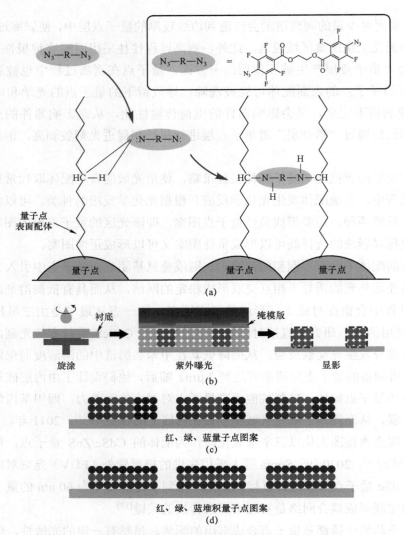

图 11 不饱和双键光聚合[14]（附彩插）

一些光敏配体在曝光后其端部的极性发生改变，从而改变了对应量子点的极性。此外，一些光敏配体或光敏添加剂发生光化学反应后，其光化学产物能够与原配体发生交换，这些光化学产物相对于原配体具有不一样的极性，从而导致交换后的量子点极性发生改变。当光敏配体极性与曝光后量子点极性相同时，曝光区的量子点被洗除，而非曝光区的量子点留下，即形成正性的量子点图案；反之，当光敏配体极性和曝光后量子点极性相反时，曝光区的量子点留下，而非曝光区的量子点被洗除，即形成负性的量子点图案。2017 年，Wang 等人采用两种方案设计了图 12 所示的光化学活泼 Cat^+X^- 离子对配体，其中 X^- 是一个富含电子的亲核基团，可结合到缺电子的（路易斯酸性）量子点表面，通常是金属离子；Cat^+ 用来平衡 X^- 上的负电荷[16]。一种方案是采用 PAG 阳离子，PAG 阳离子曝光后分解释放的质子酸与 X^- 或量子点表面反应，能够使量子点的溶解度发生改变；另一种方案是利用阴离子基团本身的感光性，例如，采用 $NH_4CS_2N_3$ 作为配体，$CS_2N_3^-$ 基团经过曝光分解得到的 SCN^- 会结合到量子点表面,使量子点在 DMF 中由溶解转换为不溶。这种光敏离子可对作为配体的量子点通过光刻能实现 1 μm 的分辨率,且图案化量子点的光电性质改变较小。随后,他们建立了光敏和电子束敏感的配体库,用于量子点光刻的配体被分为两类:一类是小分子配体,这类配体既能使量子点稳定又能在光作用下发生化学转变;另一类是两种组分配体,其中一种组分稳定量子点,另一种组分具有光活性,主要指离子对配体[17]。

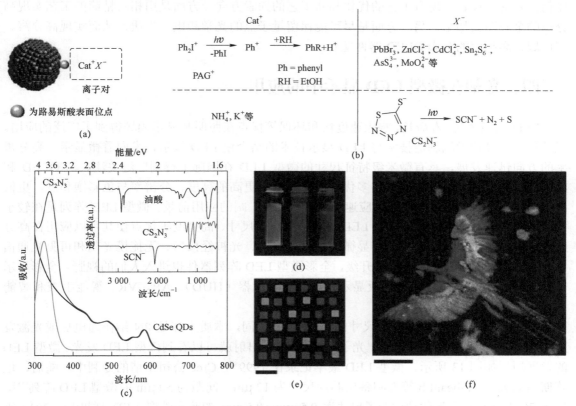

图 12　极性改变直接光刻[16]（附彩插）

配体工程光刻的本质是采用光敏配体或者添加光敏物质,制备出量子点光刻胶,从而实现量子点的直接光刻,相比于剥离工艺,这种工艺的流程大幅缩短,目前已经有很多基于该工艺的高效器件制备出来,但是这种工艺仍存在很多问题有待解决。目前制备的光敏配体仍存在以下问题:① 有一些光敏配体对量子点的保护作用弱,光敏配体与原配体交换后,量子点的光学性能和稳定性发生大幅下降;② 研究人员往往借鉴光刻胶中的光敏基团进行配体的设计,有些配体属于聚合物配体,虽然能够很好地稳定量子点,但是其绝缘性能影响了器件的效率;③ 光敏配体发生光化学反应时产生的自由基可能会进攻量子点,对量子点造成破坏;④ 在显影过程中,图案化部分量子点的洗除和配体的洗除也往往难以避免。此外,在量子点直接光刻过程中,一旦在显影过程中无法完全洗除非图案化区域的量子点,沉积另一色量子点时便会造成量子点的混色,导致光谱不纯;另外,由于残留的随机性,还会导致像素光谱的一致性差。

2006 年,三星综合技术院的研究人员采用油酸包覆的量子点实现了图案化的 QLED 制备，此后，图案化的 QLED 分辨率和效率都有大幅提高，但是图案化的 QLED 器件效率与单色非图案化器件效率仍有较大差距，此外三色全彩 QLED 器件的制备仍存在较大挑战，面向 QLED 的量子点光刻技术尚不成熟。由于光刻工艺能实现高分辨、高通量生产，因此在量子点图案化领域已经展现出了巨大的应用潜力。目前，基于剥离工艺的间接光刻和基于配体工程的直接光刻两种工艺路线都处在发展之中，两种工艺都有各自的优势与问题，进一步的工作仍需要继续探索。现有工艺的优化和新工艺的探索方向一方面是用相对精简的工艺实现高分辨的全彩图案加工，另一方面是尽可能保留量子点的光学和电学性质，从而实现高分辨、广色域、高亮度的全彩 QLED 器件配备。

四、光刻在微型 LED 显示中的应用

LED 以亮度高、寿命长、响应速度快和环保等优点在照明和显示领域得到了广泛的应用。近几年，半导体微纳制造技术与 LED 显示技术的结合使 LED 显示技术向着微显示、高分辨率的方向迅速发展，具有微米级特征尺寸的微型 LED 在国际上得到广泛关注。与 OLED 和 LCD 等相比，微型 LED 具有很多优异的特性，如更高的亮度、分辨率与色彩饱和度，更低的能耗，更长的寿命和更快的响应速度，因此具有广阔的应用前景。微型 LED 阵列是在较小面积内集成的高密度、微尺寸的 LED 二维阵列。微尺寸、高亮度等优点使其可以应用在高分辨显示、无透镜显微镜、超分辨显微镜、光学镊子、光神经接口、无掩模光刻和可见光通信等众多领域。同时，随着需求的升级，全彩微型 LED 阵列器件也进入人们的视野。全彩显示器件具有更广泛的应用，如面板显示器、平视显示器（HUD）、AR、VR、智能手表和智能手机等。

微型 LED 的工作原理与大尺寸的 LED 基本相同，本质上都是 PN 结在通电后或光激发后，电子和空穴复合辐射出光子，光子从微型 LED 出射就可以看到微型 LED 发光。微型 LED 的发展历程如图 13 所示，微型 LED 最早记录在 1999 年 Cree 公司申请的专利中。随后，堪萨斯州立大学 Thibeanltb 等人制备出芯片尺寸为 12 μm、间距为 50 μm 的微型 LED 阵列[18]，并在 2001 年通过无源驱动构造了尺寸为 0.5 mm×0.5 mm 的蓝光微型 LED 样机[19]。2012 年和 2018 年，索尼[20]和三星先后推出 55 in 和 146 in 的微型 LED 电视，推动微型 LED 研究进入爆发期。2021 年，元宇宙对 AR/VR 的显示需求进一步刺激了微型 LED 的发展，国内外各大公司已纷纷推出微型 LED 的 AR 和 VR 眼镜。

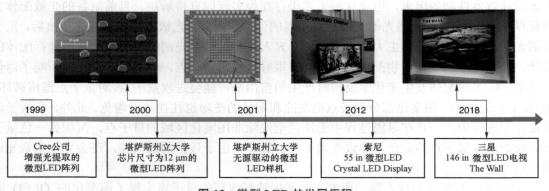

图 13 微型 LED 的发展历程

微型LED显示是利用微米尺寸LED器件作为发光像素实现自发光的显示技术，每一个像素都能实现可定址和单独驱动点亮，从而呈现更加细腻的画面。相比于目前显示采用的LCD和OLED显示，微型LED显示具有高分辨、快响应、低能耗、长寿命、高色彩饱和度、高亮度等特点，目前已经有很多厂商瞄准用于AR/VR的微型LED显示技术开发。但是，微型LED的制备技术尚不成熟，特别是当尺寸需要缩小到10 μm以下时，红光芯片的效率会发生大幅下降，且三色芯片进行巨量转移时的芯片数量多、对准精度高，成为限制全彩微型LED显示技术发展的因素。将蓝光微型LED与色转换像素结合，可解决微型LED显示所面临的红光LED缺失、巨量转移等难题，已经成为全彩化的首选技术之一。光刻技术一方面可以制备微型LED显示设备中的挡墙，解决高清显示时的串光问题，另一方面也是制备色转换像素的最佳方案之一。

色转换层技术是实现单片微型LED全彩显示的重要途径，目前主要有两种方案，一种是采用喷墨打印的方式将红、绿量子点喷涂到微型LED阵列上或透明衬底上，另一种是通过将量子点与光刻胶等聚合物按照一定的比例混合，采用多次光刻的方式，将量子点图案化到微型LED阵列上或透明衬底上。多次光刻法图案形成速度较快、打印效率较高，并且多次光刻法是通过光刻来定义图案形状的，因此可以对图案的尺寸和形貌有较好的控制。

将原始量子点溶液、树脂、固化剂、添加剂和光引发剂按近似比例混合，以丙二醇单甲醚乙酸酯作为溶剂，可以将量子点溶液分散到光刻胶中[21]。将光刻胶旋涂在衬底顶部，烘烤后经紫外照射固化，用四甲基氢氧化铵溶液冲洗，即可得到全色有源矩阵微型LED显示的图案化量子点色转换层。在使用量子点光刻胶直接多层涂覆以制造色转换层的工艺中，采用了负性光刻胶，因此紫外光照部分保持不变。这种直接多层涂覆的工艺，可以同时形成绿色量子点和红色量子点颜色转换层，从而减少附加的处理时间，如图14所示。

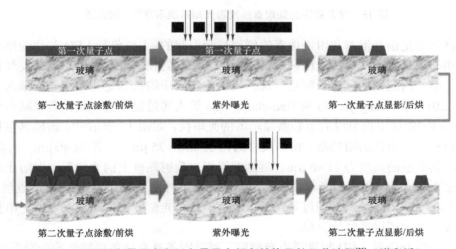

图14 光刻绿色量子点和红色量子点颜色转换层的工艺流程[21]（附彩插）

通过紫外数字光处理打印机可以实现图案化的高分辨率像素化红色和绿色量子点/硫醇-烯光聚合物复合材料的直接投影光刻技术，用于蓝色微型LED的色转换，如图15所示，实现了小于25 μm的平方像素阵列与30 μm的间距，以及小于10 μm的厚度[22]。使用数字光处理打印设置，最小像素可以降低到6 μm。直接投影光刻系统可同时进行图案对准和紫外投影。系统中紫外 LED 和高分辨率 DMD 可以作为光源和动态掩模。DMD 反射的图案由光学设备引导,并通过物镜聚焦在二轴打印台上。光学器件对齐,使 DMD 和物镜之间的光路与观测 CCD 和物镜之间的光路相同。在蓝色微型 LED 阵列上,将量子点/NOA86 复合材料滴在衬底上,在低压下去除溶剂氯仿,在打印区域形成薄液膜。紫外图案投影显示为紫色的正方形光束,对准相应阵列进行光刻固化。未固化的复合材料用 IPA 冲洗掉,衬底用空气吹干,得到像素化的颜色转换器。数字光处理投影光刻技术作为一种无掩模投影光刻,可提供高分辨率的可扩展和非接触图案化工艺。

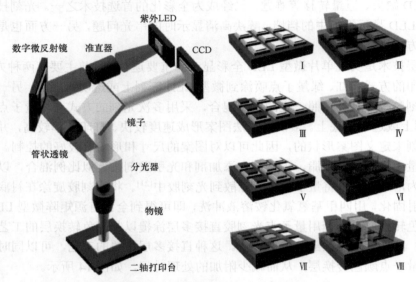

图 15　紫外数字光处理直接投影光刻系统示意[22]（附彩插）

光串扰问题是由光泄漏和附近像素的侧面耦合引起的,主要包括 LED 芯片的厚蓝宝石衬底造成的相邻像素之间的串扰效应和因量子点的全向发射使附近绿色量子点激发红色量子点引起的颜色串扰问题。为了减少颜色串扰,一种广泛应用的技术是在像素之间插入光挡墙或"黑矩阵"。2017 年 Huang-yu Lin 和 Hao-chung Kuo 等人通过设计光刻胶模具来减小紫外微型 LED 阵列和 RGB 量子点组成的全彩微显示器的光串扰,如图 16 所示[23]。该模具包括量子点喷射的窗口和减少串扰的阻挡壁。窗口尺寸约为 35 μm×35 μm,间距为 40 μm,与微型 LED 阵列相同,其中壁的高度为 11.46 μm。将侧壁镀银来反射侧壁上的光泄漏,以防止新的串扰发生。通过气溶胶喷墨印刷和光刻胶模具窗口限制在紫外微型 LED 上沉积量子点后,成功显示了微型 LED 的 RGB 像素。通过荧光显微镜可确认,光刻胶窗口对量子点的光串扰抑制效果明显,像素之间可以清晰地分离。

使用半极性 InGaN LED 和量子点光刻胶,可以制备具有高色稳定性的全彩微型 LED,如图 17 所示[24]。完成半极性微型 LED 阵列后,使用黑色光刻胶矩阵使微型 LED 阵列变平,防止蓝光的横向泄漏。然后将 Ni/Au（P 电极金属）线沉积在平坦的表面上,连接每个芯片。通过光刻工艺依次制备灰色光刻胶、红色量子点光刻胶、绿色量子点光刻胶和透明光刻胶,在 0.7 mm 厚度的高透明玻璃基板上形成彩色像素。彩色像素大小设计为 80 μm×80 μm,每个像素之间的间隔为 30 μm。最后,使用对准器和紫外树脂将玻璃上的彩色像素阵列与微型

LED阵列黏结在一起。用量子点光刻胶制造的红色和绿色像素可以显著过滤蓝光，从而提高颜色纯度。此外，灰色光刻胶矩阵可与彩色像素之间展现高对比度。与用于减少蓝光侧泄漏的底部黑色光刻胶矩阵相比，灰色光刻胶矩阵可以获得更高的高度（6～10 μm），提供更高的反射率，从而减少像素间的串扰效应，并通过内反射提高输出强度。

图16　全彩微显示器制作流程示意[23]（附彩插）

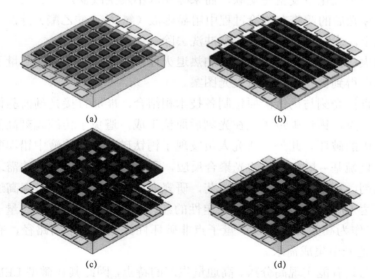

图17　制作全彩微型LED的工艺流程[24]（附彩插）

2022年，北京理工大学的杨高岭等人发明了一种原位直接光刻的工艺，用于制备可集成微型LED的钙钛矿量子点色转换像素，如图18所示[25]。原位直接光刻工艺如下。

（1）衬底处理：用硅烷偶联剂对衬底进行处理，使其表面具有丰富的烯基（巯基）官能团，为曝光图案提供共价结合位点。

（2）成膜：钙钛矿前驱体光刻胶在衬底上形成液膜，这种光刻胶是将钙钛矿前驱体及多巯基单体、多烯基单体在极性非质子溶剂中制备得到的，不外加任何引发剂和催化剂。

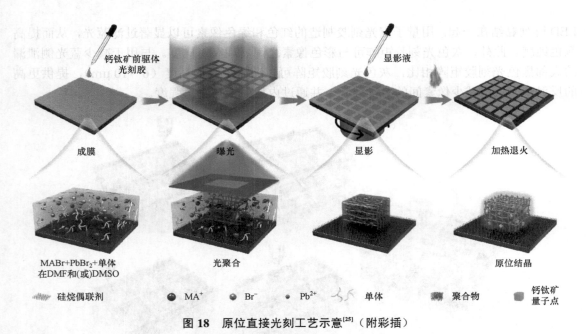

图18 原位直接光刻工艺示意[25]（附彩插）

（3）曝光：将光刻掩模版置于液膜之上，用 365 nm 紫外灯进行曝光，曝光区巯基和烯基单体在铅溴配合物催化下发生光交联，而未曝光区不发生改变。

（4）显影：曝光后的薄膜在旋涂过程中用显影液（氯仿/乙酸乙酯）冲洗，曝光区固化物紧密黏附在衬底上，未曝光区的光刻胶被冲洗去除。

（5）加热退火：固化物中的前驱体在加热退火过程中原位生成钙钛矿量子点，均匀镶嵌在聚合物中，从而得到钙钛矿量子点发光图案。

这种方法将直接光刻与钙钛矿原位制备技术相结合，能够直接光刻前驱体溶液，无须提前制备钙钛矿量子点，钙钛矿量子点在光刻后原位生成，避免了传统光刻高能紫外光和光刻加工溶剂对钙钛矿的破坏。此外，研究人员发现了钙钛矿前驱体溶液中铅溴配合物的光催化能力，其能够催化巯基-烯自由基的光聚合反应，不仅能满足快速光刻的需求还无须外加任何引发剂或催化剂。利用原位直接光刻工艺，研究人员成功构造出分辨率高达 2 450 ppi、发光均匀、厚度高达 10 μm 以及具有良好稳定性的红、绿、蓝和全彩钙钛矿量子点图案，如图 19 所示。这项工作为高效发光钙钛矿量子点非破坏性光刻开辟了新路径，有效满足了微型LED 色转换及其他光电集成需求。

由于光刻工艺具有能实现高分辨、高通量生产的特点，因此其在微型 LED 全彩化领域展现出了巨大的应用潜力。目前，基于量子点色转换的微型 LED 像素光刻技术及光刻挡墙技术仍处于快速发展之中，将蓝光微型 LED 与色转换像素结合，可解决微型 LED 显示面临的红光 LED 缺失、巨量转移、高清显示时的串光等问题，已经成为全彩化的首选技术之一。

总之，光刻技术是显示产业不可缺少的核心技术之一，在液晶显示、QLED 显示、微型LED 显示等显示技术应用中举足轻重，通过对光刻技术的研究，可以开发更新颖的光刻方法，掌握更深层的光聚合机理，使光刻技术可以更好地与显示技术相结合，进而为国内显示产业奠定坚实的基础。光刻技术在显示中的应用主要体现在对 TFT 衬底的开发和彩色像素的制备等过程中，通过开发更成熟的光刻技术以及配套的实施方式，可以赋予显示更多的可能性。对于光刻在显示中的应用，现在所面临的挑战是需要进一步提高分辨率，解决方法可以是开发更多的体系或开发新的技术。目前光刻技术逐步向三维立体光刻技术发展，相信光刻技术未来在全息、3D、柔性等新型显示领域中的应用会越来越多。

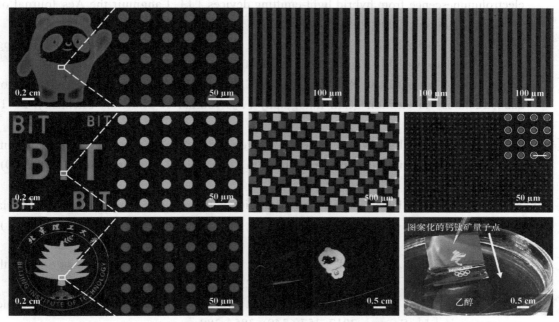

图 19　采用原位直接光刻工艺的全彩钙钛矿量子点图案[25]（附彩插）

参 考 文 献

[1] 郑志强. TFT-LCD 四次光刻工艺改善研究 [D]. 广州：华南理工大学，2019.

[2] 袁继旺. TFT-LCD Cu 4Mask 制程蓝画面斜纹研究 [D]. 广州：华南理工大学，2019.

[3] 蒋雷，黄学勇，刘良军，等. TFT-LCD 四次光刻工艺中的光刻胶剩余量 [J]. 液晶与显示，2021，36（2）：258-264.

[4] 常爱珍，李宝辉，张凯. TFT-LCD 显示原理及评判参数 [J]. 汽车电器，2021（4）：31-33.

[5] 喻兰，李少平. 电子化学品在 TFT-LCD 阵列和彩膜工艺中的应用 [J]. 广东化工，2017，44（14）：162-164.

[6] 徐正兴. TFT LCD 亮点缺陷改善研究 [D]. 广州：华南理工大学，2020.

[7] SHEN H B, GAO Q, ZHANG Y B, et al. Visible quantum dot light-emitting diodes with simultaneous high brightness and efficiency [J]. Nature Photonics, 2019, 13(3):192-197.

[8] JI T, JIN S, ZHANG H, et al. Full color quantum dot light-emitting diodes patterned by photolithography technology [J]. Journal of the Society for Information Display, 2018, 26(3): 121-127.

[9] MEI W, ZHANG Z, ZHANG A, et al. High-resolution, full-color quantum dot light-emitting diode display fabricated via photolithography approach [J]. Nano Research, 2020, 13(9): 2485–2491.

[10] JUN S, JANG E, PARK J, et al. Photopatterned semiconductor nanocrystals and their electroluminescence from hybrid light-emitting devices [J]. Langmuir the Acs Journal of Surfaces & Colloids, 2006, 22(6): 2407–2410.

[11] PARK J J, PRABHAKARAN P, JANG K K, et al. Photopatternable quantum dots forming quasi-ordered arrays [J]. Nano Letters, 2010, 10(7): 2310–2317.

[12] NANDWANA V, SUBRAMANI C, YEH Y-C, et al. Direct patterning of quantum dot nanostructures via electron beam lithography [J]. Journal of Materials Chemistry, 2011, 21(42): 16859.

[13] DIELEMAN C D, DING W, WU L, et al. Universal direct patterning of colloidal quantum dots by (extreme) ultraviolet and electron beam lithography [J]. Nanoscale, 2020, 12(20): 11306–11316.

[14] YANG J, HAHM D, KIM K, et al. High-resolution patterning of colloidal quantum dots via non-destructive, light-driven ligand crosslinking [J]. Nature Communications, 2020, 11(1): 2874.

[15] LIU D, WENG K, LU S, et al. Direct optical patterning of perovskite nanocrystals with ligand cross-linkers [J]. Science Advances, 2022, 8(11): eabm8433.

[16] WANG Y Y, FEDIN I, ZHANG H, et al. Direct optical lithography of functional inorganic nanomaterials [J]. Science, 2017, 357(6349): 385–388.

[17] WANG Y Y, PAN J A, WU H, et al. Direct wavelength-selective optical and electron-beam lithography of functional inorganic nanomaterials [J]. ACS Nano, 2019, 13(12): 13917–13931.

[18] JIN S X, LI J, LI J Z, et al. GaN microdisk light emitting diodes [J]. Applied Physics Letters, 2000, 76(5): 631–633.

[19] JIANG H X, JIN S X, LI J, et al. III-nitride blue microdisplays [J]. Applied Physics Letters, 2001, 78(9): 1303–1305.

[20] BIWA G, AOYAGI A, DOI M, et al. Technologies for the Crystal LED display system [J]. Journal of the Society for Information Display, 2021, 29(6): 435–445.

[21] KIM H-M, RYU M, CHA J, et al. Ten micrometer pixel, quantum dots color conversion layer for high resolution and full color active matrix micro-LED display [J]. Journal of the Society for Information Display, 2019, 27: 347–353.

[22] LI X, KUNDALIYA D, TAN Z J, et al. Projection lithography patterned high-resolution quantum dots/thiol-ene photo-polymer pixels for color down conversion [J]. Optics Express, 2019, 27(21): 30864–30874.

[23] LIN H Y, SHER C W, HSIEH D-H, et al. Optical cross-talk reduction in a quantum-dot-based full-color micro-light-emitting-diode display by a lithographic-fabricated photoresist mold [J]. Photonics Research, 2017, 5(5): 411–416.

[24] CHEN S W H, HUANG Y M, SINGH K J, et al. Full-color micro-LED display with high color stability using semipolar (20−21) InGaN LEDs and quantum-dot photoresist [J]. Photonics Research, 2020, 8(5): 630−636.

[25] ZHANG P P, YANG G L, LI F, et al. Direct in situ photolithography of perovskite quantum dots based on photocatalysis of lead bromide complexes [J]. Nature Communications, 2022, 13(1): 6713.

案例 10
光操控技术

张帅龙

（北京理工大学　集成电路与电子学院）

一、引言

微机器人技术是在微纳米尺度对微小目标进行灵巧机器人化操作的技术。随着微纳技术的发展，微机器人技术已广泛应用于药物测试、疾病检测、细胞分析、微创手术、生物材料装配等领域[1]，是我国"十四五"科技创新规划的重点战略之一。微机器人存在多种驱动方式，可分为机械驱动[2]、化学驱动[3]、电驱动[4]、磁驱动[5]、声驱动[6]和光驱动[7]。其中，光驱动相较于其他驱动方式具有易操控、多功能、生物兼容性好等优点，是微纳操作机器人领域的重点研究方向之一。目前，光镊是应用最广泛的光驱动微纳操控技术，其利用光子与微小物体之间的动量守恒规律，通过对微小物体施加力来实现对微小物体的操控[8]。使用光镊已经可以实现微尺度下复杂的机械操纵，包括微流体泵、定向组织培养、精确的细胞/组织转移等。

受光镊技术启发，美国加利福尼亚大学伯克利分校的吴明教授团队[9]于 2005 年发明了光电镊（optoelectronic tweezers，OET）用于操控微小物体。光镊需要使用激光对物体进行操控，而光电镊只需要普通的 LED 光源就可以实现操控，因此光电镊具有能够并行操控多个微小物体的优势。并且，相较于光镊，光电镊能更轻易地驱动更大尺度的物体，对于不同介电特性的物体，光电镊对它们的作用也不同。光电镊的这些特点使其可以广泛应用于特定微粒的筛查、对微小物体的快速排布、微小物体的分离与运输等操作，在生物医疗、微纳精细加工等领域具有较好的应用前景。

二、光电镊原理——光致介电电泳

介电电泳（dielectrophoresis，DEP）是一种电动力学现象，其定义为在非均匀电场中由极化效应引起的物质运动，其中极性最强的物质向场强最大的地方移动。与电泳不同，它不需要带电粒子。相反，它取决于所有极性材料在非均匀场中感受到的力，任何偶极子（感应的或永久的）都将在其中有限地分离等量的正电荷和负电荷。由于场是不均匀的，因此偶极子的一端将处于比另一端更弱的场中，然后产生净力，将偶极子拉向场强最大的地方。因此，即使场的方向发生反转，仍然不影响偶极子的原始行进方向。也就是说，在 DEP 中，同一种方式的运动可以发生在静电场或交变场中。

用于光电镊的电场大多是交流电(从几千赫兹到几百千赫兹)。DEP 力的强度很大程度上取决于介质和粒子的电学性质、粒子的形状和大小以及电场的频率。由于光电镊中的 DEP 力是由投射的光引起的,因此又称光诱导介电电泳(optically induced dielectrophoresis,ODEP)[10]。计算光电镊中 DEP 力最常用的方法是采用经典偶极子近似,作用在球形粒子上的力为

$$F_{\text{DEP}} = 2\pi r^3 \varepsilon_{\text{m}} \text{Re}[K(\omega)]\nabla E^2 \tag{1}$$

式中,r 为粒子半径;ε_{m} 为介质的介电常数;E 为电场强度;$\text{Re}[K(\omega)]$ 为 Clusius-Mossotti(CM)因子的实部,具体描述如下

$$K(\omega) = \frac{\varepsilon_{\text{p}}^* - \varepsilon_{\text{m}}^*}{\varepsilon_{\text{p}}^* + 2\varepsilon_{\text{m}}^*} \tag{2}$$

式中,ε_{p}^* 和 ε_{m}^* 分别是粒子和介质的复介电常数,分别为

$$\varepsilon_{\text{p}}^* = \varepsilon_{\text{p}} - \text{j}\frac{\sigma_{\text{p}}}{\omega} \tag{3}$$

$$\varepsilon_{\text{m}}^* = \varepsilon_{\text{m}} - \text{j}\frac{\sigma_{\text{m}}}{\omega} \tag{4}$$

式中,ε_{p} 和 ε_{m} 分别是粒子和介质的介电常数;σ_{p} 和 σ_{m} 分别是粒子和介质的电导率;ω 是外加电场的角频率。$K(\omega)$ 决定了 DEP 力是正的还是负的。当 $K(\omega)$ 的实部大于 0 时,表现为正的 DEP 力,粒子比介质更容易极化,进而吸引粒子向光斑处运动;当 $K(\omega)$ 的实部小于 0 时,表现为负的 DEP 力,介质反而比粒子更容易极化,进而排斥粒子向阴影处运动。

通过观察分析 DEP 公式,可以得到如下规律。

(1)当电场是匀强电场时,DEP 力等于零。

(2)DEP 力是一种体积力,物体受到的 DEP 力与其自身的体积成正比。在所有其他因素保持不变的情况下,物体的体积越大,作用在它上面的 DEP 力就越大。

(3)感应偶极矩要么与外加电场对齐,要么与外加电场相反,具体取决于粒子的介电常数是大于还是小于周围介质的介电常数,这对应正或负的 DEP,决定了粒子被吸引到高电场强度区域还是从高电场强度区域排斥。

(4)DEP 力取决于施加电场强度平方的梯度,与电场方向无关,表明可以使用直流或交流场观察到同样的 DEP 现象。

(5)电极的几何形状是 DEP 现象的控制因子之一。电极的几何形状影响电场强度的分布规律,即影响 ∇E^2,而 ∇E^2 的单位为 V^2/m^3。例如,使用适当的微电极并施加 1 V 量级的电压,这个因数可以达到 10^{12} V^2/m^3,可以在生物细胞等微小物体上产生非常大的 DEP 力。

三、光电镊技术研究现状

2005 年以来,光电镊技术吸引了大量的研究人员,各个研究领域都对其进行了不同用途的探索。光电镊的独特功能使其成为微操作工具箱的有力补充。它可以单独使用,也可以与

其他技术协同使用,应用十分广泛。迄今为止,基于光电镊的研究主要集中在以下几个方面:① 微纳米材料的操作、组装和合成;② 单个细胞/分子的操作、分离和分析;③ 细胞固有特性的分析和获取;④ 细胞的电孔、融合和裂解;⑤ 细胞封装生物材料和生物结构的制备;⑥ 用于流体传输的光流体器件的开发。这些研究展示了光电镊技术优越的性能、独特的通用性和灵活性。

本案例将从三种常见的光电镊设备、光电镊技术的应用、光电镊技术的产业化三个方面进行展开,阐述光电镊技术的独特优势。

(一)三种常见的光电镊设备

常见的光电镊芯片有三种,分别是能产生竖直电场的光电镊芯片、能产生水平电场的光电镊芯片以及前两者的结合。

Valley 等人[11]设计了三种用于并行操作多个单细胞穿孔的光电镊设备,可与其他相关生物技术(如细胞裂解、电穿孔)结合,实现对单细胞进行诊断和刺激的高通量并行操作。

如图 1 所示[11],第一种 [见图 1 (a)] 是竖直排布的光电镊芯片,该芯片由 ITO 玻璃制成的上极板与附有 a-Si:H 的 ITO 玻璃制成的下极板组成,能产生竖直方向的电场。第二种 [见图 1 (b)] 是水平排布的光电镊芯片,该芯片上极板为普通玻璃,用于透光,无电流通过;下极板为表面附有 a-Si:H 的 ITO 玻璃,能产生横向电场。第三种设备 [见图 1 (c)] 为前两种设备的结合,能产生竖直电场与横向电场。每种设备都有其特定的属性与对应的应用场景,使用者可以根据实际需求选择相应的光电镊设备。

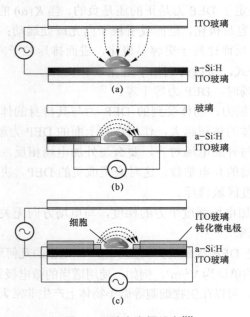

图 1 三种光电镊设备[11]

如果需要进行水平面的操作,如移动微小物体,则可以使用能产生竖直电场的光电镊芯片,但是它的操控力非常小。而如果使用能产生水平电场的光电镊芯片,则可以在微小阵列之间对物体产生相对较大的操控力,但是如果物体相对电极阵列单元过小,则无法进行后续的水平移动,仅能实现竖直面内的升降。最后,对于既能产生水平电场又能产生竖直电场的光电镊芯片,则对电极阵列的控制有较高的需求,需要及时灵活地根据操作需求改变电场排布。

(二)光电镊技术的应用

1. 微小物体颗粒操控

光电镊技术常用于操纵各种微小颗粒与纳米材料器件,包括半导体和金属纳米线、碳纳米管、导电纳米颗粒、金属离子等。Liang 等人[12]对光电镊系统下不同极化物质之间的相互作用进行了研究,由于不同物质在介质中受到的光诱导 DEP 力不同,使用光电镊进行操作时不可避免地会产生两极化物质之间的相互作用,研究人员基于该相互作用实现了在光电镊芯片中对微小物体进行捕获、运输与释放,如图 2[12]所示。

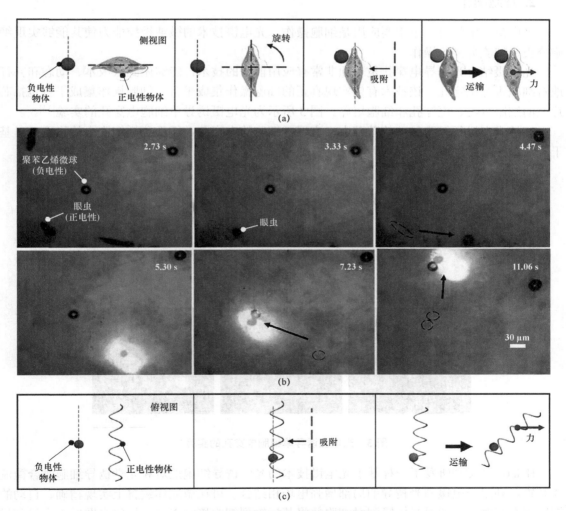

图 2　使用微生物运输微小物体[12]

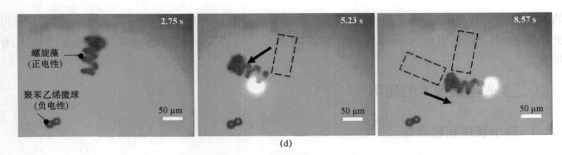

图 2 使用微生物运输微小物体[12]（续）

在实验前，通过合理建模进行仿真，研究人员找到了能够对微螺旋藻产生吸引力而对聚苯乙烯微球产生排斥力的电场条件，省去了在实验中逐步寻找参数的过程，以便开展进一步的实验与讨论。这个思路也非常值得光电镊及其相关领域的工作人员借鉴。

2. 细胞操作

光电镊技术的另一个主要应用是细胞操作，光电镊技术的微纳操控能力使其能够实现细胞分类、细胞分离等操作。

光电镊结合光诱导电穿孔是一项非常有应用前景的技术，能够做到低成本、动态和并行地对细胞进行电穿孔。该技术有望实现真正的细胞操作集成平台。细胞操作集成平台包括芯片上的细胞分类、电穿孔和细胞培养。图 3 所示为光电镊诱导单细胞电穿孔的实验[13]。

该技术在进行细胞移动的基础上，实现了细胞的电穿孔，便于分析细胞内的物质，对基于光电镊技术的细胞操作及培养平台具有非常重要的意义。

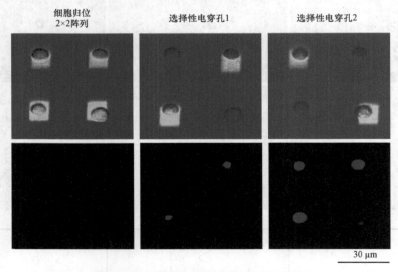

图 3 光电镊诱导单细胞电穿孔的实验[13]

Hsiao 等人[14]研发了一种基于光电镊技术的光学诱导细胞配对和光学诱导细胞融合微流体装置。利用光电镊与光诱导的局部增强电场相结合，可在微流体装置上实现精确、自动的细胞配对和融合。通过光电镊配对细胞并将其运输到细胞接收点后，投射光图案产生局部增强电场，在细胞接触区域诱导适当的跨膜电位，从而在白光照射下触发细胞融合。实验结果表明，Pan1 与 A549 细胞的融合率达到了 9.67%。图 4 所示为细胞在接收点进行光诱导细胞融合的实验[14]。

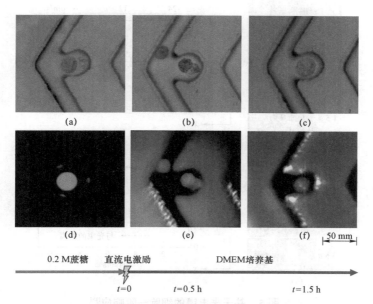

图 4　细胞在接收点进行光诱导细胞融合的实验[14]

这是一种很有应用前景的技术，可以在光电镊芯片中实现不同种类细胞的匹配，并自动融合不同类型的细胞，极大地避免了传统单克隆抗体面临的融合细胞筛选问题，简化了相应的流程，未来在生产单克隆抗体等领域能够得到良好的应用。

Zhao 等人[15]提出了一个用于计算细胞在光电镊影响下运动的理论模型。基于对人类各种细胞的轨迹跟踪，研究人员测量了细胞位移与时间的函数（基于光电镊的一阶响应），并计算了相关的速度和加速度。研究人员对细胞的运动进行分析，并根据细胞在特定 DEP 力场下的瞬态运动响应来区分不同类型的细胞。图 5 所示为研究人员使用光电镊得到的细胞一阶响应[15]。

该工作在光诱导 PET 系统下基于计算机视觉对细胞运动进行分析，可以精确跟踪细胞运动轨迹，同时可以实现对不同类型细胞的识别和分类。该方法有望进一步发展为一种用于识别和区分细胞并量化细胞介电特性的非侵入性方法。

3. 光电镊与微流控技术结合

微流控技术作为对微液滴与微流体的操纵技术与光电镊技术进行结合，则可以控制微流体连续地将样品输送和提取到工作区域，从而实现基于光电镊技术的高通量目标分类、分离和处理。Lee 等人[16]结合光电镊技术与微流控技术，实现了无标记物、非接触的细胞外囊泡的富集、分离与回收。研究人员通过控制微阀门的开闭，利用气泵的吸力实现取样、循环流动、提取等微液体操作，在光操控区域使用光电镊进行细胞外囊泡的富集与分离。图 6 所示为研究人员使用收缩光圈富集细胞外囊泡的实验[16]。基于该应用，未来可以更多地尝试使用光电镊技术富集细胞外泌体,极大地提升细胞外泌体的收集效率,以便后续对其进行蛋白质组学等研究,对癌症早期筛查等方面具有深刻意义。

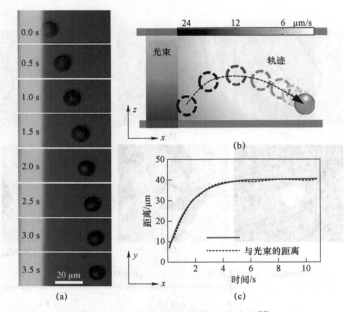

图 5 基于光电镊的细胞一阶响应[15]

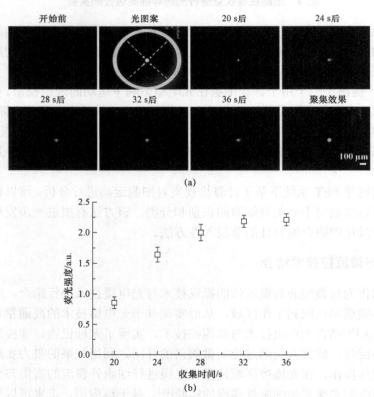

图 6 使用收缩光圈富集细胞外囊泡的实验[16]

Pei 等人[17]提出了一种用于多色光驱动光电润湿器件的分布式电路模型,该模型考虑了光导体在可见光谱中吸收系数的变化和光生载流子的不均匀分布。在该模型的帮助下,研究人员设计了具有最佳光导体厚度的光电润湿器件。与之前的研究报道相比,该光电润湿器件的性能有了显著提高,光功率降为原来的 1/200,电压降为原来的 1/5,液滴移动速度提高了 20 倍,能够根据需要使用商用投影机创建虚拟电极,用于大规模并行液滴操控。通过该光电润湿器件,研究人员实现了 96 液滴阵列的并行操作。图 7 所示为结合了光电镊技术的数字微流控芯片[17]。

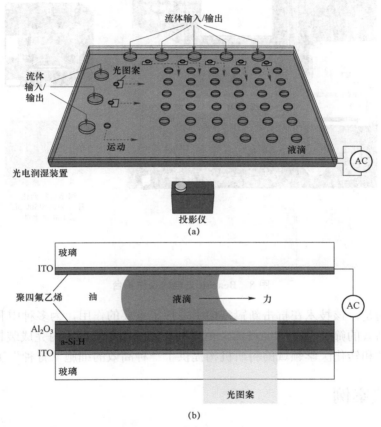

图 7　结合了光电镊技术的数字微流控芯片[17]

通过向底板投射光图案,可以生成相应的虚拟电极,类似数字微流控芯片的电极阵列,但由于光电镊技术所用的虚拟电极具有灵活性,因此可以根据需要灵活改变电极形状及排布,避免了频繁变更芯片的设计问题,提升了芯片的泛用性。

(三)光电镊技术的产业化

将光电镊技术与微流控技术相结合,利用光电镊技术进行微操作的同时利用微流控技术实现微流体的运输,最终可实现对多个单细胞进行高通量并行操作,并对细胞生长所需的水分、营养物质、气体等进行运输。

基于上述优点,吴明教授团队的上市公司——伯克利之光(Berkeley Light)以"寻找最好的细胞"为口号，推出了几款不同功能的光电镊操作平台，Beacon 光电镊操作平台如图 8 所示。基于该平台，可以使用光电镊并行控制成百上千个细胞进入腔室中进行单独培养并得到一系列细胞系，最终通过筛选得到最优细胞系，并使用光电镊技术将其取出。该平台在单克隆抗体、干细胞研究、细胞疗法等领域具有非常广泛的应用。

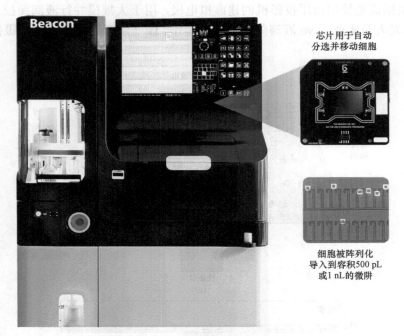

图 8　Beacon 光电镊操作平台

值得一提的是，该技术在抗击新冠疫情中发挥了重要的作用，为多种中和抗体药物的开发提供了一种高效的筛选平台[18]。目前，伯克利之光已在全球范围内完成装机超过 120 台，为从事基础科学和转化医学领域的科研机构提供了一种高效的细胞"育种"工具。

四、实验案例

（一）芯片介绍及制备

光电镊芯片由上极板和下极板通过防水胶带贴合而成，上下极板分别与外部电路导通，用于在芯片腔室中形成电场。组装后的芯片实物如图 9 所示。

芯片的上极板如图 9（a）与图 10 所示，通常为 ITO 玻璃，厚 0.5 mm，大小根据需求定制，一般为 20 mm×25 mm。A 区域用于与外部电路导通，使用导电银胶与导线连接，再使用 AB 胶进行加固。

芯片的下极板如图 9（b）与图 11 所示，在 ITO 玻璃表面生长一层 1 μm 的 a-Si:H 薄膜，ITO 玻璃厚度同芯片上极板。B 区域用于与外部电路导通。在非光照条件下 a-Si:H 的导电率很低，需要使用小刀刮掉一部分 a-Si:H 层露出可以导电的 ITO 层，如 B 区域，再使用导电银胶与导线连接，并使用 AB 胶进行加固。

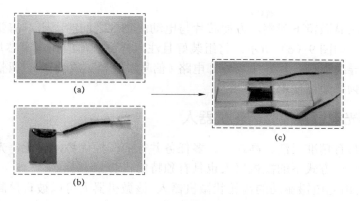

图 9　组装后的芯片实物

(a) 上极板；(b) 下极板；(c) 组装后的芯片

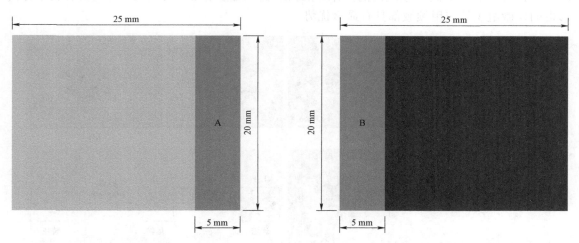

图 10　芯片的上极板　　　　　　　　图 11　芯片的下极板

使用防水胶带连接芯片的上下极板，防水胶带厚度一般为 0.075 mm，可根据实验需求适当调整防水胶带层数，得到不同的腔室高度，一般使用 1～3 层防水胶带，厚度为 0.075～0.225 mm，防水胶带可剪成窄条用于拼接芯片。芯片侧视图如图 12 所示。

防水胶带，一层厚0.075 mm，根据实验目的不同，采用1～3层防水胶带用于改变芯片间隙厚度

图 12　芯片侧视图

为了保护 a-Si:H 层，通常在芯片的上极板处粘贴双面胶，拼接时保证上下极板错开一定距离，用于上样。

最后，为了在显微镜下观察，方便芯片与电动载物台之间的固定，需要使用胶带将芯片贴合到载玻片上，如图 9（c）所示。将组装好且注入样品液体的光电镊芯片固定至载物台，使用带鳄鱼夹的导线连接芯片导线及外部电路（信号发生器+放大器），调整信号发生器至所需的输出电压及频率即可使用。

（二）使用光电镊操控微齿轮机器人

由于光电镊具有精准灵活、高通量、多任务并行的操控优势，因此，光电镊驱动的微机器人相比于其他驱动方式下的微机器人也具有独特的优势。

图 13 所示为由光电镊驱动的齿轮状微机器人。该微机器人可以被直接制造为任何所需的理想形状，且该微机器人可通过编程进行复杂的多轴操作。该系统被证明在单细胞分离、克隆扩展、RNA 测序、封闭系统内的操作、控制细胞-细胞相互作用以及从异质混合物中分离珍贵的显微组织等应用领域都具有显著优势。

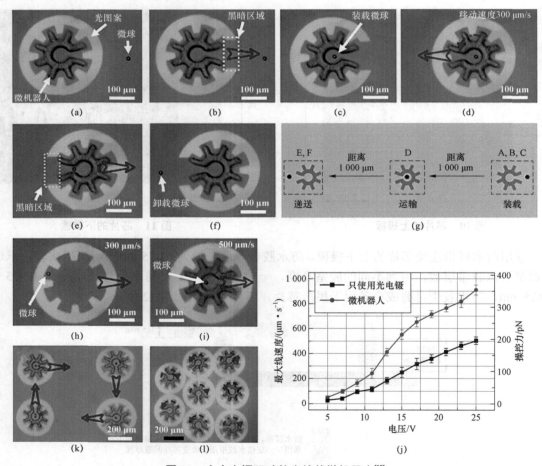

图 13　由光电镊驱动的齿轮状微机器人[19]

图 13（a）～图 13（f）以微球为操作对象，分别对应了操作示意图 13（g）中的装载、运输、递送流程，展现了光电镊驱动的微机器人在细胞运输、药物递送等应用领域的潜在优势。图 13（h）～图 13（j）所示为一组对照实验，对比了使用光电镊驱动的微机器人运输微球所能达到的最大运输速度，证明了使用光电镊驱动的微机器人在运输微球、细胞、药物等时可以达到更高的运输效率。图 13（k）～图 13（l）则展现了光电镊驱动的微机器人可以高通量并行操作的优势。

液体介质中，微齿轮的转动可以改变周围的流体环境，将其用于微小物体的运输会使运输效率远高于直接使用光电镊进行运输[20]。并且，由于实验环境下光诱导 DEP 力对微小物体具有竖直分力，因此使用两个微齿轮配合可以实现微小物体在三维空间的运动，实现三维运输，图 14 所示为使用两个微齿轮与光图案配合实现微球三维运输。

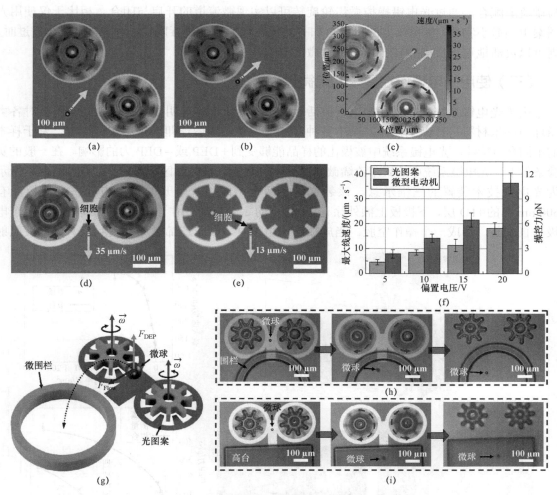

图 14　微齿轮与光图案配合实现微球三维运输[20]

图 14（a）～图 14（c）所示为通过旋转两个水平微齿轮，可以改变两个微齿轮周围的流场分布，加快微球的运输速度。如图 14（c）所示，微球的速度在两个旋转微齿轮之间会达到最大值。利用两个旋转微齿轮以及光图案运输微球进行最大运输速度的对比实验，如

图 14（d）~图 14（f）所示。观察图 14（f）可以发现，随着光电镊芯片板间偏置电压的升高，微球的最大运输速度增加，并且使用两个水平微齿轮旋转改变周围流场的运输方式明显优于仅仅使用光图案的运输方式。图 14（g）所示为使用光电镊运输微球进行三维运动进行越障的示意，"围墙"的高度明显大于微球半径，仅使用光电镊或仅使用之前介绍的微机器人无法实现微球的越障运动。考虑到实验中所用聚苯乙烯微球会受到负的 DEP 力，光会向外排斥微球，因此会有向上的 DEP 力分量，利用向上的 DEP 力，结合微齿轮旋转产生的向前的流场力，就可以像投射篮球一样帮助聚苯乙烯微球实现越障运动，如图 14（h）、图 14（i）所示。

基于光电镊的可重构微机械系统还可进行其他应用，例如，使用两个微齿轮进行啮合，通过改变主动轮与从动轮的相对大小，即可以实现转速或扭矩的放大，可作为微机械系统中的变速器。也可以使用微齿轮与微齿条进行配合，将光电镊产生的旋转运动转化为水平移动，与微流道配合，通过光电镊操控微齿轮旋转可以实现微流道的开启与闭合。相比于仅使用光图案阻挡微小物质，使用该方法可以更加有效地在大流速下进行阻拦，而需要微流体通过时，则可以灵活地通过反向旋转微齿轮实现微流道的开启。

（三）使用光电镊操控聚苯乙烯微球

由于光电镊系统具有并行操纵、灵活性高、高通量操作等明显优势，因此常用于对各类微球与纳米材料进行微纳操作，其中各种尺寸的聚苯乙烯微球即为常用实验样本。基于样本的不同介电特性，光电镊系统中被极化的样品能够受到 +DEP 或 -DEP 力的影响。在一般的实验条件下，光电镊系统中的聚苯乙烯微球受到 -DEP 力，被光照区域排斥[21]。图 15（a）所示为光电镊技术装置的三维示意，该装置包括两个由间隔片隔开的平面电极。上极板涂有 600 nm 厚的 ITO 层，下极板上额外涂有 1 μm 厚的 a-Si:H 层。用 150 μm 厚的间隔片将两个电极垂直安装，形成一个操作空腔。当施加交流电位时，聚苯乙烯微球受到 -DEP 力而被照射

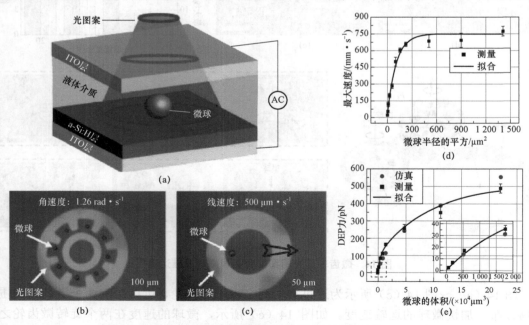

图 15 光电镊操控微小物体进行三维运动[21]

区域排斥。使用空心光模式即可操作多个或单个聚苯乙烯微球,分别如图15(b)和图15(c)所示。对于多个微球的并行操作,电动载物台在实验过程中持续保持静止,而动态"轮盘"光模式进行自转,以达到对聚苯乙烯微球进行旋转的目的。对于单个微球的操作,"甜甜圈"光模式保持静止,而电动载物台进行线性移动,以达到微球与芯片下极板相对运动的效果。

同时,在这项工作中使用各种直径的聚苯乙烯微球(3 μm、4.5 μm、7 μm、10 μm、15 μm、20 μm、25 μm、30 μm、45 μm、60 μm、75 μm)进行逐步增加电动载物台移动速度的实验,如图15(d)、图15(e)所示,测定不同尺寸的聚苯乙烯微球在一定条件下的运动速度并对其在液体中受到的DEP力进行定量计算[21]。

(四)基于光电镊技术制备微小结构

光电镊技术通过光图案产生虚拟电极来操控微小物体,按照光图案进行排布,加以一定的固化手段则可以按需制造平面或三维结构。在该实施案例中,利用光电镊技术进行微小金属颗粒的排布,并使用紫外光固化技术使其稳固,可以制作可用于转移的微纳结构[22]。该方法得到的微小结构可以使用双面胶或PDMS进行转移且不会被破坏。用该方法可以制作微电路和微电容,且其测得的电容、电阻与标准值均相符,这也进一步验证了该方法得到微小结构的实用性与稳定性。图16所示为使用该方法得到的微电路[22]。图16(a)为使用该方法制备的微电路示意,黄色部分为金属电极,其利用MEMS制备工艺生长在光电镊芯片的下极板上,用于与外界相连,在显微镜下观察为绿色。通过光电镊操控可导电的焊锡珠,精准操纵使之以特定的方式排列并互相接触,连接两个孤立电极,即可以实现微电路的接通,如图16(b)所示。最后使用紫外光固化的方法,将金属焊锡珠微球固定在组装好的位置,保持该微小结构的导通状态,使其可以转移并且易于操作,如图16(c)所示。

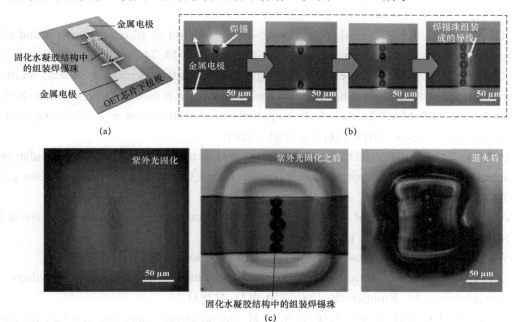

图16 光电镊操控金属微球制备微电路[22]
(a)微电路示意;(b)使用光电镊操控焊锡珠连成通路;(c)使用紫外光固化水凝胶加固电路连接

五、总结与讨论

光电镊技术通过光图案虚拟电极照射在光电导表面以改变电场分布，进而利用物质在电场中的极化来操控物体运动。因此，相比于声控、热控、磁控等操控方式，光电镊能够实现更精确的控制。而相比于能做到点对点控制的光镊技术，光电镊技术能够同时操控多个目标并轻易地提供更大的操控力，通过改变光电镊板间偏置电压与光图案的组合即可实现不同的操作模式。在进行细胞操作时，使用较小的偏置电压能够在不破坏细胞的前提下实现对细胞的采集、运输等操作；使用较大的电压配合较小的光图案，能够在较小范围内产生较强的光诱导 DEP 力，实现对细胞的可逆穿孔，进行电穿孔治疗等操作；使用较高的电压配合面积较大的光图案，能够在更大的范围内产生更强的光诱导 DEP 力，实现细胞的裂解，进而得到细胞内的物质，如细胞核。因此，相比于另外几种操作方式，在芯片上进行操作的光电镊技术得以广泛应用。

参 考 文 献

[1] LI J, BERTA E F D Á, GAO W, et al. Micro/nanorobots for biomedicine: delivery, surgery, sensing, and detoxification [J]. Science Robotics, 2017, 2(4):eaam6431.

[2] ZHANG Y, CHEN B K, LIU X, et al. Autonomous robotic pick-and-place of micro objects [J]. IEEE Transactions on Robotics, 2009, 26(1):200–207.

[3] ZHU W, LI J, LEONG J Y, et al. 3D-printed artificial microfish [J]. Advanced Materials, 2015, 27(30): 4411–4417.

[4] XU X, LIU C, KIM K, et al. Fan, electric-driven rotation of silicon nanowires and silicon nanowire motors [J]. Advanced Functional Materials, 2014, 24(30): 4843–4850.

[5] XIE H, SUN M, FAN X, et al. Reconfigurable magnetic microrobot swarm: multimode transformation, locomotion, and manipulation [J]. Science Robotics, 2019, 4(28):aav8006.

[6] WANG W, LI S, MAIR L, et al. Acoustic propulsion of nanorod motors inside living cells [J]. Angewandte Chemie, 2014, 126(12): 3201–3204.

[7] PALIMA D, GLÜCKSTAD J. Gearing up for optical microrobotics: micromanipulation and actuation of synthetic microstructures by optical forces [J]. Laser & Photonics Reviews, 2013, 7(4):478–494.

[8] ASHKIN A, DZIEDZIC M J. Optical trapping and manipulation of viruses and bacteria [J]. Science, 1987, 235(4795): 1517–1520.

[9] WU M C. Optoelectronic tweezers [J]. Nature Photonics, 2011, 5:322–324.

[10] RONALD. Review article-dielectrophoresis: status of the theory, technology, and applications [J]. Biomicrofluidics, 2010, 4(2): 022811.

[11] VALLEY J K, OHTA A T, HSU H Y, et al. Optoelectronic tweezers as a tool for parallel single-cell manipulation and stimulation [J]. IEEE transactions on biomedical circuits and systems, 2009, 3(6): 424–431.

[12] LIANG S, GAN C, DAI Y, et al. Interaction between positive and negative dielectric microparticles/microorganism in optoelectronic tweezers [J]. Lab on a Chip, 2021, 21: 4379-4389.

[13] VALLEY J K, NEALE S, HSU H Y, et al. Parallel single-cell light-induced electroporation and dielectrophoretic manipulation [J]. Lab on a Chip, 2009, 9(12): 1714-1720.

[14] HSIAO Y C, WANG C H, LEE W B, et al. Automatic cell fusion via optically-induced dielectrophoresis and optically-induced locally-enhanced electric field on a microfluidic chip [J]. Biomicrofluidics, 2018, 12(3): 034108.

[15] ZHAO Y L, LIANG W, ZHANG G, et al. Distinguishing cells by their first-order transient motion response under an optically induced dielectrophoretic force field [J]. Applied Physics Letters, 2013, 103(18):370.

[16] CHEN Y S, LAI P K, CHEN C, et al. Isolation and recovery of extracellular vesicles using optically-induced dielectrophoresis on an integrated microfluidic platform [J]. Lab on a chip, 2021, 21: 1475-1483.

[17] PEI S N, VALLEY J K, WANG Y, et al. Distributed circuit model for multi-color light-actuated opto-electrowetting microfluidic device [J]. Journal of Lightwave Technology, 2015, 33(16): 3486-3493.

[18] CHO H, GONZALES-WARTZ K K, HUANG D, et al. Bispecific antibodies targeting distinct regions of the spike protein potently neutralize SARS-CoV-2 variants of concern [J]. Science Translational Medicine, 2021, 13(616): EABJ5413.

[19] ZHANG S, SCOTT E Y, SINGH J, et al. The optoelectronic microrobot: a versatile toolbox for micromanipulation [J]. Proceedings of the National Academy of Sciences of the United States of America, 2019, 116(30): 14823-14828.

[20] ZHANG S, ELSAYED M, PENG R, et al. Reconfigurable multi-component micromachines driven by optoelectronic tweezers [J]. Nature communications, 2021, 12: 5349.

[21] ZHANG S, LI W, ELSAYED M, et al. Size-scaling effects for microparticles and cells manipulated by optoelectronic tweezers [J]. Optics Letters, 2019, 44(17): 4171-4174.

[22] ZHANG S, LI W, ELSAYED M, et al. Integrated assembly and photopreservation of topographical micropatterns [J]. Small, 2021, 17(37): 2103702.

案例 11
柔性光电传感技术

况 丹

(北京理工大学 集成电路与电子学院)

一、柔性电子技术

电子器件的技术正朝着微型化、变形性和多功能方向发展。微型化在于延续摩尔定律,不断缩小器件尺寸的同时兼顾性能与功耗;变形性体现在器件更多的可变性,如柔性、可延展性、可溶性、可塑性等;多功能则是从传统的逻辑电路向射频技术、无源器件、高功率器件、各类传感器和生物芯片发展。柔性电子技术的崛起符合时代的发展趋势[1]。

柔性电子技术是将有机或无机材料电子器件制作在柔性或可延性基板上并形成电路的技术。柔性电子技术颠覆性地改变了传统刚性电路的物理形态,极大地促进了人–机–物的融合,是融合实体、数字和生物世界的变革性力量,为后摩尔时代的器件设计集成、能源革命、医疗技术变革等提供创新引领,是我国自主创新引领未来产业发展的重要战略机遇。柔性电子学建立在现有多个学科理论基础上,以材料学和力学为核心,包含理论设计、模拟仿真、材料物理、器件工艺、电路系统和制造封装等学科范畴。柔性电子学的理论基础包括化学、物理、材料学、力学和电子科学与技术等,工艺基础包括柔性电子材料与加工工程、柔性电子器件制备、柔性电子系统集成、光学工程和力学中的工程力学部分,此外,生物医学工程有力支撑了生物光电子学和柔性电子器件系统中的生物医学应用[2-4]。

柔性电子技术主要涵盖柔性显示、OLED 显示与照明、化学与生物传感器、柔性光伏、柔性逻辑与存储、柔性电池、可穿戴、设备等多种应用场景。柔性电子技术与材料科学的交叉融合(如结合仿生材料领域的研究进展),能够充分优化仿生系统的力学行为,实现高力学性能的柔性电子器件,应用于大量可穿戴可植入设备,从而极大地丰富健康数据采集和疾病检测的手段。柔性机器人具有质量小、适应性强、可变形等优点,能够满足多种复杂场景的应用需求,包括贴合不规则表面、适应狭小空间、躲避不规则障碍物等。

柔性电子器件改变了电子器件传统的刚/脆形态,器件可弯曲、可拉伸、可扭曲。聚合物材料、超薄玻璃、金属箔片、纸张等都可以作为柔性衬底使用。在实际的研究中,各种聚合物基材,如聚酯薄膜、聚酰亚胺、聚氨酯、聚丙烯、聚醚酮等,因具有较好的延展性且成本低廉,成为了最常见的柔性衬底材料。此外通过掺杂可以使柔性聚合物具有导电性,提升弹性,通过分子设计的方法可以使材料具有自修复性和自降解性。超薄玻璃、金属片和云母也可以作为柔性衬底，但是其可弯曲程度有限，无法实现多重维度的柔性化器件。纸基柔性器件也是一个热门的研究方向，纸基器件质量小、可回收和可生物降解，有望发展成环境友好型电子器件。

柔性电子技术改变了电子器件传统的微加工工艺，可实现器件的大面积印刷。相较于传统电子行业，加工需要经过镀膜、涂胶、烘烤、曝光、烘烤、显影、刻蚀、去胶等步骤，柔性电子技术只需要制备、后处理两步，就可以直接将功能材料以图形化方式沉积到衬底表面。从加工方法的角度来看，柔性电子技术有五大优势：① 不依赖衬底材料的性质，使其在多种低成本柔性材料表面制造电子器件与电路成为可能；② 可以大面积、批量化制造，可以在以米为单位的面积上制造电子器件；③ 低成本，一台设备就可以完成全部制造环节；④ 绿色环保；⑤ 柔性电子的打印方法具有数字化和个性化制造特征，无须模板，可以快速制造个性化电子产品。

近年来，柔性电子器件的研究成果呈指数级增长，相关领域的市场规模也在不断扩大。早在 2007 年，欧盟通过第七框架计划中的 PolyApply 和 SHIFT 计划就投入了数十亿欧元的研发经费，用于重点支持柔性显示、光伏、传感和可穿戴器件等方面的研究；英国的"抛石机"计划、"建设英国的未来"计划则均将柔性电子技术作为先进制造业的重点领域；德国更是投资数十亿欧元，建立柔性显示大规模生产线；法国圣埃蒂安国立高等矿业大学的普罗旺斯微电子中心专设了柔性电子系，研究方向涉及柔性可拉伸微电池、柔性射频标签、电子皮肤、人工视网膜、有机晶体管和可穿戴器件等。2012 年，美国《总统报告》中将柔性电子制造作为先进制造 11 个优先发展的尖端领域之一；同年，美国国家航空航天局（NASA）制定柔性电子战略，2014 年成立柔性混合电子器件制造创新中心。日本的 TRADIM 成立了先进印刷电子技术研发联盟，重点发展柔性电子材料及其工艺关键技术。IT 业高度发达的印度也对柔性电子研究非常重视，印度政府依托印度理工学院和印度国家科学院设立国家柔性电子中心。此外，泰国也成立了国家级的印刷电子创新中心（TOPIC）。

二、柔性光电传感技术

光电探测器是一种通过将光子转换成可测量电信号来探测光的传感器。目前，光电探测器通常安装在刚性衬底上，在人们的日常生活中有着重要的应用，如数码照相机、火灾监测、生物分析以及军事应用等。然而，光电探测器需要使用厚的材料来产生相当大的响应，同时存在诸多局限，如结构脆弱、制造成本高、工艺要求严格，以及对操作条件要求严格，这些都妨碍了其在柔软、透明、可拉伸和可弯曲等设备中的应用。与刚性衬底上的光电探测器相反，柔性光电探测器可以更好地成形并适应不同的衬底，能够满足下一代光电器件日益增长的需求，具有质量小、便携性好、可植入性好、兼容面积大、可扩展性强、制造成本低以及无缝的异构集成等特点。

为了实现高性能的柔性光电探测，必须在一个器件中同时实现高的光响应灵敏度和良好的机械柔性，这对材料选择、器件设计和制造技术提出了严峻的挑战。从光响应灵敏度的角度来看，具有高吸收系数的厚传感候选材料更适合保证充分的光吸收，从而产生相当大的光响应。同时，具有良好机械柔性的柔性光电探测器必须在反复弯曲、折叠和（或）拉伸的情况下工作,而且不会显著降低其光响应性能。因此,包括传感材料、衬底和电极在内的装置的每个部件都应具有机械稳定性和灵活性。首先,候选传感材料必须在一定程度上满足弯曲要求,而且不会弯曲明显降低其电学和光电性能,这就要求候选传感材料足够薄,因为材料的弯曲刚度与其厚度的立方成正比,并且在给定弯曲半径下,诱导的峰值应变也随厚度线性减小。其次,因为要求与柔性衬底(如塑料)兼容,所以加工温度不可避免地受到限制(通常低于 300 ℃)。新型功能材料、柔性衬底弹性材料和几何电极设计等的发展,可以优化光响应灵敏度和机械柔性之间的平衡。柔性光电探测器按照探测波段可以分为柔性紫外探测器、柔性可见光探测器和柔性红外探测器。

1. 柔性紫外探测器

Li 等人报道了一种基于异质结器件结构的高性能紫外探测器的制备,该结构采用 ZnO 量子点装饰 Zn_2SnO_4 纳米线。该器件具有超高的光暗电流比(高达 6.8×10^4)、比探测率(高达 9.0×10^{17} Jones)、光导增益(高达 1.1×10^7)且具有快速响应功能和优异的稳定性。与原始的 Zn_2SnO_4 纳米线相比,量子点修饰的纳米线表现出比原始纳米线高 10 倍的光电流和响应度。利用物理建模分析器件,发现其高性能来源于合理的能带工程,该能带工程允许 ZnO 量子点与 Zn_2SnO_4 纳米线之间界面上的电子-空穴对有效分离。由于能带工程,空穴迁移到 ZnO 量子点,增加了纳米线传导通道中的电子浓度和寿命,从而显著改善了光响应。制作的柔性紫外探测器可构建 10×10 的器件阵列,构成了高性能的柔性紫外图像传感器,如图 1 所示[5]。

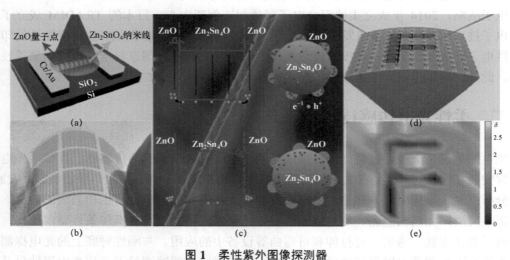

图 1 柔性紫外图像探测器

(a)器件结构;(b)传感器阵列;(c)ZnO 量子点装饰 Zn_2SnO_4 纳米线的能带图;
(d)传感器阵列成像过程;(e)效果图

2. 柔性可见光探测器

光电突触结合了光传感和突触功能,在神经形态计算系统的发展中发挥着越来越重要的作用,它能够高效地处理视觉信息并处理复杂的识别、记忆和学习。金属卤化物由于具有优异的光电性能被认为是突触器件的有利材料。Li 等人提出了一种基于高质量无铅 $Cs_3Bi_2I_9$ 纳米晶体的柔性光电突触系统（见图 2）[6]，其中 $Cs_3Bi_2I_9$ 与有机半导体层之间的能带不匹配导致的载流子限制为模拟突触行为提供了可能。器件实现了长/短时记忆、学习—遗忘—再学习等突触功能，并成功实现了视觉感知、视觉记忆和颜色识别功能。此外，该柔性器件具有优异的机械弯曲耐久性，可以实现类似人眼弯曲半球下的光分布成像。最后，通过人工神经网络算法的仿真，该器件成功实现了手写数字图像的高精度识别，并且在弯曲状态下也具有较强的容错能力。

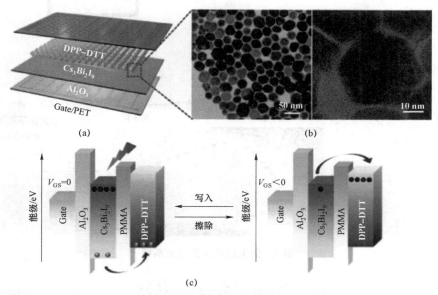

图 2　柔性光电突触系统[6]
（a）结构示意；（b）$Cs_3Bi_2I_9$ 纳米晶体的透射电镜图像；（c）器件的能带结构

3. 柔性红外探测器

红外探测器是一种关键的光电器件，近年来受到了广泛关注。光灵敏度（I_{light}/I_{dark}）是纳米级光电探测器和图像传感器中越来越重要的器件性能参数，因为它决定了最终的成像质量和对比度。然而，目前最先进的低维纳米结构红外探测器的光灵敏度相当低，限制了它们的实际应用。Ran 等人提出了一种仿生红外探测放大系统（见图 3），该系统通过引入纳米线场效应晶体管，将光灵敏度提高了几个数量级，在 1 342 nm 的光照下，光灵敏度达到 7.6×10^4。其在柔性红外成像阵列上表现出高对比度，利用人工神经网络对图像信息进行训练和识别，提高了图像识别效率[7]。

$Ti_3C_2T_x$ MXene 丰富的表面官能团（如羟基末端）和独特的二维结构为其与有机光敏材料形成范德瓦尔斯异质结构氢键提供了可行性，从而实现了近红外光电探测器光响应度的提高。Hu 等人以 $Ti_3C_2T_x$ MXene 为导电电极，RAN 薄膜为活性材料，设计了一种基于有机－无机范德华异质结构的 $Ti_3C_2T_x$-RAN 近红外探测器阵列，如图 4 所示[8]。在 1 064 nm 激光激发下，所制备器件的开关电流比比采用热蒸发金电极制备的器件高 6.25 倍。制备的 $Ti_3C_2T_x-$

RAN 近红外探测器具有优异的机械稳定性，在不同弯曲状态下没有明显的光响应恶化，并且在可见光区域具有 70% 以上的高透明度。基于高性能 $Ti_3C_2T_x$-RAN 近红外探测器制作的 1 024 像素（32×32）的图像传感器阵列实现了鹿的精细、生动和高分辨率的成像，为仿生视觉和柔性可穿戴精确图像传感开辟了新的途径。

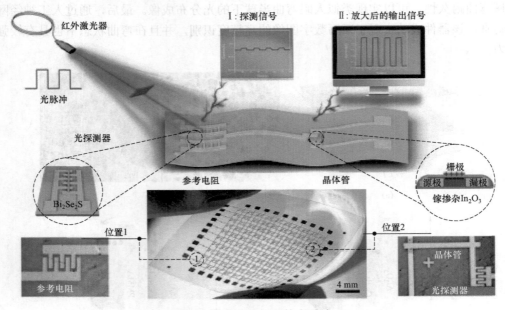

图 3　仿生红外探测放大系统

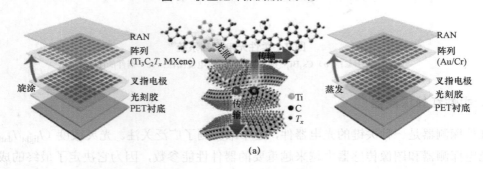

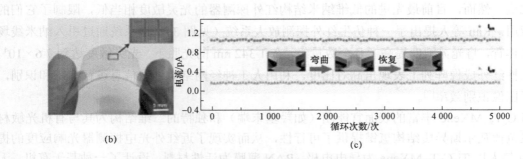

图 4　$Ti_3C_2T_x$-RAN 近红外探测器阵列的结构及弯曲测试

（a）$Ti_3C_2T_x$-RAN 近红外探测器和 $Ti_3C_2T_x$-Au 探测器的结构对比；（b）$Ti_3C_2T_x$-RAN 近红外探测器阵列的光学照片，插图是显微镜下阵列的图案；（c）阵列器件弯曲 5 000 次后，在 1 064 nm 激光下弯曲循环测试图

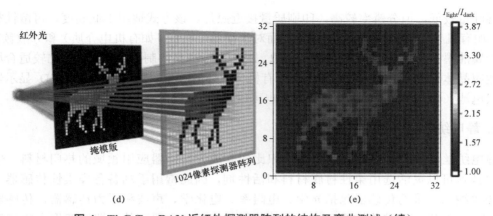

图 4　$Ti_3C_2T_x$ – RAN 近红外探测器阵列的结构及弯曲测试（续）
（d）多像素图像传感器成像原理图；（e）由 $Ti_3C_2T_x$ – RAN 图像传感器输出的 1 024 像素鹿的图像

三、柔性电子器件的制备技术

柔性电子器件常用的制备技术包括光刻技术、印刷技术、静电纺丝技术和材料转移技术等。光刻技术具有较高分辨率，在柔性电子器件图案化中广泛使用，但是工艺流程复杂、对环境要求苛刻。下面将对其他几种制备技术进行阐释。

1. 印刷技术

印刷技术是一种利用印刷方法在各种基材上制造电子设备与器件的技术。印刷技术易于大面积制备，与不同的衬底兼容性良好，成本低廉，可以将柔性电子器件制备过程的材料制备、沉积、图案化和封装几个步骤进行集成，以提高柔性电子器件的制备效率。采用印刷技术在柔性衬底上制备的电子器件具有便携性、可折叠性和机械耐久性。基于印刷技术的柔性电子产品发展潜力巨大，其市场规模预计在 2027 年将达到千亿美元。与传统印刷技术不同的是，在制造此类产品过程中使用的油墨是基于导电、介电、半导体材料制备而成的。目前常用于柔性电子器件的印刷方式包括丝网印刷和喷墨打印。

丝网印刷能够从类似膏糊状的材料中产生出有一定厚度的图案，因此非常适用于制造柔性电子产品。丝网印刷可以制备导电层，也可以制备绝缘层，因为这些产品的层厚度比高分辨率更重要。印刷的过程就是借助网孔将油墨转移到指定的衬底上。其具体过程是在印版图案的一侧滴上油墨，再借助刮刀对油墨施加一定压力，同时刮刀往印版的另一侧匀速移动，油墨在此过程中受到刮刀的作用从网孔中渗透到指定的衬底上而形成图案。该方法可以在很大的范围内选择衬底，并且油墨适合的黏度范围也非常宽广。此外，通过适当的掩模对齐，丝网印刷可以打印多层结构。丝网印刷有着生产批量大、价格便宜、保存期长等优势，在工业界有广泛的应用。

喷墨打印是一种较简单的印刷方式，无须制版，可以直接将计算机的内部器件设计方案转化为电子器件，喷绘在适当的衬底上。其原理是借助喷墨控制器把制备的油墨从喷嘴喷出到承印物上。其中，承印物由驱动器负责输送，而整机的运转由系统控制器操控。喷墨打印机的吞吐量较低，但分辨率较高，印刷质量接近照片。该方式适用于低黏度、可溶性材料的印刷，如有机半导体、可溶性纳米颗粒，而对于高黏度材料（如有机电介质）和分散颗粒（如无机金属油墨），容易造成喷嘴堵塞的现象。对于电子产品的制备，喷墨打印比较适合用于有机场效应晶体管（OFET）和 OLED 中的有机半导体的制备。集成电路、OLED 显示器、有机光伏电池（OPVC）等其他器件的制作也可以使用喷墨打印制备。

2. 静电纺丝技术

静电纺丝纳米纤维的高表面积与体积比使其成为传感器应用领域的热门材料。使用静电纺丝技术可以灵活选用柔性衬底材料和活性剂，因此常用于制备各类柔性传感器。基于静电纺丝纳米纤维的传感器包括光学、电阻率、电化学、声波和压力传感器，传感器类型取决于复合材料及纤维的性质。静电纺丝装置具有三个主要部件，即填充聚合物溶液的金属针头注射器、高压电源和位于距针尖预定距离处的接地收集器。聚合物溶液流经针头时被施加高压静电，当感应电位差克服聚合物溶液的表面张力时，挤出形成泰勒锥形体。在空气中行进时，聚合物细流随着溶剂蒸发，纤维会固化并沉积在收集器上。当使用同轴针配置时，静电纺丝能够制造随机、对齐或核壳微/纳米纤维[9]。静电纺丝纳米纤维具有高表面积与体积比，并允许用生物分子进行封装装饰，从而有助于生成丰富的纤维结构，以适应不同环境下的应用需求。

3. 材料转移技术

由于柔性衬底普遍不耐高温，而且直接生长的纳米材料的排列通常并不规则，因此制备柔性电子器件进行材料转移是很有必要的。常见的转移纳米材料的方法有流体导向排布法、吹泡法、Langmuir-Blodgett（LB）转移法和接触转移等[10]。

（1）流体导向排布法。

流体导向排布法可以控制纳米线的排布方向和空间位置。除了调控纳米线呈平行态排布，通过逐层流体对准过程，还可以实现多个交叉纳米线阵列。在逐层组装过程中，每一层都是相互独立的。具体实现方法是在平面靶衬底上形成流体通道，合成的纳米线悬浮液通过流体通道，实现纳米线沿流动方向的排列，这种流体排列的纳米线在衬底上可以延伸到毫米尺度。纳米线的排列状态可以通过调节流速来控制。更高的流速可以获得更大的剪切力，增加流量可以有效调控流向对准并缩小纳米线角分布。纳米线密度可以通过控制流体时间和纳米线浓度实现，流体时间越长，纳米线密度越高。此外，纳米线的排布也受到衬底表面状态的影响。通过控制用于组装的纳米线长度，可以实现没有线线接触的纳米线对齐。

（2）吹泡法。

利用气泡吹膜膨胀过程中产生的剪切力，也可以实现纳米线的大面积组装。简单地说，首先，纳米线分散在由聚合物、环氧树脂和四羟基呋喃构成的溶液中，溶液均匀、稳定且浓度可控。然后，随着聚合物悬浮液的膨胀，在圆形模具中形成气泡，利用外部垂直力产生压力，以一定速率获得稳定的膨胀状态。最后，将纳米线排列的气泡膜大面积转移到目标衬底上。在薄膜膨胀过程中，薄膜内的纳米线可以在膨胀引起的剪切力作用下排列整齐。实验证明，超过85%的纳米线可以沿着膨胀方向在±6°内对齐。通过调整原始聚合物悬浮液中纳米线的浓度，可以很好地控制薄膜内的纳米线密度。

（3）LB 转移法。

LB 转移法通常应用于高有序性的纳米材料组装。精确的纳米线间距和控制密度可以实现纳米线的厘米级组装。具体来说，首先，在 LB 槽中的双液体表面形成一层表面活性剂包裹的纳米线，其中表面活性剂包裹在纳米线表面使纳米线漂浮在流体-空气界面。然后，LB 槽通过屏障压缩使漂浮的纳米线形成单层。为了降低压缩过程中液体的表面能，不同取向的纳米线将重新排列成纵向轴垂直于压缩方向的阵列。最后，通过水平提升或垂直倾斜技术将单层对齐的纳米线转移到目标衬底上。通过压缩压力和提升速度可以很好地控制平行纳米线之间的距离。此外，改变衬底方向重复组装过程也可以产生分层纳米线结构。

（4）接触转移法。

接触转移是一种干法沉积技术，通过两个衬底之间的滑动可实现材料从生长衬底直接转移到目标衬底。

① 表面修饰辅助接触转移法。

在生长衬底上的随机排布纳米线与目标衬底之间发生定向滑动，在这种接触过程中，生长衬底上的纳米线直接与目标衬底相互作用，并通过两个衬底之间的滑动剪切力重新排列。当纳米线和目标衬底接触表面之间的相互作用足够强时，排列的纳米线可以从生长衬底上分离出来，并以平行排列的形式直接转移到目标衬底上。此外，在滑动过程中，使用矿物油和辛烷的混合物在两个衬底之间设置间隔层可以减少纳米线之间的摩擦和组装纳米线过程中不可控的离散和断裂。为了增加纳米线与目标衬底表面的相互作用，还可以对目标衬底进行适当的化学改性。通过减少间隙的机械摩擦和增加化学结合作用，可以实现对纳米线转移的良好控制。卷对卷接触转移则是对简单滑动转移技术的改进。纳米线在圆柱形衬底上生长，然后通过滚印转移到各种类型的衬底上。

② 纳米梳转移法。

为了减少接触式印刷纳米线不对准的问题，纳米梳转移法被提出。在纳米线转移过程中，纳米线的一端在强相互作用下被吸引并固定在特定表面上，然后，纳米线的另一端在弱相互作用下被拉过来并沿着表面排列。通过这种纳米梳组装，可以生产出大面积的平行纳米线阵列，成品率可达 98.5%，误差仅为 1°。此外，通过改变方向的多个纳米梳组装也可以实现更复杂的纳米线阵列。基于纳米梳转移的原理，还可实现更精准控制纳米线位置和形状的转移技术。在目标衬底上设置图案化，纳米线的排布也可以被图案化定义。这种成形纳米线会发生弹性变形，在三维纳米线场效应晶体管生物探针阵列方面具有独特的应用。

参 考 文 献

[1] 沈国震. 柔性电子材料与器件 [M]. 北京：中国铁道出版社，2023.

[2] 李润伟，刘钢. 柔性电子材料与器件 [M]. 北京：科学出版社，2019.

[3] 冯雪. 柔性电子技术 [M]. 北京：科学出版社，2021.

[4] 尹周平，黄永安. 柔性电子制造：材料、器件与工艺 [M]. 北京：科学出版社，2016.

[5] LI L, GU L, LOU Z, et al. ZnO quantum dot decorated Zn_2SnO_4 nanowire heterojunction photodetectors with drastic performance enhancement and flexible ultraviolet image sensors

[J]. ACS Nano, 2017, 11(4): 4067-4076.

[6] LI Y, WANG J, YANG Q, et al. Flexible artifical optoelectronic synapse based on lead-free metal halide nanocrystals for neuromorphic computing and color recognition [J]. Advanced Science, 2022, 9(22): 2202123.

[7] RAN W, WANG L, ZHAO S, et al. An integrated flexible all-nanowire infrared sensing system with record photosensitivity [J]. Advanced Materials, 2020, 32(16): 1908419.

[8] HU C, CHEN H, LI L, et al. $Ti_3C_2T_x$ MXene-RAN van der waals heterostructure-based flexible transparent NIR photodetector array for 1024 pixel image sensing application [J]. Advanced Materials Technologies, 2022, 7(7): 2101639.

[9] 王策, 卢晓峰. 有机纳米功能材料: 高压静电纺丝技术与纳米纤维 [M]. 北京: 科学出版社, 2015.

[10] JIA C, LIN Z, HUANG Y, et al. Nanowire electronics: from nanoscale to macroscale [J]. Chemical Reviews, 2019, 119(15): 9074-9135.

彩 插

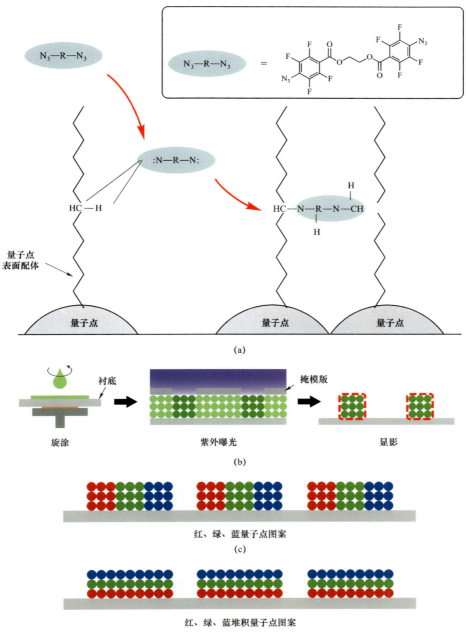

(a)

(b)

红、绿、蓝量子点图案
(c)

红、绿、蓝堆积量子点图案
(d)

图 11 不饱和双键光聚合

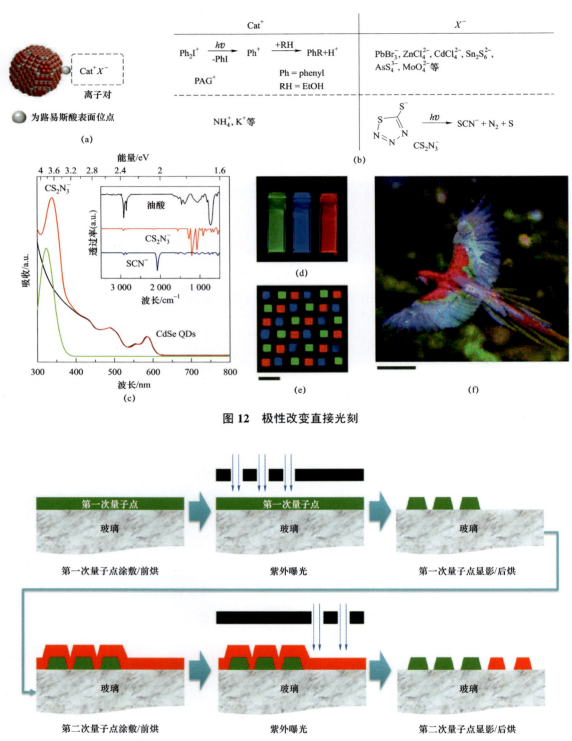

图12 极性改变直接光刻

图14 光刻绿色量子点和红色量子点颜色转换层的工艺流程

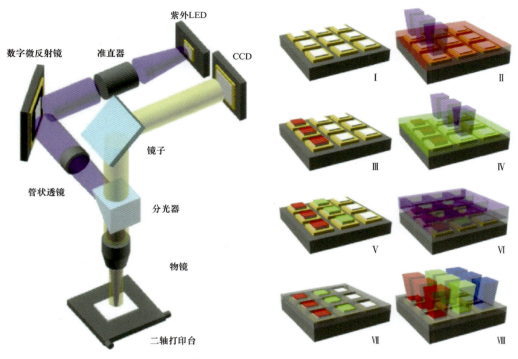

图 15 紫外 DLP 投影光刻印刷系统示意

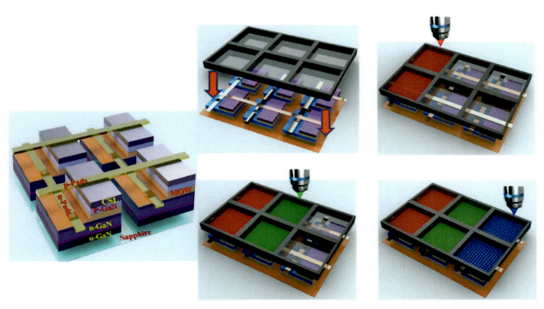

图 16 全彩微显示器制作流程示意

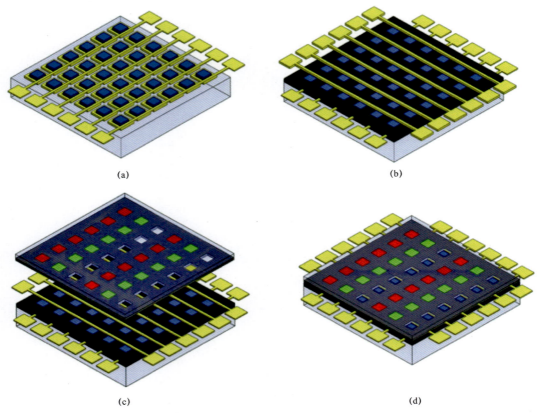

图 17 制作全彩微型 LED 的工艺流程

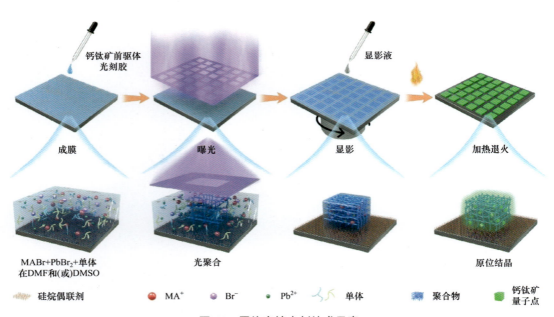

图 18 原位直接光刻技术示意

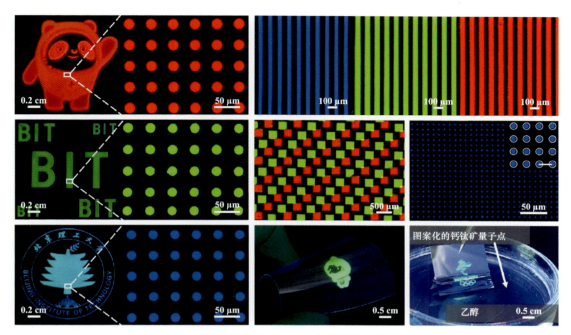

图 19 采用原位直接光刻工艺的全彩钙钛矿量子点图案